装配式建筑项目管理技术研究

主编 陶佳能 董芝颖 姚大伟 龚旭成 孙志岗

编委 唐源野 朱倩怡 曹崇彪 王 果 丁王飞 王世兵

张荟蓉 蒋 龙 杨君豪 尹国庆 王力夫

河海大学出版社
HOHAI UNIVERSITY PRESS
·南京·

图书在版编目(CIP)数据

装配式建筑项目管理技术研究 / 陶佳能等主编.
南京 : 河海大学出版社, 2024. 8. -- ISBN 978-7-5630-9273-4

Ⅰ. TU71

中国国家版本馆 CIP 数据核字第 20241XN566 号

书　　名 装配式建筑项目管理技术研究
ZHUANGPEISHI JIANZHU XIANGMU GUANLI JISHU YANJIU

书　　号 ISBN 978-7-5630-9273-4

责任编辑 陈丽茹

特约校对 罗　玮

装帧设计 徐娟娟

出版发行 河海大学出版社

地　　址 南京市西康路 1 号(邮编:210098)

网　　址 http://www.hhup.com

电　　话 (025)83737852(总编室)　(025)83787104(编辑室)
(025)83722833(营销部)

经　　销 江苏省新华发行集团有限公司

排　　版 南京布克文化发展有限公司

印　　刷 苏州市古得堡数码印刷有限公司

开　　本 718 毫米×1000 毫米　1/16

印　　张 19.25

字　　数 353 千字

版　　次 2024 年 8 月第 1 版

印　　次 2024 年 8 月第 1 次印刷

定　　价 78.00 元

前言

PREFACE

装配式建筑作为工业化建造方式的重要载体，其建造过程需要设计、生产、施工等多专业的协同合作。国内外装配式建筑的发展经验表明，装配式建筑需要打破传统的“先设计、后施工”的建造模式，转变到由建筑师牵头进行建筑系统集成、建筑产品化的思路上来，熟悉各种部品部件性能并将其整合集成的建筑师将成为决定装配式建筑成败的关键。

装配式建筑是建造方式的重大变革，国家正在大力发展装配式建筑，促进建筑业转型升级，力争实现建筑产业现代化。《国务院办公厅关于促进建筑业持续健康发展的意见》提出，要坚持标准化设计、工厂化生产、装配化施工、一体化装修、信息化管理、智能化应用，推动建造方式创新，不断提高装配式建筑在新建建筑中的比例。力争用 10 年左右的时间，使装配式建筑面积占新建建筑面积的比例达到 30％。住房和城乡建设部印发《“十三五”装配式建筑行动方案》《装配式建筑示范城市管理办法》《装配式建筑产业基地管理办法》系列文件，全面推进装配式建筑发展。全国部分省、自治区和直辖市也印发了各地关于装配式建筑发展的实施意见，要求大力发展装配式建筑。装配式建筑是建筑业向制造业的跨界，装配式建筑项目管理系统性很强，彻底改变了原来的设计方、生产方和施工方之间的关系，在前期策划、质量管理、进度管理、成本管理、安全管理等方面提出了更高的要求，传统的项目管理教材已经无法满足装配式建筑项目管理的教学需要。

装配式建筑项目管理与传统工程项目管理有较大差异，各省(自治区、直辖市)装配式建筑发展极不均衡，各地出台的装配式建筑相关标准规范也不尽相同，装配式建筑项目管理需要进行系统性梳理整合。

本书主要介绍了装配式建筑项目设计、生产、管理、检测等方面的基本知识，主要包括：装配式建筑的概述、装配式设计标准化通用导则、装配式混凝土建筑设计、装配整体式混凝土结构与构件设计、构件生产、构件安装、装配式建筑工程招投标与造价管理、工程监理、装配式混凝土建筑工程质量检测、装配式混凝土建筑的 BIM 技术应用。本书突出了基本概念与基本原理，作者在撰写时尝试多方面知识的融会贯通，注重知识的层次递进，同时注重理论与实践的结合。希望本书可以为广大读者提供借鉴或帮助。

本书在撰写过程中，作者查阅了大量装配式建筑相关的标准与规范、装配式建筑专业书籍及相关技术资料，在此向原作者致以衷心的感谢！

由于装配式建筑发展很快，现行国家及地区的有关政策文件、标准不断更新，各地管理措施及安装施工方法不尽相同，加之作者水平有限、时间仓促，书中难免存在缺漏之处，敬请广大读者和专家批评指正。

目录

CONTENTS

1

装配式建筑概述

1.1 装配式建筑的概念、特点与分类

1.1.1 装配式建筑的概念

装配式建筑是用预制部品部件在现场装配而成的建筑。

按照《装配式混凝土建筑技术标准》(GB/T 51231—2016)的定义,装配式建筑(Assembled Building)是指结构系统、外围护系统、设备与管线系统、内装系统的主要部分采用预制部品部件集成的建筑。

装配式建筑是指用工厂生产的预制构件在现场装配而成的建筑,从结构形式来说,装配式混凝土结构、钢结构、木结构建筑都可以称为装配式建筑,是工业化建筑的重要组成部分。

装配式建筑包括预制装配式建筑和装配整体式建筑。预制装配式本质上更倾向于装配式,而装配整体式本质上更倾向于整体式。两者都采用了预制构件,预制装配可以简单理解成全部(或大部分)装配,装配整体式可以简单理解成半装配式。

(1) 预制装配式建筑:预制装配式建筑是指用预制的构件在现场装配而成的建筑。这种建筑的优点是建造速度快,受气候条件制约小,节约劳动力并可提高建筑质量。

(2) 装配整体式建筑:由预制混凝土构件或部件通过钢筋、连接件或施加预应力加以连接并现场浇筑混凝土而形成整体的结构。它结合了现浇整体式和预制装配式两者的优点,既节省模板用料、降低工程费用,又可以提高工程的整体性和抗震性,在现代土木工程中得到越来越多的应用。

1.1.2 装配式建筑的特征

装配式建造模式采用标准化设计、工厂化生产、装配化施工,把传统建造方式中大量的现场作业转移到工厂进行,是一种可实现建筑产品节能、环保、全生命周期价值最大化的可持续发展的新型建筑生产方式。装配式建筑的主要特征如下:

(1) 系统性和集成性:设计、生产、建造过程是各专业的集合,需要科研、设计、开发、生产、施工等各方面的人力、物力协同推进,才能完成装配式建筑的建造。

(2) 设计标准化、组合多样化:对于通用装配式构件,根据构件共性条件,

制定统一的标准和模式。同时，设计过程中可以兼顾城市的历史文脉、发展环境、用户习惯等因素，在标准化设计中融入个性化要求并进行多样化组合，丰富装配式建筑类型。

(3) 生产工厂化：构件在工厂生产，模具成型、蒸汽养护等工序的机械化程度较高，生产效率高。同时，由于生产工厂化，材料和工艺等容易掌控，构件质量得到了很好的保证。

(4) 施工装配化、装修一体化：施工可以多道工序同步一体化完成，构件运至现场，按预先设定的施工顺序完成一层结构构件吊装之后，在不停止后续楼层结构构件吊装施工的同时，可以进行下层的水电装修施工，逐层推进。

1.1.3 装配式建筑的分类

从结构来说，装配式建筑可以分为装配式混凝土结构(Precast Concrete，简称 PC)建筑、装配式钢结构建筑和装配式木竹结构建筑。而这其中装配式混凝土结构建筑由于其优异的特性，更容易被人接受，也是装配式建筑的主要形式。

1. 装配式混凝土结构

装配式混凝土是指在工厂中标准化加工生产的混凝土制品。它具有结构性能好、产品质量高、施工速度快等特点，适用于各类工业化建筑，有良好的灵活性和适用性，主要包括预制 PC 墙板、叠合楼板、楼梯和叠合梁等产品。装配式预制混凝土结构与传统上应用较广的现浇混凝土结构一脉相承，因此是目前装配式建筑三大结构体系中推广最顺利、覆盖范围最大的一种。从住房和城乡建设部认定的首批 64 个装配式建筑示范项目来看，混凝土结构占比最大，达 64%(其中，混凝土结构 41 项、钢结构 19 项、木结构 4 项)。但与装配式钢结构相比，装配式混凝土结构建筑虽然有成本优势，但难以满足超高度、跨度等设计要求，因而也有一定局限性。装配式混凝土结构建筑如图 1-1 所示。

2. 装配式钢结构

装配式钢结构是由钢制材料组成的结构，主要由型钢和钢板等制成的钢梁、钢柱、钢桁架等构件组成，各构件或部件之间通常采用焊缝、螺栓或铆钉连接。它具有抗震性良好的特点，广泛应用于大型厂房、场馆、超高层等领域。根据工艺和用途不同，钢结构行业又可分为轻型钢结构、空间大跨度钢结构和重型钢结构三个子行业。装配式钢结构建筑如图 1-2 所示。

3. 装配式木结构

装配式木结构以木材为主要受力体系。由于木材本身具有抗震、隔热保温、节能、隔音等优点，加之经济性和易获取性，在国外特别是美国，木结构是一种常见并被广泛采用的建筑形式。

现代木结构建筑是在建筑的全寿命期内，最大限度地节约资源、保护环境和减少污染，为人们提供健康、适用和高效的使用空间，与自然和谐共生的建筑。装配式木结构建筑如图 1-3 所示。

图 1-1　装配式混凝土结构建筑

图 1-2　装配式钢结构建筑

图 1-3 装配式木结构建筑

1.2 装配式混凝土建筑的概念、分类及体系

1.2.1 装配式混凝土建筑的概念、分类

装配式混凝土建筑是指以工厂化生产的钢筋混凝土预制构件为主，通过现场装配的方式设计建造的混凝土结构类建筑。装配式混凝土建筑根据预制构件连接方式的不同，分为装配整体式混凝土建筑和全装配式混凝土建筑。

(1) 装配整体式混凝土结构是指由预制混凝土构件通过可靠的连接方式进行连接并与现场后浇混凝土、水泥基灌浆料形成整体的装配式混凝土结构，简称装配整体式结构。竖向连接方式采用灌浆套筒连接。简言之，装配整体式混凝土结构的连接以“湿连接”为主要方式。装配整体式混凝土结构具有较好的整体性和抗震性。目前，大多数多层和全部高层装配式混凝土建筑都是装配整体式结构，有抗震要求的低层装配式建筑也大多是装配整体式结构。

(2) 全装配式混凝土结构是指预制混凝土构件靠干法连接。常见的干法连接方式主要有牛腿连接、螺栓连接和焊接。全装配式混凝土建筑整体性和抗侧向作用的能力较差，不适用于高层建筑，但它具有构件制作简单、安装便捷、工期短、成本低等优点。

1.2.2 装配式混凝土建筑结构体系

1. 常见的结构体系类型

装配式混凝土建筑的结构体系与现浇结构类似，我国现行规范按照结构体系将装配式混凝土结构分为装配整体式框架结构、装配整体式剪力墙结构、装配整体式框架-现浇剪力墙结构、装配整体式框架-现浇核心筒结构等。各类装配整体式混凝土结构体系的特点及适用建筑类型如表 1-1 所示。

表 1-1 各类装配整体式混凝土结构体系的特点及适用建筑类型

结构类型	定义	结构特点	预制构件种类	竖向连接工艺	适用建筑类型	
					适用高度	适用范围
框架结构	全部或者部分的框架梁、柱及其他构件在预制构件厂制作后，运输至现场进行安装，再对节点区及其他构件后浇混凝土	平面布置灵活，装配效率高，是最适合进行装配化的结构形式，但其适用高度较低	预制柱、预制梁、预制外挂墙板、预制阳台、预制楼梯等	灌浆套筒连接、约束浆锚连接	适用于低层、多层及小高层建筑	厂房、仓库、商场、停车场、办公楼、教学楼、医务楼、商务楼及住宅等
剪力墙结构	全部或者部分的预制剪力墙板在预制构件厂制作好后，运输至现场进行安装，再对节点区及其他构件后浇混凝土。一般与桁架钢筋混凝土叠合板配合使用	无梁柱外露，结构自重大，建筑平面布置局限性大，较难获得大的建筑空间	预制实心剪力墙、预制阳台、预制楼梯、预制叠合板等	灌浆套筒连接、约束浆锚连接	适用于小高层、高层及超高层建筑	住宅、公寓、宿舍、酒店等
框架-现浇剪力墙结构	柱、梁和剪力墙共同承受竖向和水平作用的结构。其中框架梁柱采用预制，剪力墙采用现浇	既弥补了框架结构侧向位移大的缺点，又不失框架结构空间布置灵活的优点	预制柱、预制梁、预制实心剪力墙、预制阳台、预制楼梯等	灌浆套筒连接、约束浆锚连接	适用于小高层、高层及超高层建筑	厂房、仓库、商场、停车场、办公楼、教学楼、医务楼、商务楼及住宅等
框架-现浇核心筒结构	筒体结构是将剪力墙或密柱框架集中到房屋的内部和外围而形成的空间封闭式的筒体	比框架结构、剪力墙结构、框架-剪力墙结构具有更高的强度和刚度，可适用于更高的建筑	预制柱、预制梁	灌浆套筒连接、约束浆锚连接	适用于高层及超高层建筑	厂房、仓库、商场、停车场、办公楼、教学楼、医务楼、商务楼及住宅等

2. 装配整体式混凝土结构建筑的最大适用高度

建筑最大适用高度应符合下列规定：

(1) 当结构中竖向构件全部为现浇且楼盖采用叠合梁板时，建筑的最大适用高度可按现行行业标准《高层建筑混凝土结构技术规程》(JGJ 3—2010)中的规定采用。

(2) 装配整体式剪力墙结构和装配整体式部分框支剪力墙结构，在规定的水平力作用下，当预制剪力墙构件底部承受的总剪力大于该层总剪力的 50% 时，其最大适用高度应适当降低。

(3) 装配整体式剪力墙结构和装配整体式部分框支剪力墙结构，当剪力墙边缘构件竖向钢筋采用浆锚搭接连接时，建筑最大适用高度应比规定数值降低 10 m。

总体来说，装配式混凝土结构应采取措施保证结构的整体性，其目的是保证结构在偶然作用发生时具有适宜的抗连续倒塌能力。高层建筑装配整体式混凝土结构应符合以下要求：

①当设置地下室时，宜采用现浇混凝土。

②剪力墙结构和部分框支剪力墙结构底部加强部位宜采用现浇混凝土。

③框架结构的首层柱宜采用现浇混凝土。

④当底部加强部位的剪力墙、框架结构的首层柱采用预制混凝土时，应采取可靠的技术措施，保证结构的整体性。

3. 装配整体式混凝土结构设计

(1) 装配式结构竖向布置应连续、均匀，应避免抗侧力结构的侧向刚度和承载力沿竖向突变，并应符合现行国家标准《建筑抗震设计标准》(GB/T 50011—2010)的有关规定。

(2) 抗震设计的高层装配整体式结构，当其房屋高度、规则性、结构类型等超过规定或者抗震设防标准有特殊要求时，可按现行行业标准《高层建筑混凝土结构技术规程》(JGJ 3—2010)的有关规定进行结构抗震性能设计。

(3) 带转换层的装配整体式结构应符合下列规定：

①当采用部分框支剪力墙结构时，底部框支层不宜超过 2 层，且框支层及相邻上一层应采用现浇结构。

②部分框支剪力墙以外的结构中，转换梁、转换柱宜现浇。

(4) 预制构件节点及接缝处后浇混凝土强度等级不应低于预制构件的混凝土强度等级；多层剪力墙结构中墙板水平接缝用座浆材料的强度等级值应大于被连接构件的混凝土强度等级值。

(5) 预埋件和连接件等外露金属件应按不同环境类别进行封闭或防腐、防锈、防火处理,并应符合耐久性要求。

1.3 装配式混凝土建筑存在的问题

1.3.1 传统建筑设计施工的固有惯性

传统建筑在宏观上暴露出的问题前文已经有所触及。传统建筑在微观上存在的一些问题,特别是设计、施工、使用上的固有惯性问题不可忽视,对装配式混凝土建筑的推广应用产生一定的阻碍。

1. 施工上的“秤”

传统建筑的施工误差以厘米作为“杆秤”的计量单位,而装配式混凝土建筑因为预制构件之间节点等连接质量决定着建筑物整体的性能,相应施工的精细程度就高出很多,其“杆秤”的计量单位达到了毫米级别,比传统建筑高出一个层级。所以如果还是以传统建筑施工的工艺和观念进行装配式混凝土建筑施工,是一件难以想象的事情。

2. 设计上的“粗”

作为从事建筑设计多年的从业人员,笔者对设计的“粗”深有体会,也得到过教训。比如绘制大样,一般是尽量简单,绘制人员觉得施工人员自己能悟明白,悟不明白也会来咨询。而在装配式混凝土建筑中,这种情况就是大忌,影响几个环节的窝工不说,严重的还会带来质量安全的隐患。再比如,传统建筑设计图纸中某个节点大样出错,有的设计人员可能不会很紧张,因为可以发变更通知单修正,而在装配式混凝土建筑中如果出现这种情况,就会导致一批预制构件作废,需要重新设计、加工、制作、运输、吊装,而由此引起的损失不容小视。

3. 专业间的“轴”

装配式混凝土建筑的专业协同是非常重要的,必须在设计时确保各专业的协同,在加工制作前要确保协同的准确性,否则将带来较多问题。而传统建筑则不同,对于传统建筑来说,施工时发现专业之间的“碰撞”“冲突”,可能通过现场协调来解决。所以需杜绝传统建筑施工中的一些落后观念,要时刻保证专业间“轴”的润滑度和可靠性。

1.3.2 技术体系的滞后

由于历史条件的制约，在我国，装配式混凝土建筑技术体系主要是通过“拿来主义”快速建立的，也就是主要依托引进国外成熟的技术工艺来实现我国装配式混凝土建筑技术的快速发展。在对材料技术和结构技术的基础研究不足的大环境下，不可避免地存在一些“水土不服”的问题。比如，国外装配式混凝土剪力墙结构很少，可供参考的经验寥寥无几。日本装配式混凝土技术算是最为发达了，但其主要以框架结构为主，框架-剪力墙结构、筒体结构中的剪力墙也都需要采用现浇混凝土。欧洲大多采用双面叠合剪力墙结构，夹心部分也是需要现浇混凝土，并且主要应用于多层建筑中。这恰恰与我国蓬勃发展的高层剪力墙结构形成鲜明对比，所以，目前我国装配式混凝土剪力墙结构的技术体系尚未成熟。

从技术体系角度看，目前只重点针对住宅建筑，公共建筑的技术体系亟待开发。即便是住宅建筑，也还没有整套的能适合不同地区、不同抗震等级，结构体系安全，围护体系适宜，施工工艺成熟的技术体系。就现有的技术体系而言，我国装配式混凝土建筑的发展尚处于初期，其实际使用效果、材料的耐久性、建筑外墙节点的防水性能和保温性能、结构体系抗震性能都没有经过较长时间的检验。高性能高强混凝土和高强钢筋的应用、BIM 技术的应用等还需更深入的研究。

1. 预制构件连接节点的整体性研究

亟待突破的同业预制构件之间连接节点的整体性决定了装配式混凝土结构的抗震性能。我国目前的节点构造做法多以借鉴国外的研究成果为主。但值得注意的是，国外预制构件连接节点的构造是基于相应的研究基础和应用背景的，其应用范围有局限性。比如，美国的装配式混凝土建筑多用于多层建筑，日本的框架-剪力墙结构一般限制在 15 层以下，欧洲的装配式技术基本不考虑地震因素。因此，在美国，预制剪力墙板的水平连接仅需通过墙中部设置一排灌浆套筒连接钢筋，在日本甚至只需在墙端部设置数根灌浆套筒连接钢筋，即可满足构件连接的整体性要求。

在我国，建筑高度较高，剪力墙成为结构首选。如按上述美国、日本的节点构造做法，就会与我国剪力墙结构适用的双层配筋构造观点相违背。即使将引进的钢筋套筒灌浆连接技术、钢筋浆锚搭接技术直接用于剪力墙结构双层钢筋的连接，以满足现有规范的剪力墙结构双层配筋构造要求，但因为基本都处在同一截面连接，无法满足现浇混凝土规范所要求的在同一截面连接接头的数量不能超过 50%的要求。再比如,国外的双面叠合墙体系,其墙端部或墙肢相交处均未设置箍筋,对无震区或多层剪力墙结构而言可能可以满足整体性要求,但我国处于环太平洋地震带与亚欧地震带之间,是一个多地震的国家,这明显不满足我国剪力墙边缘约束构件范围内必须设置箍筋的规范要求。

因此,对于引进的包括预制构件节点构造等的装配式混凝土结构技术,需要进一步深入研究探索和改进,努力开发适用于我国高烈度抗震设防区的高层甚至超高层的装配式混凝土结构技术体系。

2. 配套的结构设计技术有待突破

等同现浇原理是装配式混凝土建筑结构设计的核心原理。基于此原理,装配式混凝土建筑的结构设计基本直接套用现浇混凝土结构相关规范。在装配式混凝土建筑发展的初期,这样的简化确实能对装配式混凝土建筑的发展起到很好的推动作用。但所谓的等同,到底与现浇混凝土的性能接近到什么程度?有没有可靠的研究成果证明?更何况,装配式混凝土建筑与现浇混凝土结构还存在显著不同,即预制剪力墙板是分割的,构件连接截面抗剪性能究竟怎样?连接部位采用现浇混凝土起到的整体性能作用究竟有多大?这些不同点或未知的因素,在现浇混凝土技术体系里面是没法得到答案的。

所以等同现浇远远未能解决装配式混凝土建筑结构的实际问题,非常有必要建立配套的、系统的、适用的结构设计方法,为工程实践提供技术指导。

3. 结构体系制约性大

剪力墙结构体系在我国应用非常广泛,但相应的研究却相当匮乏。一方面基于现实需要希望多用,另一方面出于技术角度建议少用。为调和两者矛盾,可通过降低适用高度、严格执行现浇部位规定等措施来指导结构设计师。这样带来的结果是,对装配式混凝土剪力墙结构,既要搞装配吊装施工,又要较多地在现场支模现浇,预制与现浇交叉作业,施工效率不高,预制构件出筋较多,工厂也无法实现自动化,再加上剪力墙结构中小直径钢筋的连接点又多,就算一段直墙,也需要人为切成现浇段和预制段,无论是设计环节,还是施工环节都麻烦,成本居高不下,工期的优势消失,预制率也低。这样的结构体系需要进行最大化的改进,或者研制出新的可替代的结构体系,否则将对高层装配式混凝土建筑的发展造成消极影响。

4. 标准规范体系的缺口大,发展也不平衡

装配式混凝土建筑标准规范体系,从国家到地方,总体而言是不足的,而且规范之间不够兼容,有些规范内容的角度、深度以及适用性与现实装配式建筑的要求差别大。

（1）重结构设计标准，轻建筑设计标准。从装配式建筑的定义可以看出，装配式建筑不仅仅包含结构方面的定性，还包含围护墙、全装修、设备管线等非结构方面的定性。只是迄今，相比于结构规范标准，装配式建筑其他专业的标准还是较为欠缺。

（2）重建筑主体结构标准，轻部品设计标准。建筑工业化，包括建筑产业链上所有产品的工业化，而非仅仅结构的装配化。仅有结构设计标准是不够的，还需要将配套产品部品标准化，包括检验标准。对部品标准化来说，其中最关键的就是实现模数和模数协调，在这一点上，由于我国模数标准体系尚待健全，模数协调也未强制推行，导致结构体系和部品之间、部品与部品之间、部品与设施设备之间模数难以协调。所以结构设计、部品生产的标准化、模数化有待进一步提高。

（3）重应用技术与建造技术的变革，轻实验研究和基础理论研究。行业标准的编制，是必须要有可靠的理论基础和大量令人信服的实验研究数据的。如果科研成果不够，则不足以支撑标准条文的编写工作。坚持推进科研成果创新，才有可能在技术体系创新上有更大的突破和发言权。

（4）重使用设计状态和抗震设计状态，轻制作、运输、吊装阶段短暂设计状态。装配式混凝土结构，其预制构件历经脱模、翻转、运输、吊装等多种短暂受力状态不同的阶段。这与传统的现浇混凝土结构截然不同。目前针对这些阶段的理论和实践研究不够，相关标准、规范中的内容也不够，需深入研究。

5. 部分典型的构造技术还不够成熟

（1）外墙保温技术。我国的建筑保温大都采用外墙外保温，最常用的就是粘贴保温层挂玻纤网抹薄灰浆层的做法，但这种做法可能发生保温层脱落事故或火灾事故。这与日本等国外高层建筑绝大部分采用外墙内保温不同。在装配式混凝土建筑中，为规避保温层脱落和防火，对设计进行了改进，才有了夹心保温墙板的做法，即两层预制墙板之间夹着保温层。但因此材料、重量增加了，成本也增加较多，造型复杂的外墙设计和制作难度也大。夹心保温板拉结件的设计与锚固安全性也是一个薄弱环节。

（2）装配式混凝土建筑对施工误差和遗漏的宽容度非常低。一旦预制构件内的预埋件或预埋物漏埋，基本无法弥补，只能重新制作，造成损失和工期延误。为了满足整体性要求，装配式混凝土建筑必须依赖后浇混凝土来完成，这就导致预制构件出筋量多，现场作业复杂。

（3）国外住宅基本都设有吊顶，地面架空，同层排水，无须在混凝土结构内预埋管线，维修和更换较容易。而且吊顶后叠合板的板缝基本无须特殊处理，规避了板缝之间采用现浇带引起的施工负担，也不需要在很薄的叠合预制板内预埋管线。但吊顶、架空都意味着层高的加大，对地产商来说就是成本的大量增加。两者矛盾需要综合平衡。

6. 建筑外立面丰富化暂时无法满足

使用装配式混凝土建筑规模最大的日本和北欧等国家都倾向于简洁的建筑外立面，或者主要以保障房应用为主，不需要太多的立面造型，所以很适合采用装配式混凝土建筑。我国目前装配式混凝土建筑应用比较广泛的是商品住宅建筑，消费者大都喜欢建筑外立面尽可能丰富，从而体现个性化，这就与复杂造型的建筑很难适应装配式、控制难度大的特点相矛盾。所以后续还需进一步研究建筑外立面在装配式前提下的丰富化手段。

1.3.3 设计配套管理体系不够完善

1. 装配式混凝土建筑相关的法规政策不健全

国家层面对装配式建筑有力推广，并相应制定了部分政策和法规，但针对装配式建筑发展配套的以全产业链为基础的政策制度研究和制定还未能及时跟进。比如建筑构件生产商积极投入大量人力、物力和财力，研发出新技术并拥有专利，却制约于资质管理规定而无法参与设计和工程施工；企业发展装配式建筑需投入研发经费，开发成本高，如没有国家鼓励支持政策，就缺乏发展装配式建筑的动力；现行的设计、招标投标、施工、构件生产等管理体制，大部分主要围绕现浇混凝土建造方式，缺乏针对预制生产技术的管理制度；缺乏全过程监管、考核和奖惩法规制度体系，现行财政、税收、信贷等政策引导不足等。政府需营造完善的政策措施和制度体系，并制定和落实各项激励措施和保障措施，使政策法规体系与装配式建筑的发展相协调，形成可持续的市场运行机制，加快推动装配式建筑的发展。

2. 设计市场、设计管理等方面尚需研究改进

传统的设计行业市场，因为建筑行业的条块分割，设计与施工、设计与项目策划等脱节现象愈发严重。有的建筑师和设计工程师成了绘图匠，对建筑技术和质量、效率、效益的总控能力大幅度降低，最后致使现今低价竞争日趋激烈，导致全过程服务、精细化设计等设计理念渐疏于市场，建筑设计的水平和质量不理想。这些现象与装配式混凝土建筑设计格格不入。对装配式混凝土建筑设计来说，需要设计阶段强力的介入，包括前期的采用装配式建筑的技术和经济可行性的市场调研和方案推演，预制构件拆分的设计分析，预制装配率的确定，以及覆盖业主、设计、施工、预制构件厂家等多方的协同等。

现阶段的施工图审查制度也是装配式混凝土建筑技术应用的障碍之一。审查人员或者对装配式混凝土建筑技术不是很熟悉，或者即便熟悉，审查时又往往不会考虑工程实际情况，而自行解释规范的执行标准等。这点在技术含量、生产设备、施工管理等方面相对要求较高的装配式混凝土建筑领域更加突出。

3. 工程建设监管及其运行模式还需跟进调整

现行工程建设审批、监管、责任分配等监管及其运行模式，需要进一步调整，以适合装配式混凝土建筑建造模式。目前，绝大部分地方的做法还是依托传统现浇建造的监管模式，比如，预制构件厂的产品质量检测归政府质监部门管控，运送到现场才由施工单位、监理单位验收确认。这样既没有考虑装配式混凝土建筑在设计、预制构件加工制作、施工中的一体化特点，又忽视了预制构件在运输过程中易变形特点的质量控制。

1.3.4 预制构件制作和运输中的问题

适用的构件预制和安装工艺是装配式混凝土建筑得以最终成形的必由路径。基于相应的预制构件形状、规格与连接节点构造的特点，需要配套建立相应构件预制工艺，包括工厂流水线设计、模具设计、钢筋成形技术、现场施工构件安装工艺流程、钢筋连接工艺等，以保证施工质量。目前存在的问题包括：

1. 生产制作方面

我国取消了预制构件企业的资质审查认定后，构件生产的入门门槛降低，产生构件产品质量良莠不齐、区域布局不合理等情况，同时构件产品相应的质量监督监控等体系还有待完善。

设备工艺方面，国内还严重缺乏能满足市场需求的生产线设备企业。虽然已建成大量的构件生产厂，但其生产能力还未得到实践验证，设备质量稳定性和产品的市场适用性也未得到检验。自动化生产线和设备多以引进为主，而且基本限于叠合楼盖、预制楼梯等，内、外墙板生产线不多。这些生产线初期的稳定性和适用性不佳，生产的构件质量参差不齐，有的报废率高达30%，其中叠合板等薄壁构件裂缝、预埋件质量等问题最多。

国内常用的生产线以环形生产线为主，缺乏柔性，对品种变更的适应能力差，导致构件产能难以提高。如将外墙板、内墙板、叠合板分别独立生产，会为后续经营带来很大压力。造成这种情况的主要原因在于钢筋绑扎时间长、有些设备结合构件的特殊要求不适用、各工序时间节拍不匹配、模具通用性不高（比如剪力墙多采用定制化边模，能循环利用的很少）等方面。

由于装配式建筑起步不久，大量的预制构件厂组建形成，对构件生产设备和专业人员的需求极大，但对装配式技术熟悉、理解并运用的专业技术人员、管理人员和技术工人极度缺乏。目前行业内也未形成有效的交流和培训机制。

2. 运输方面

预制构件运输要经过充分准备，制定科学系统的设计方案，及时探查运输线路的实际情况，准备充足的装运工具及相关设备材料。否则，会经常出现突发问题，导致运输工作很难有序开展、效率低。

在运输质量保障方面，存在构件布置不合理、保护措施不力等现象，比如构件支撑点不稳、车辆弹簧承受荷载不均匀导致构件碰撞而损坏。构件装运顺序混乱会导致卸车麻烦，容易使构件在反复倒运中损坏。如果道路环境差也会致使构件损坏，运输效率低。

工程项目在市区时，运输受到交通法规制约，只能夜间运输，而吊装又只能白天进行，导致运输安全风险大、效率低下、运输成本高，特别是有些工程项目场地小，无法停放备货车辆，备货不及时会造成吊装误工，导致工期延长。再加上运输还受高度、宽度、车辆改装等限制，使得运输成本大幅提高。

另外，运输能耗和污染问题也是与当前环保政策相冲突的焦点，当运输距离远时问题更加突出。

1.3.5 施工安装中的问题

1. 施工人才短缺严重

施工现场作业的工人以农民工为主，大部分未经过系统培训，更不用说对新知识、新事物的接受能力了。在这种情况下，工人仓促上阵，边干边学，建设装配式建筑，施工质量堪忧。

2. 施工方案不严谨

装配式混凝土建筑的施工工艺与传统现浇混凝土结构区别很大，其局部模板、支撑体系都需进行有效计算和论证。但目前相关的参考数据还很欠缺，在这种情况下，施工单位编制施工方案时只能过多依靠经验，存在随意性。比如，如何确定对拉螺杆间距，如何确定叠合楼板支撑体系中立杆和梁的间距，如何做好雨天时三明治墙板的保温层渗水保护等，这些都可能产生质量隐患。

3. 缺乏系统工具体系

装配式混凝土建筑在国外通常有成熟的系统工具体系，防水性能良好，有助于控制施工精度，保护成品。我国目前在这方面还很欠缺。如果还是按传统方法施工，不仅难度较大，精度也无法保障，体现不出装配式建筑的优势。

4. 吊装施工方面

装配式混凝土建筑的预制构件安装比传统的现浇混凝土建筑要复杂很多。安装现场构件堆放损坏、安装过程磕碰损伤、安装工艺质量把控不严、套筒灌浆质量难以评价、质量验收缺乏严谨性等现象，在装配式混凝土建筑中容易出现，且不容易改进和评价。需要相关各方密切配合，共同提高施工工艺水平和技术质量把控水平，从而改善安装质量。

1.3.6 成本问题

从事装配式预制构件生产的厂家和施工企业，往往投资较大，如不能形成经营规模，有较大风险。所以厂家和施工企业需要一定的建设规模才能发展下去，否则厂房设备摊销成本过高，很难维持运营。有的建设单位不太愿意接受装配式混凝土建筑，其原因也在于建造成本高。这两方面的矛盾导致装配式混凝土建筑的发展阻力还是很大的。所以要在国家政策、全产业链的形成、标准通用部品部件、技术研发精进、BIM 技术管理应用等方面集成发力，降低装配式混凝土建筑的成本，推动装配式混凝土建筑的发展。

1.4 装配式建筑趋于智能化发展的展望

随着绿色建筑及智能化建造的不断推进，装配式建筑趋于智能化已发展为一个大趋势，对于建筑行业来说，像造汽车一样造房子的时代已到来，智慧楼宇甚至智慧城市已成为未来行业发展的大趋势。装配式建筑趋于智能化的发展也能解决技术滞后以及安装中的部分问题。

1.4.1 智能建造

1. BIM 技术的概念

随着装配式建筑的不断推进，应用 BIM 技术进行装配式建造全过程的管理成为绿色智能建造的大趋势。BIM 于 20 世纪 70 年代由美国人 Charles Eastman 率先提出。早期的 BIM 技术处于萌芽阶段，仅仅是围绕可视化的三维模型和量化分析进行研究，随着科技的发展与进步，BIM 技术被业内人士不断完善，至今已经发展成为建筑全生命周期内都可以应用的比较成熟的技术。

BIM 是建筑信息模型（Building Information Modeling）的缩写，以三维数字技术为基础，集成了建筑工程项目各种相关信息的工程数据模型。它提供的全新建筑设计过程概念——参数化变更技术，将帮助建筑设计师更有效地缩短设计时间,提高设计质量,提高对客户和合作者的响应能力,并可以在任何时刻、任何位置进行任意修改,设计和图纸绘制始终保持协调、一致和完整。BIM不仅是强大的设计平台,更重要的是,BIM的创新应用——体系化设计与协同工作方式的结合,将对传统设计管理流程和设计院技术人员结构产生变革性的影响。

除了对于设计人员的影响外,从BIM技术的内容中可以发现,BIM技术区别于传统管理的主要因素在于信息的集成化,BIM技术不但提高了管理效率而且大大降低了风险的发生。BIM技术的内容也赋予了其不一样的优势。首先是可视化与动态管理,BIM技术建立的三维立体模型能够让管理者直观醒目地观看建筑工程的所有方面,而且动态的施工模拟能够及时发现建造过程中出现的各种突发问题,方便管理者及时进行调整。其次是信息的共享与集成,信息对于建筑工程的建设至关重要,尤其对于管理者来说信息的准确性与及时性能够影响到管理方式的正确与否,BIM技术的实时共享信息使得管理者能够直接掌握所有信息并随时调取需要的信息,方便了管理方法的制定。同时,集成化的信息模型能够让所有的专业都在一个平台上进行沟通与交流,极大地减少了不同软件之间的冲突与图纸的大量使用。最后是不断完善的工程项目管理方式,从项目的最初建立到最后完成的运维管理,都需要不断地调整管理方式,BIM技术的信息传递与可视化,为管理者提供了优化管理方案的可能,极大地提高了管理效率和管理效益。

2. BIM技术的特点

(1) 可视化:可视化即"所见所得"的形式,对于建筑行业来说,可视化的真正运用在建筑业的作用是非常大的,例如施工图纸是各个构件的信息在图纸上的线条绘制表达,其真正的构造形式需要建筑业参与人员去想象。对于一般简单的东西来说,这种想象也未尝不可,但是现在建筑业的建筑形式各异,复杂造型在不断地推出,那么这种靠人脑去想象的东西就未免有点不太现实了。所以BIM提供了可视化的思路,将以往的线条式的构件形成一种三维的立体实物图形展示在人们面前。现在建筑业也有设计方面提供效果图的情况,但是这种效果图是分包给专业的效果图制作团队进行识读制作出来的,并不是通过构件的信息自动生成的,缺少了同构件之间的互动性和反馈性。然而BIM提到的可视化是一种能够同构件之间形成互动性和反馈性的可视,在BIM建筑信息模型中,整个过程都是可视化的,可视化的结果不仅可以用于效果图的展示及报表的生成,更重要的是,项目设计、建造、运营过程中的沟通、讨论、决策都在可视化的状态下进行。

(2) 协调性:这个方面是建筑业中的重点内容,不管是施工单位还是业主及设计单位,无不在做着协调及相互配合的工作。一旦项目的实施过程中遇到了问题,就要将各有关人士组织起来开协调会,找出各施工问题发生的原因及解决办法,然后发出变更通知,采取相应补救措施。那么真的就只能在出现问题后再进行协调吗?在设计时,往往由于各专业设计师之间的沟通不到位,而出现各种专业之间的碰撞问题。例如暖通等专业中的管道在进行布置时(各专业人员绘制在各自的施工图纸上),可能正好在此处有结构设计的梁等构件在此妨碍着管线的布置,这种就是施工中常遇到的碰撞问题,并非只能在出现问题后解决。BIM 的协调性服务就可以帮助处理这种问题,也就是说 BIM 建筑信息模型可在建筑物建造前期对各专业的碰撞问题进行协调,生成协调数据,并提供出来。当然 BIM 的协调作用并不是只能解决各专业间的碰撞问题,它还可以解决其他问题,例如:电梯井布置与其他设计布置及净空要求的协调,防火分区与其他设计布置的协调,地下排水布置与其他设计布置的协调等。

(3) 模拟性:BIM 并不是只能模拟设计出的建筑物模型,还可以模拟不能够在真实世界中进行操作的事物。在设计阶段,BIM 可以对设计上需要进行模拟的一些东西进行模拟实验,如节能模拟、紧急疏散模拟、日照模拟、热能传导模拟等;在招投标和施工阶段,可以进行 4D 模拟(三维模型加项目的发展时间),也就是根据施工的组织设计模拟实际施工,确定合理的施工方案从而指导施工;还可以进行 5D 模拟(基于 3D 模型的造价控制),从而实现成本控制;在后期运营阶段,可以模拟日常紧急情况的处理方式,如地震人员逃生模拟及消防人员疏散模拟等。

(4) 优化性:事实上整个设计、施工、运营的过程就是一个不断优化的过程,当然优化和 BIM 也不存在实质性的必然联系,但在 BIM 的基础上可以进行更好的优化。优化受到三个方面的制约:信息、复杂程度和时间。没有准确的信息则不能做出合理的优化结果,BIM 模型提供了建筑物的实际存在信息,包括几何信息、物理信息、规则信息,还提供了建筑物变化以后的实际存在信息。当复杂程度达到一定程度,参与人员本身的能力无法掌握所有的信息,必须借助一定的科学技术和设备的帮助。现代建筑物的复杂程度大多超过参与人员本身的能力极限,BIM 及与其配套的各种优化工具提供了对复杂项目进行优化的可能。目前基于 BIM 的优化可以做以下工作:

①项目方案优化:把项目设计和投资回报分析结合起来,设计变化对投资回报的影响可以进行实时计算;这样业主对设计方案的选择就不会主要停留在对形状的评价上,而可以使得业主知道哪种项目设计方案更有利于自身的

需求。

②特殊项目的设计优化：在裙楼、幕墙、屋顶、大空间等处可以看到异形设计，这些内容看起来占整个建筑的比例不大，但是占投资和工作量的比例和前者相比往往却要大得多，而且通常也是施工难度比较大和施工问题比较多的地方。对这些内容的设计施工方案进行优化，可以带来显著的工期和造价改进。

(5) 可出图性：BIM并不是提供类似于建筑设计院的建筑设计图纸及一些构件加工的图纸，而是通过对建筑物进行可视化展示、协调、模拟、优化，给业主提供如下图纸：

①综合管线图(经过碰撞检查和设计修改，消除了相关错误以后)；

②综合结构留洞图(预埋套管图)；

③碰撞检查侦错报告和建议改进方案。

1.4.2 智能建造发展趋势的展望

随着BIM技术在我国的快速普及，业内人士认识到BIM技术对建筑业的影响是深远的。BIM技术给建筑业带来以下重大影响：

1. BIM技术将建筑带入大数据时代

建筑业的本质决定了建筑业是最大的大数据行业。但目前我们的建企数据中心的企业服务器里，数据并不多。主要原因在于建筑产品是单产品生产，且每个产品有海量数据，不是以往技术手段所能展现的。

BIM技术将让建筑业具备这样的能力，模型＋信息＋互联网的新形势势必会将建筑行业的单品信息加以整合，建筑业全新的数据时代即将到来。

2. 可视化的建造技术

传统的建造技术依托“2D图纸＋说明问题”加以体现，建筑物的设计理念通过抽象的二维信息通常难以表达完全，施工人员经常无法很好地领会设计人员的设计理念、设计元素的具体功能等。

建筑业从2D到3D的突破，是历经数百年才得以实现的。这一层的进步，不仅是表达形式上的进步，更是管理和技术体验上的进步。从二维到三维的设计理念表达(可视化)，再到依托互联网、物联网的信息共享传递的便捷，再通过BIM平台将这些信息整合，协同共享。

3. 智慧建筑、智慧城市

BIM＋物联网＋智能系统，三者对智慧建筑的实现，都不可或缺。

BIM将作为建筑数据和运维数据的承载平台，助力实现智慧建筑系统更人性化、更低碳化的远景。实现智慧城市，需要先实现城市的数字化，或将一个数字化城市建立起来。

BIM将每栋建筑的数字模型(数据库)建立起来，累加形成一个城市级的建筑数据库，便可实现很多城市级的应用。BIM数据库，将成为智慧城市的关键数据库。

1.4.3 智能技术在装配式建筑中的应用展望

1. 智慧楼宇

智慧楼宇是基于对建筑各种智能信息化综合应用，集架构、系统、应用、管理及其优化组合，具有感知、推理、判断和决策的综合智慧能力及形成以人、建筑、环境互为协调的整合体，为人们提供安全、高效、便捷及延续现代功能的环境。

智能楼宇信息化从一开始的分散楼宇，发展到数字楼宇，最后达到智慧楼宇的终极目标，而楼宇的功能从一开始使用人工管理＋模拟监控＋语音通信，到数字化管理＋标清监控＋网络通信，最终到智能化管理＋高清智能管控＋IT系统联动＋多媒体互动。

随着人工智能化普及程度越来越广，智慧生活离我们越来越近。BIM技术的应用使得楼宇建造及运维阶段变得更加智慧化，AI智能技术的应用推进了智慧楼宇的诞生。我们可以通过智能化应用、强大的云计算能力，实现对媒体互联通信全方位的安全管控。例如对住宅性建筑来说，实时监控联通系统可实现信息联通，从业主进门的一刻起，智能化系统便可开始工作，通过门口的人脸识别或车牌号识别系统，自动进行车道引导和电梯等待，在停车后进入电梯间时，可以最短时间进入电梯，减少等待时间。家中智能控制系统的安装，可在人们进门前就将房间内调整为回家模式，各个电器会自动按照人们的生活习惯调整其工作模式，例如电视自动调到人们常看的节目，空调自动调至适宜温度，空气净化器自动开始工作等。另外，实时监测系统可在人们外出时，监测家中老人、儿童的健康状况，一旦出现异常，立即发出警报，及时将信息传递给物业管理人员和业主，让救治得以及时进行，更好地保障人身安全。

2. 智慧城市

智慧城市是运用信息和通信技术手段对城市运行核心系统的各项关键信息进行感测、分析、整合，从而对城市生活中的各个环节和各种需求及时智能地进行响应。通过先进的信息整合技术，实现智慧化管理运行城市的目标，为人们创造智慧化的便捷生活，创建和谐可持续化的城市。

智慧城市是以互联网、物联网、电信网等各种网络组合为基础，以智慧技术高度集成、智慧产业高度发展、智慧服务高效便民为主要特征的城市发展新模式。智慧化是继工业化、电气化、信息化之后，世界科技革命的又一次创新和突破。利用智慧技术，建设智慧城市，是当今世界城市发展的趋势和特征。

从智能建造到智慧楼宇，最终通过信息互联实现智慧城市，这是我们未来几十年社会发展的目标。我们的城市可看作为一个完整的生态系统，城市中的市民、交通、商业、能源、通信等构成一个个子系统，这些子系统形成一个普遍联系、相互促进、彼此影响的整体。在过去的城市发展中，由于科技力量不足，这些子系统之间的关系无法为城市发展提供整合的信息支持。在未来，借助新一代的物联网、云计算、决策分析优化等信息技术，通过感知化、物联化、智能化的方式，可以将城市中的物理基础设施、信息基础设施、社会基础设施和商业基础设施连接起来，成为新一代的智慧化基础设施，使城市中各领域、各子系统之间的关系显现出来，就像是给城市装上网络神经系统，使之成为可以指挥决策、实时反应、协调运作的“系统之系统”。智慧城市意味着在城市不同部门和系统之间实现信息共享和协同作业，人们可以更合理地利用资源，做出最好的城市发展和管理决策，及时预测和应对突发事件和灾害。智慧城市将让我们的城市生活变得更加智能化、便捷化。

回顾装配式建筑发展的历程，从对“装配式”的质疑，到重点发展“装配式钢结构”，再到智能建造与新型建筑工业化协同发展，我国装配式建筑在这样的背景下不断发展和前行。我国的建造方式发生了前所未有的深刻变革，逐步走上了新型建筑工业化发展道路，至少得益于以下几个方面的探索：一是从国家层面，坚持建筑工业化发展方向，以“装配式”作为驱动力和方向标，出台一系列鼓励政策，支持企业技术创新，极大地促进了传统粗放的建造方式向新型工业化建造方式转变。二是从企业层面，坚持技术与管理双轮驱动，以技术创新带动管理模式创新，以管理创新促进技术成果转化，积极培育企业技术集成能力和组织管理协同能力，从而构建了企业全面发展的新动力。三是从行业层面，坚持系统推进，以一体化建造为目标，以标准化设计为主线，大力推行工厂化生产、装配施工化、一体化装修和信息化管理协同发展，力求全面彰显装配式建筑优势。四是从产业层面，坚持产业发展思维，树立以建筑作为“产品”的经营理念，鼓励发展企业专有体系创新，大力推行工程总承包组织模式，拉动产业链的各环节协同向前发展，初步形成了现代建筑产业发展的新生态、新格局。

我国装配式建筑仍然处在发展的初期阶段，既面临着难得的历史机遇，又面临着前所未有的全新挑战。虽然目前工业化建造的优势体现得还不够明显，工程建造效率和效益还不高，同时也暴露出一些成本、质量等问题，但是这些都是发展中的问题，随着发展的不断深入与逐步提升，一切问题都会迎刃而解，建筑工业化的新时代一定会到来。我们相信，通过大力发展装配式建筑，走新型建筑工业化发展道路，一定会引导建筑业从低端向中高端迈进，实现从粗放建造向绿色集约建造转变，提升中国建筑业的发展质量、效益和国际竞争力。未来中国建筑一定会迈上绿色化、工业化、信息化、集约化和社会化的发展之路，必将实现建筑产业现代化。而建筑产业化的发展与智能化的结合，必将推动城市步入智能化，智慧城市的理念也终将成为现实。

2

装配式设计标准化通用导则

2.1 装配式设计标准化的基本原则

2.1.1 两个一体化原则

装配式建筑标准化设计的基本原则是坚持“建筑、结构、机电、内装”一体化和“设计、加工、装配”一体化，即从模数统一、模块协同、各专业一体化考虑。

2.1.2 “少规格、多组合”原则

“少规格、多组合”是装配式建筑设计的重要原则，通过标准化的模数和模块化组合，可以形成多样化及个性化的建筑整体。标准化设计还可以减少构件的规格种类并提高构件模板的重复使用率，利于构件的生产制造与施工，实现构件和部品的可互换性。

2.1.3 模数和模数协调原则

模数化、模块化、标准化和通用化是建筑工业化的基础。在装配式建筑设计过程中，通过建筑模数协调、功能模块协同、套型模块组合形成一系列既满足功能要求，又符合要求的、多样化的装配式建筑产品。

2.1.4 四个标准化设计方法

装配式建筑应采用平面标准化、立面标准化、构件标准化、部品标准化四个标准化的设计方法。平面标准化的组合实现各种功能的户型，立面标准化通过组合来实现多样化，构件标准化、部品标准化需要满足平面立面多样化的尺寸要求。通过标准化设计实现工业化生产和装配化施工，从而实现降低成本、节约人工、减少浪费、提高效益的目标。

2.2 建筑设计标准化

2.2.1 平面标准化方案

1. 平面标准化设计方法

(1) 模数和模数协调。模数和模数协调是实现装配式建筑标准化设计的重要基础，涉及设计、生产、施工全过程的各个环节，如不遵循系统的模数协调，

就不可能实现标准化。在基本模数的基础上,以标准模块的开间、进深、高度等为参照,采用扩大模数、分模数等方式,可实现建筑主体结构、内装以及内装部件等相互间的尺寸协调,进一步实现规格化、定型化部件的批量生产,以达到节约工期、提升技术、降低成本、优化质量的目的。

模数的采用及进行模数协调应符合部件受力合理、生产简单、优化尺寸和减少部件种类的需要,有利于实现建筑构件的通用性及互换性,使其达到标准化又不限制设计的灵活性,促进生产水平的提高,同时简化现场作业。

通过模数协调可实现建筑主体结构和建筑内装修之间的整体协调,建筑的平面设计应采用基本模数或扩大模数,做到构件部品设计、生产和安装等尺寸协调。为降低构件和部品种类,便于设计、加工、装配的互相协调,要选用装配式建筑各部位模数,楼板厚度的优先尺寸为 130 mm、140 mm、150 mm、160 mm、170 mm、180 mm,长度和宽度模数与开间、进深模数相关;内隔墙厚度优先为 100 mm、150 mm、200 mm,高度与楼板的模数数列相关。

过去我国在建筑平面设计中的开间、进深尺寸等多采用 3M(300 mm)制式,设计的灵活性和建筑的多样化受到了较大的限制。目前为了适应建筑多样化的需求,增加设计的灵活性,多选择 2M(200 mm)制式。在住宅的设计中,根据国内建筑墙体的实际厚度,并结合装配整体式住宅的特点,建议采用 2M+1M 制式灵活组合的模数网格,以满足住宅建筑平面功能布局的灵活性及模数网格的协调。

模数协调部件的定位可采用以下三种方法:中心线定位法、界面定位法、中心线与界面定位混合使用法。定位方法的选择应优先保证部件安装空间符合模数,或满足一个及以上部件间净空尺寸符合模数。为保证上、下道工序的部件安装处在模数空间网格之中,部件定位宜采用界面定位法;建筑和结构设计,以及墙基准线定位应采用中心线定位法;机电、内装二次设计,要考虑完成面净尺寸,应采用界面定位法;围护系统既与结构相关联,又包括部品和构件的定位,宜采用中心线与界面定位混合使用法。

(2) 模块和模块组合。模块具有可组合、可分解、可更换的功能,能满足模数协调的要求,应采用标准化和通用化构件部品,为主体构件和内装部品尺寸协调、工厂生产和装配化施工安装创造条件。

以装配式住宅为例,其套型模块由起居室、卧室、门厅、餐厅、厨房、卫生间、阳台等功能模块组成。套型模块的设计,可由标准模块和可变模块组成。标准模块是在对套型的各功能模块进行分析研究基础上,用较大的结构空间满足多个并联度高的功能空间的要求,通过设计集成、灵活布置功能模块,建立标准模块(如客厅+卧室的组合等)。可变模块为补充模块,平面尺寸相对自由,可根据项目需求定制,便于调整尺寸进行多样化组合(如厨房+门厅的组合等)。可变模块与标准模块组合成完整的套型模块。套型模块应进行精细化、系列化设计,同系列套型间应具备一定的逻辑及衍生关系,并预留统一的接口。

①起居室模块。起居室模块应按照套型的定位,满足居住者日常起居、娱乐、会客等功能需求,应注意控制开向起居室的门的数量和位置,保证墙面的完整性,便于各功能区的布置。

②卧室模块。卧室模块按照使用功能一般分为双人卧室、单人卧室以及卧室与起居室合并的三种类型。卧室与起居室合为一室时,应不低于起居室的设计标准,且满足复合睡眠功能,并适当考虑空间布局的多样性。

③餐厅模块。餐厅模块包括独立餐厅及客厅就餐区域。中小套型中,当厨房面积太小,不具备冰箱放置空间时,在餐厅或兼餐厅的客厅内要增加冰箱摆放的空间,在餐桌旁设餐具柜,摆放微波炉等厨用电器。

④门厅模块。门厅模块包括收纳、整理妆容及装饰等功能。应根据一般生活习惯对各功能进行合理布局,结合收纳部品进行精细化设计。

⑤厨房模块。厨房模块包括收纳、洗涤、操作、烹饪、冰箱、电器等功能及设施,应根据套型定位合理布局。厨房模块中的管道井应集中布置并预留检修口。厨房常用布局模式及尺寸宜符合《住宅整体厨房》(JG/T 184—2011)的规定。

⑥卫生间模块。卫生间模块包括如厕、洗浴、盥洗、洗衣、收纳等功能,应根据套型定位及一般使用频率和生活习惯进行合理布局。卫生间的常用布局模式及尺寸宜符合《住宅整体卫浴间》(JG/T 183—2011)的规定。卫生间宜采用同层排水设计,并应结合房间净高、楼板跨度、设备管线等因素确定降板方案。

⑦阳台功能模块。阳台的反坎应在预制时一并完成,其宽度为150~200 mm;反坎上应预留立杆,安装洞口,洞口间距尺寸应与栏杆保持一致,间距不应大于1.2 m。开敞式阳台应采用适宜的防水与排水做法,并在与室内开口部位形成可靠的构造连接,避免雨水渗漏。

(3) 套型模块组合成标准单元。装配式建筑设计应遵循“少规格、多组合”的原则,以基本套型为模块进行组合设计,在标准化设计的基础上实现系列化和多样化。在进行装配式建筑设计时,不能把标准化和多样化对立起来,二者的巧妙结合才能实现标准化前提下的多样化和个性化。

以装配式住宅为例,可以通过标准化的套型模块结合核心筒模块组合出不同的平面形式和建筑形态,创造出多种平面组合类型,实现多样化的标准层平面。

在不同的基本户型下，通过确定相同尺寸的通用边界，可以实现模块间的协同拼接。模块的组合是根据具体的功能要求，通过模块接口进行组合。模块组合的关键是模块和接口的标准化、通用化。模块化设计应关注模块本身和模块组合的可变性。为了确保不同功能模块的组合或相同功能模块的互换，模块应具有可组合性和互换性两个特征，应在模块接口上提高其标准化、通用化的程度。具有相同功能、不同性质的套型模块应具有相同的对接基面和可拼接的安装尺寸，应在模块设计过程中确定模块的设计规则，建立模块化系统。

(4) 若干标准单元组合建筑楼栋。楼栋由不同的标准模块组合而成，通过合理的平面组合形成不同的平面形式，并控制楼栋的体型。楼栋标准化是运用套型模块化的设计，从单元空间、户型模块、组合平面、组合立面四个方面，对楼栋单元进行精细化设计。

楼栋在进行套型模块组合设计时，模块的接口非常重要。每个模块都有接口，模块接口应标准化。设计模块时接口越多，模块组合的方式就越多，但是给自身的条件限制也就越大，也不利于装配式建筑的建造。

基本户型模块之间按照通用协同边界(如 8 800 mm)进行组合，然后与公共空间模块(包括走廊、楼梯、电梯等基本模块)进行组合，可以确定多种基本平面形状，形成不同的个性化平面，实现楼栋组合的多样化。

楼栋组合平面设计应优先确定标准套型模块及核心筒模块，平面组合形式要求得越清楚，其模块设计实现的效率越高。组合设计可以优先考虑相同开间或进深便于拼接的套型模块进行组合，结合规划要求利用各功能模块的变化组合形成标准套型模块基础上的多样化。装配式混凝土剪力墙结构住宅的规划设计在满足采光、通风、间距、退线等规划要求情况下，宜优先采用由套型模块组合的住宅单元进行规划设计。

2. 平面标准化设计原则

平面标准化与多样化是对立统一的关系，其设计原则就是要实现模块构成的多样化、模块空间的多样化、模块组合的多样化。

3. 平面设计

装配式建筑的平面设计除了要满足使用功能的要求外，还应采用标准化的设计方法全面提升建筑品质、提高建设效率及控制建造成本。

(1) 总平面设计。装配式建筑的总平面设计应在符合城市总体规划要求、满足国家规范及建设标准要求的同时，配合现场施工方案，充分考虑构件运输通道、吊装及预制构件临时堆场的设置。

①要点说明。装配式建筑的大部分预制构件在工厂加工后，运到施工现场，经过短时间存放后进行吊装或立即进行吊装。装配式建筑的施工组织计划和各施工工序的有效衔接相比传统的施工建造方式要求更高。总平面设计要结合施工组织进行统筹考虑，一般情况要求总平面设计应为装配式建筑生产施工过程中构件的运输、堆放、吊装预留足够的空间。在不具备临时堆场的情况下，应尽早结合施工组织，为吊装和施工预留好现场条件。

②措施方法：

a. 考察预制构件生产地到施工现场之间道路的路况、荷载、宽度、高度等条件，统筹考虑预制构件的规格、重量、运输成本及道路临时加固等因素，并确定构件运输的施工现场进出口位置。

b. 总平面的道路交通设计，要考虑与建筑构件施工运输的方案相结合，预制构件需要在施工过程中运至塔吊所覆盖的区域进行吊装。运输道路应有足够的路面宽度和转弯半径。合理选择预制构件的临时堆放场地，尽量避开施工开挖区域。

(2) 平面布置。平面布置除满足建筑使用功能需求外，还应考虑有利于装配式混凝土结构建筑建造的要求。

①要点说明。装配式建筑的设计需要整体设计的思想。平面设计不仅应考虑建筑各功能空间使用尺寸，还应考虑建筑全寿命期的空间适应性，让建筑空间适应使用者不同时期的不同需要，而其中大空间结构形式有助于实现这一目标。大空间的设计有利于减少预制构件的数量和种类，提高生产和施工效率，减少人工，节约造价。

②措施方法。要尽量按一个结构空间来设计公共建筑单元空间或住宅的套型空间，根据结构受力特点合理设计结构预制构配件(部品)的尺寸，预制构配件(部品)的定位尺寸既应满足平面功能需要又应符合模数协调的原则。

室内空间划分应尽量采用轻质隔墙，在《绿色建筑评价标准》(GB/T 50378—2019)中有详细规定。室内大空间可根据使用功能需要，采用轻钢龙骨石膏板、轻质条板、家具式分隔墙等轻质隔墙进行灵活的空间划分。轻钢龙骨石膏板隔墙内还可布置设备管线，方便检修和改造更新，满足建筑的可持续发展，符合国家工程建设节能减排、绿色环保的要求。

(3) 平面形状。装配式建筑的平面形状、体型及其构件的布置应符合现行国家标准《建筑抗震设计标准》(GB/T 50011—2010)的相关规定，并符合国家工程建设节能减排、绿色环保的要求。

建筑设计的平面形状应保证结构的安全及满足抗震设计的要求。

装配式建筑的平面形状及竖向构件布置要求，应严于现浇混凝土结构的建筑。平面设计的规则性有利于结构的安全性，符合《建筑抗震设计标准》(GB/T 50011—2010)的要求。特别不规则的平面设计在地震作用下内力分布较复杂，不适宜采用装配式结构。平面设计的规则性可以减少预制楼板与构件的类型，有利于经济的合理性。不规则的平面会增加预制构件的规格数量及生产安装的难度，且会出现各种非标准的构件，不利于降低成本及提高效率。为实现相同的抗震设防目标，形体不规则的建筑要比形体规则的建筑耗费更多的结构材料，不规则程度越高，对结构材料的消耗量越大、性能要求越高，不利于节材。

在建筑设计中要从结构和经济性角度优化设计方案，尽量减少平面的凹凸变化，避免不必要的不规则布局。

2.2.2 立面标准化方案

装配式建筑的立面是标准化预制构件和构配件立面形式装配后的集成与统一。立面设计应根据技术策划的要求最大限度考虑采用预制构件，并依据“少规格、多组合”的原则尽量减少立面预制构件的规格种类。

(1) 立面造型设计宜采用部品部件和空间模块重复组合与韵律控制的方法，形成有秩序的变化或有规律的重复，形成有韵律的美感。

(2) 应结合项目定位，合理选用外墙板、外门窗、幕墙、阳台板、空调板及遮阳设施等标准化部品部件，并通过多样化的排列组合形成丰富的立面效果。

(3) 立面造型设计可增加可变立面模块，从而实现立面的多样性。

(4) 建筑外窗窗台完成面高度从户内楼地面建筑完成面起算，凸窗窗台高度应为 450 mm 或 500 mm，普通窗窗台高度应为 900 mm。

2.2.3 构件标准化

1. 构件标准化的概念与意义

装配式建筑施工中的构件标准化是指将构件设计、生产、运输和安装过程规范化，并通过标准化技术和方法来实现高质量、高效率和低成本。构件标准化有助于提高工作效率，降低人员和设备需求，缩短施工周期；同时，它还可以增强产品制造的一致性和可互换性，提升整体品质水平。

2. 构件标准化的关键技术与方法

为了解决装配式建筑施工中的构件标准化问题，需要应用一系列关键技术与方法。首先是构件设计标准化，包括确定基本尺寸、形状、材料等要素，并建立设计参数库；其次是数字化技术的应用，通过 BIM 技术进行构件模型的创建、分析和优化；再次是制造过程的标准化控制，采用自动化设备和流水线生产方式提高生产效率和质量控制水平；最后是安装过程的标准化管理，通过预制模块和可视化引导来提高施工速度和精度。

构件标准化是装配式建筑施工中不可忽视的重要环节。通过对构件设计、制造和安装过程进行规范化管理，可以提高施工效率、降低成本并提升建筑品质。在推进装配式建筑发展的过程中，国内外的经验借鉴及技术创新都至关重要。

2.2.4 部品标准化

1. 部品标准化在装配式建筑施工中的意义

(1) 提高施工效率。在传统现场施工中，由于部件复杂、加工和安装困难等问题，往往需要耗费大量时间和人力资源。而通过部品标准化设计，在生产过程中可以实现模块化生产，将各个部件进行预制并统一规格，这样无论是生产阶段还是安装阶段都能够大大缩短时间，提高施工效率。

(2) 保证质量。装配式建筑所使用的建材和构件经过系统设计和科学选材后，可以保证其质量的可靠性和稳定性。部品标准化能够规范产品制造过程，并且通过工厂化生产，避免现场加工和施工带来的误差和隐患，最大限度地提高装配式建筑的质量水平。

(3) 降低成本。部品标准化能够在生产环节实现规模化生产，能够利用装配式设计优势减少建筑周期，有效降低了人力、物力以及时间成本。此外，在后期维护和改造过程中，由于部件标准化设计的可替换性以及易于拆卸与连接的特点，可以再次利用，进一步降低了成本。

2. 部品标准化工艺

(1) 数字化设计与仿真。数字化技术在装配式建筑施工中起到了关键作用。通过 CAD、BIM 等软件进行全面的设计和仿真分析，可以确保各个部件之间的精确匹配度，并且在生产制造阶段实现零误差。同时，数字化技术也能实现对装配流程的优化与管理，在保证质量的前提下提高施工效率。

(2) 先进的生产设备与工艺。在装配式建筑施工中，先进的生产设备和工艺是部件标准化制造的重要保障。例如，采用自动化加工线实现模块化部件生产，通过机器人等智能设备进行高效组装等。同时，在具体工艺方面也需要考虑到材料的适应性、可靠性以及可持续性。

(3) 质量控制与检验。在装配式建筑施工中，质量控制与检验是不可忽视的环节。通过严格的质量控制流程和标准化检验手段，在各个环节都能对部品进行全面检测与监管，确保产品质量符合设计要求，并满足相关法律法规以及抗震等安全性能要求。

2.3　结构系统标准化

2.3.1　装配整体式框架

1. 要点说明

装配整体式框架结构应能够满足“强柱弱梁、强剪弱弯、强节点”的设计原则。因此，对现行的标准建议补充下列内容：

(1) 在“等同现浇”概念的基础上，针对预制框架柱、预制(叠合)梁、预制(现浇)梁柱节点、现浇或叠合楼板等的组合方式，给出具体的计算和构造措施规定。可参考《建筑抗震设计标准》(GB/T 50011—2010)中按照柱、梁和板的实配钢筋对柱、梁和节点承载力进行验算的计算方法。

(2) 现浇框架结构构件的配筋构造做法不能完全适合于预制构件的生产制作和安装施工要求，应对预制框架柱(纵筋和箍筋)、预制或叠合框架梁(纵筋、腰筋、箍筋)、预制或现浇柱梁节点(箍筋、柱梁纵筋布置)等给出有针对性的构造措施规定。

2. 措施方法

装配整体式框架结构的构造设计应注意以下几点：

(1) 预制柱、预制(叠合)梁外伸钢筋的配筋构造必须考虑相邻构件安装施工时的钢筋连接和避让及现场施工钢筋的放置和固定等要求。

(2) 预制柱、预制(叠合)梁内的钢筋构造应尽量采用适合于钢筋骨架机械加工的方式，如在框架柱内宜采用螺旋箍筋、焊接封闭箍筋等形式。

(3) 在预制柱底部和顶部、预制(叠合)梁柱边塑性铰区、主次梁交叉处主梁两侧等部位，应保证箍筋加密的构造要求。

(4) 预制柱、预制(叠合)梁内的纵向受力钢筋布置在同等条件下，宜采用较少根数、较大直径的方式。

2.3.2　墙部品

(1) 装配整体式剪力墙结构中预制剪力墙竖向钢筋连接宜采用套筒灌浆连接。

(2) 预制剪力墙长度应满足 2 M 模数要求，宜采用 800 mm、1 000 mm、

1 200 mm 等。

(3) 当采用装配整体式剪力墙结构设计时,应根据建筑平面确定预制剪力墙和后浇连接段布置位置,并应符合下列要求:

①预制剪力墙厚度不宜小于 200 mm,应满足 M/2 的模数要求。

②预制剪力墙宜采用一字形。

③高层剪力墙结构底部加强区及相邻上一层剪力墙宜采用现浇混凝土;顶层剪力墙宜采用现浇混凝土。

④预制剪力墙宜选择内墙部位。

⑤高层剪力墙结构中的电梯井、楼梯间剪力墙宜采用现浇混凝土。

⑥偏心受拉的剪力墙不宜采用预制剪力墙。

(4) 预制剪力墙的连梁不宜开洞;当需开洞时,洞口宜预埋套管,洞口上、下截面的有效高度不宜小于梁高的 1/3,且不宜小于 200 mm;洞口处应配置补强纵向钢筋和箍筋,补强纵向钢筋的直径不应小于 12 mm,截面积不应小于被截断的钢筋面积。

(5) 上、下层预制剪力墙的竖向钢筋采用套筒灌浆连接时,自套筒底部至套筒顶部并向上延伸 300 mm 范围内,预制剪力墙的水平分布筋应加密。加密区水平分布筋直径不应小于 8 mm,最大间距一、二级抗震不应小于 100 mm,三、四级抗震不应小于 150 mm;套筒上端第一道水平分布钢筋距离套筒顶部不应大于 50 mm。

(6) 预制剪力墙的顶部和底部与后浇混凝土的结合面应设置粗糙面;侧面与后浇混凝土的结合面应设置粗糙面,也可设置键槽。粗糙面凹凸深度不应小于 6 mm。键槽深度不宜小于 20 mm,宽度不宜小于深度的 3 倍且不宜大于深度的 10 倍,键槽间距宜等于键槽宽度,键槽端部斜面倾角不宜大于 30°。

(7) 预制剪力墙的水平分布钢筋在现浇段内采用搭接连接,墙板的水平外伸钢筋宜采用带 135°弯钩钢筋或直锚形式钢筋。

(8) 预制剪力墙后浇混凝土上表面应设置粗糙面,水平接缝厚度宜为 20 mm,采用灌浆料填实。

(9) 上、下层预制剪力墙竖向钢筋宜采用套筒灌浆连接,连接钢筋的配筋率不应小于主体结构设计配筋率,且不应小于现行国家标准《建筑抗震设计标准》(GB/T 50011—2010)规定的剪力墙竖向分布钢筋最小配筋率;连接钢筋的直径不应小于 12 mm,同侧间距不应大于 600 mm;未连接的竖向分布钢筋直径不应小于 6 mm。

(10) 后浇连梁水平纵筋应在剪力墙现浇段内锚固,并符合现行行业标准

《高层建筑混凝土结构技术规程》(JGJ 3—2010)的相关构造要求;当现浇段长度无法满足纵筋锚固要求时,宜在预制剪力墙端伸出预留纵向钢筋,并与后浇连梁的水平纵筋连接。

2.3.3 楼板部品

(1) 装配整体式剪力墙结构楼板宜采用桁架钢筋混凝土叠合板。

(2) 桁架钢筋混凝土叠合板的预制板宽度应满足 2 M、3 M 模数要求,宜采用 1 500 mm、1 800 mm、2 100 mm、2 400 mm、2 700 mm。

(3) 装配整体式剪力墙结构设计时,应根据建筑和结构平面确定叠合板布置位置,并应符合下列要求:

①除特殊原因不适宜采用叠合板的部位外,叠合板布置应遵循"应用尽用"原则。

②结构转换层、平面复杂或大开洞的楼层、嵌固端楼层、大底盘多塔结构的底盘顶层、结构竖向收进或外挑时需加强的楼层、高层结构屋面层应采用现浇楼(屋)盖。

③跨度大于 6 m 的楼板不宜采用桁架钢筋混凝土叠合板。

④叠合板的跨厚比,单向板不宜大于 30,双向板不宜大于 40。

(4) 当预制板之间采用分离式接缝,叠合板宜按单向板进行设计。对长宽比不大于 3 的四边支撑叠合板,当其预制板之间采用整体式接缝或无接缝时,可按双向板进行设计,并应符合下列要求:

①叠合板应结合建筑房间尺寸进行深化设计。宜选择大尺寸预制板,可通过调整水平后浇带宽度与其进行组合。

②拼缝宜设置在叠合板的次要受力方向上且避开最大弯矩截面,避免隔墙设置在楼板拼缝处。

③当叠合板采用双向板形式时,整体式接缝后浇带宽度不宜小于 300 mm,不宜大于 400 mm。

④预制板桁架钢筋应沿主要受力方向布置。

⑤预制板尺寸应满足构件制作、运输、堆放、安装的相关要求。

⑥预制板宽度不宜大于 3 m,重量不宜大于 2 t。

(5) 预制板中第一道钢筋距预制板边不宜大于 50 mm,当钢筋距板边大于 50 mm 时,在 50 mm 范围内补充设置板边加强筋,直径同纵向钢筋,板边加强筋可不伸入两侧支座;后浇接缝内第一道纵向钢筋距离预制板边不宜大于 1/2 板筋间距。

(6) 叠合板支座及现浇带节点宜按下列要求执行：

①板端支座处，预制板内的纵向受力钢筋宜从板端伸出并锚入支承梁或墙的后浇混凝土中，锚固长度不应小于 $5d$（d 为纵向受力钢筋直径），且宜伸过支座中心线。

②单向叠合板的板侧支座处，当预制板内的板底分布钢筋伸入支承梁或墙的后浇混凝土中时，应符合①要求；当板底分布钢筋不伸入支座时，宜在紧邻预制板顶面的后浇混凝土叠合层中设置附加钢筋，附加钢筋截面面积不宜小于预制板内同向分布钢筋面积，间距不宜大于 600 mm，在板的后浇混凝土叠合层内锚固长度不应小于 $15d$（d 为附加钢筋直径），在支座内锚固长度不应小于 $15d$（d 为附加钢筋直径），且宜伸过支座中心线。

单向叠合板板侧的分离式接缝宜配置附加钢筋，并应符合下列规定：

a. 接缝处紧邻预制板顶面宜设置垂直于板缝的附加钢筋，附加钢筋伸入两侧后浇混凝土叠合层的锚固长度不应小于 $15d$（d 为附加钢筋直径）；

b. 附加钢筋截面面积不宜小于预制板中该方向钢筋面积，钢筋直径不宜小于 6 mm，间距不宜大于 250 mm。

③双向叠合楼板板底纵向钢筋在后浇接缝内宜采用搭接连接，后浇段两侧钢筋应相互错开，钢筋交错间距宜为 30 mm。

④当叠合板采用整体式拼缝时，应在板缝内配置横向构造钢筋，直径不宜小于该方向预制板内钢筋直径，间距不宜大于该方向预制板内钢筋间距，并贯通整个结构拼缝伸入支座锚固。

(7) 叠合板桁架钢筋应符合下列要求：

①钢筋桁架下弦钢筋下表面至桁架预制板上表面的距离不应小于 35 mm；钢筋桁架上弦钢筋上表面至桁架预制板上表面的距离不应小于 35 mm。

②桁架钢筋间距不宜大于 600 mm，距板边不应大于 300 mm；桁架钢筋混凝土保护层厚度不应小于 15 mm。

③桁架钢筋弦杆的钢筋直径不应小于 8 mm，当预制底板长度大于 3.6 m 时，直径不宜小于 10 mm；腹杆钢筋直径不应小于 6 mm。

④桁架钢筋长度模数宜取 100 mm；桁架钢筋作为楼板受力钢筋时，钢筋端头距板端不宜大于 50 mm。

(8) 预制板与后浇混凝土叠合层之间的结合面应设置粗糙面，粗糙面凹凸深度不应小于 4 mm。

(9) 预制板吊点宜优先采用桁架吊点，吊点加强筋直径不宜小于 8 mm，当承载力不足时可采用预埋吊钩，吊钩直径不宜小于 12 mm。

2.3.4 楼梯部品

(1) 采用标准化楼梯间的工程项目可直接选用标准型号预制楼梯 ST-30-25;未采用标准化楼梯间的工程项目,设计人员可依据导则,参考标准详图进行预制楼梯的深化设计。

(2) 预制楼梯为板式楼梯时,梯段板厚度不宜小于 130 mm。

(3) 预制楼梯混凝土强度等级不小于 C30,板底及板面均配置通长的纵向钢筋。

(4) 预制楼梯端部在支承构件上的搁置长度不应小于 150 mm;预制梯板两端平直段长度宜为 400 mm,厚度宜为 180 mm。

(5) 预制楼梯与楼梯间两侧墙体净距不小于 20 mm,与梯梁净距不小于 30 mm,预制楼梯之间净距(非梯井位置)不小于 15 mm。

(6) 预制楼梯上端为固定铰端,预留 50 mm 安装孔洞,安插预留钢筋,安装到位后采用灌浆料填实;下端为滑动铰端,构件安装时采用油毡与支座隔离,预留 60 mm(50 mm)变截面孔洞,预埋螺栓,并采用螺母紧固。

(7) 预制楼梯生产的底模面宜为楼梯梯井一侧。

(8) 预制楼梯板吊装脱模宜采用预埋吊钉。

2.3.5 外围护系统标准化

1. 一般规定

(1) 居住建筑外围护系统应简洁、规整,并在满足模数化、标准化要求的基础上,坚持“少规格、多组合”的原则,实现立面形式的多样化。外墙围护系统设计时应考虑外围护墙板与外门窗、阳台板、空调板等部品部件的相互关系。

(2) 外围护系统部品应成套供应,部品安装施工时采用的配套件也应明确其性能要求。

(3) 外围护系统应采用获得产品认证的工业化部品,获证的部品型号和认证依据应与装配式混凝土建筑工程实际情况相一致。

(4) 外围护系统应采用合理的构造措施与连接方式。外围护系统中外墙板、屋面板及外门窗的基本公差等级不应低于现行国家标准《建筑模数协调标准》(GB/T 50002—2013)中规定的 2 级要求。

(5) 居住建筑外围护墙体系统宜采用新型外墙系统,宜选择精确砌块自保温薄砌外墙系统、高精度模板全现浇外墙系统、预制混凝土外挂墙板系统等。

2. 具有自保温功能的薄砌工艺墙体标准化

(1) 精确砌块自保温薄砌外墙应根据层高、梁板高度、门窗洞口及水、电管线布置等具体情况对每道砌体和保温薄块进行排块设计，并绘制排块设计图。排块原则应符合下列要求：

①应采用常规砌块尺寸，自保温砌块的厚度不应小于 250 mm。

②排块顺序宜从上往下、从洞口往两边排。

③顶部砌块与梁、板的缝隙、底部砌块与楼地面的缝隙厚度均为 10～20 mm。

④砌块之间的灰缝厚度为 3 mm。

(2) 精确砌块自保温薄砌外墙热桥部位按保温位置设置，分为外置保温和内置保温两种构造类型。建筑高度大于 100 m 的建筑，填充墙砌体自保温系统热桥部位应采用内置保温构造；建筑高度不大于 100 m 的建筑，填充墙砌体自保温系统热桥部位可采用外置保温构造、内置保温构造、外置与内置组合保温构造。

3. 预制围护墙标准化

(1) 预制混凝土外挂墙板所采用的夹心保温墙板内外叶墙板之间的拉结件应满足持久设计状况下和短暂设计状况下承载能力极限状态的要求，并应满足罕遇地震作用下承载能力极限状态的要求。

(2) 外围护系统与主体结构的连接节点应满足持久设计状况和地震设计状况下的承载力验算要求；当采用预制混凝土外挂墙板等刚度、自重较大的外围护系统部品时，应满足持久设计状况和地震设计状况下的外围护系统与主体结构的变形能力要求。

(3) 非承重外围护系统应满足建筑的耐火要求，遇火灾时在一定时间内能够保持承载力及其自身稳定性，防止火势穿透和沿墙蔓延，且应满足以下要求：

①外围护系统部品的各组成材料的防火性能满足要求，其连接构造也应满足防火的要求。

②外围护系统与主体结构之间的接缝应采用防火封堵材料进行封堵，防火封堵部位的耐火极限不应低于楼板的耐火极限要求。

③外围护系统部品之间的接缝应在室内侧采用防火封堵材料进行封堵，防止蹿火。

④外围护系统节点连接处的防火封堵措施不应降低节点连接件的承载力、耐久性，且不应影响节点的变形能力。

⑤外围护系统与主体结构之间的接缝防火封堵材料应满足建筑隔声设计要求。

2.3.6 围护墙部品

(1) 高精度模板全现浇外墙设计在满足建筑抗震设防及建筑功能的前提下，应优化结构布置，增加外围剪力墙，减少内部剪力墙。对于外墙无法布置剪力墙的部位，应设置结构拉缝。

(2) 全现浇外墙结构拉缝通常分为竖向缝及水平缝，拉缝材料应符合防火、防水、弹性、强度、耐候性等要求，可采用高强度挤塑板(压缩强度≥150 kPa)、PVC-U型材。外墙分隔线条应结合结构拉缝进行设置。

(3) 高精度模板全现浇外墙禁止采用薄抹灰外墙外保温系统和仅通过黏结锚固方式固定的外墙保温装饰一体化系统，应采用结构与保温一体化或外墙内保温技术。

2.3.7 屋顶女儿墙部品

1. 要点说明

女儿墙设置由屋面防水层上翻后而需要固定收头的构造措施，对于屋面防水系统的完整性至关重要；预留泛水收头构造有利于屋面防水系统的完整性与防水的严密性。

2. 措施方法

(1) 在女儿墙顶部设置预制混凝土压顶或金属盖板，压顶的下沿做出鹰嘴或滴水槽。

(2) 外挂墙板女儿墙可以在女儿墙内侧设置现浇叠合内衬墙，与现浇屋面楼板形成整体式的刚性防水构造。

2.4 内装系统标准化

2.4.1 集成墙面系统

使用吸隔声装饰一体化内隔墙板达到户内房间工业化建造装饰一次完成。

(1) 系统构造：①分隔：轻质墙适用于室内任何分室隔墙，灵活性强；②隔音：可填充环保隔音材料，起到降噪功能；③调平：对于隔墙或结构墙面，专用部件可快速调平墙面；④饰面：墙板基材表面集成壁纸、木纹、石材等肌理效果。

(2) 系统优势：大幅缩短现场施工时间200%；饰面仿真性高，无色差，厨卫饰面耐磨又防水；可适用于不同环境，墙板可留缝，可密拼；免裱糊、免铺贴，施工环保，即装即住。

2.4.2 地面系统部品

地面宜采用集成化部品，宜采用可敷设管线的架空地板系统的集成化部品。

1. 要点说明

集成化的地面符合装配式建筑的要求。架空地板系统可以在建筑空间全部采用也可部分采用，如果房间地面内无给排水管线，地面构造做法满足建筑隔声要求，该房间可不做架空地板系统。架空地板系统主要是为实现管线与结构主体分离，管线维修与更换不破坏主体结构；同时架空地板也有良好的隔声性能，提高室内声环境质量，但是设置架空地板会导致建筑层高增加。

当采用地暖采暖时，地暖系统应设置在架空地板衬板上，干式低温热水地面辐射采暖系统一般由绝热层、传热板、地热管、承压板组成。地暖系统上饰面板宜采用木地板，如果饰面材料选用瓷砖或石材，一般在承压板上增加铺设两层胶合板，以增强瓷砖和石材的基层刚度，瓷砖和石材宜与胶合板粘接固定。新型地暖系统的构造做法宜按照相关产品技术标准执行。

2. 措施方法

架空地板系统，在地板下面采用树脂或金属地脚螺栓支撑，架空空间内敷设给排水管线，架空地板的高度主要是根据弯头尺寸、排水管线长度和坡度来计算，一般为250～300 mm；如果房间地面内不敷设排水管线，也可以采用局部架空地板构造做法，以降低工程成本。局部架空层沿房间周边设置，空腔内敷设给水、采暖、电力管线等。

地脚螺栓是指架空地板与结构楼板连接的承托。衬板是指铺设在支撑脚上的板材，在使用过程中承担地热系统、装饰面板的重量和使用活荷载。蓄热板是指铺设在采暖系统上面的板材。衬板一般采用经过阻燃处理的刨花板，厚度一般为25 mm，且不宜小于20 mm，间距可根据使用荷载情况进行设计。

蓄热板可采用硅酸钙板、纤维水泥板或者其他板材。

架空地板系统应设置地面检修口，方便管道检查和维修。

2.4.3 门部品、窗部品

装配整体式住宅墙板外饰面及门窗框宜在工厂加工完成。

1. 要点说明

门窗安装应根据建筑功能的需要，满足结构、采光、防水、防火、保温隔热、隔音及建筑造型等设计要求。外门窗作为热工设计的关键部位，其热传导占整个外墙传热的比例很大，门窗框与墙体之间缝隙成了保温的一个薄弱环节。为了保证建筑节能，要求外窗具有良好的气密性能。带有门窗的预制外墙板，其门窗洞口与门窗框间的气密性不应低于门窗的气密性。

在传统的现浇混凝土建造方式中，门窗洞口在现场手工支模浇筑完成，施工误差较大，而工厂化制造的门窗的几何尺寸误差很小，一般在毫米级。门窗与洞口之间的不匹配导致门窗施工质量控制困难，容易造成门窗处漏水。而预制外墙由于是工厂生产，采用统一的模板按构件的精度要求制作，一般误差很小，与工厂制造的门窗部品较匹配，施工工序简单、省时省工，质量控制有保障，较好地解决了外门窗的渗漏水问题，改善了建筑的性能，提升了建筑的品质。

工厂化生产可以避免施工误差，提高安装的精度，可以实现门窗洞口尺寸和外门窗尺寸的公差协调，有助于实现门窗的定型生产、高效装配和“零渗漏”。但是，不同的气候区域存在施工工法的差异。如香港和深圳属于多雨地区，通常采用门窗“预装法”，在工厂生产过程中将外门窗框直接预埋于预制外墙板中，窗框与混凝土墙板被一次性浇筑成整体，强化其集成性和防水性能；缺点是成品保护难度大，适应变形能力低。而北京地区四季温差大，在缺乏大量实验数据和实施经验的情况下，北京的地方标准中不建议采用预装法。

2. 安装方式

预制外墙板的门窗安装方式，在不同的气候区域存在施工工法的差异，应根据项目所在区域的地方实际条件，按照地方标准的规定，结合实际情况合理设计。

我国南方地区有些工程采用预装法将门窗框直接预装在预制外墙板上，其生产模板的统一性及精度决定了门窗洞口尺寸偏差很小，便于控制，可保证外墙板安装的整体质量，减少门窗的现场安装工序。门窗与墙体在工厂同步完成的预制混凝土外墙，在加工过程中能够更好地保证门窗洞口与框之间的密闭性，避免形成热桥。

北方地区与南方地区的门窗安装方法不同。北京市地处寒冷地区，冬夏温差大，外门窗的温度变形大，预装法可能会造成接缝开裂漏水，因此不建议预装。如果采用预装法，应研究好节点构造，确保不漏水。

采用后装法安装门窗框时，预制外墙板上应预埋连接件及连接构造。

《工业化住宅建筑外窗系统技术规程》(CECS 437：2016)中对窗附框的安装提出了要求：

(1) 工业化住宅建筑外窗应安装在预制有窗附框的墙体构件上。

(2) 工业化住宅建筑外窗附框应在工厂制作，并在进入工程现场前与外墙构件连接为一个整体。其各项性能应符合行业和地方现行相关标准的规定。此规定与北京市地方标准《装配式剪力墙住宅建筑设计规程》(DB11/T 970—2013)的窗附框做法要求不同,应结合实际条件合理设计。

3. 门窗洞口标准化

(1) 外围护系统的墙板、外门窗洞口和预留孔洞的尺寸及定位应与外饰面和内装修进行尺寸协调。

(2) 建筑外窗用外遮阳部品的尺寸应根据建筑外窗洞口尺寸确定,并应与建筑立面相协调;建筑外窗用外遮阳部品的尺寸与建筑外窗的尺寸差宜为150 mm、200 mm、250 mm、300 mm、350 mm、400 mm。

2.4.4 吊顶(顶棚)系统部品

1. 相关规定

(1) 吊顶具有功能空间划分和装饰作用,应根据室内功能及装修整体风格进行设计和材料选用。

(2) 当采用整体面层及金属板吊顶时,重量不大于1 kg的筒灯、石英射灯、烟感器、扬声器等设施可直接安装在面板上;总量不大于3 kg的灯具等设施可安装在U形或C形龙骨上,并应有可靠的固定措施。

(3) 功能模块上的采暖器具、通风器具、照明器具的电气配线应符合现行国家标准《建筑电气工程施工质量验收规范》(GB 50303—2015)的规定。

(4) 吊顶系统设计应符合下列规定:

①天棚宜采用全吊顶设计,通风管道、消防管道、强弱电管线等宜与结构楼板分离,敷设在吊顶内,并采用专用吊件固定在结构楼板(梁)上。

②宜在楼板(梁)内预先设置管线、吊杆安装所需预埋件,不宜在楼板(梁)上钻孔、打眼和射钉。

③吊杆、龙骨材料的截面尺寸应根据荷载条件进行计算确定。

④吊顶龙骨可采用轻钢龙骨、铝合金龙骨、木龙骨等。

⑤吊顶面板宜采用石膏板、矿棉板、木质人造板、纤维增强硅酸钙板、纤维增强水泥板等符合环保、消防要求的板材。

2. 要点说明

吊顶设计、安装及吊顶部品选用材料,相关规范均有明确的规定。

3. 措施方法

吊顶部品的选择,直接影响到吊顶的使用功能和耐久性,应结合室内空间的具体使用情况,合理选用吊顶形式及施工方法。

(1) 吊顶内宜设置可敷设管线的吊顶空间,吊顶宜设有检修口。

(2) 设置集成吊顶是为了保证装修质量和效果的前提下,便于维修,从而减少剔凿,保证建筑主体结构在全寿命期内安全可靠。

(3) 吊杆、机电设备和管线等连接件、预埋件应在结构板预制时事先埋设,不宜在楼板上射钉、打眼、钻孔。吊顶架空层内主要设备和管线有风机、空调管道、消防管道、电缆桥架,给水管也可设置在吊顶内。

2.4.5 设备与管线系统标准化+电气部品

1. 电气及智能化管线系统标准化

(1) 电气及智能化管线分离的途径,宜符合下列规定:

①管线安装在建筑结构楼板空腔、建筑隔墙空腔、建筑竖向管道井内。

②管线安装在装配式装修与建筑结构体之间产生的空隙内。

(2) 电气及智能化井道设计,应符合下列规定:

①位置选择宜在现浇楼板区域内。

②井内管线、电箱等应明敷设。

③井内照明灯具、开关应在同一垂直位置设置。

④当井外管线为暗敷设时,井内引出管线应尽量分散布置,减少管线交叉。

(3) 公共区域内电气及智能化管线设计,应符合下列规定:

①有吊顶时,应实现管线分离;无吊顶时,宜实现管线分离。

②楼梯间预制梯段内不应敷设导管。

③电井至户内的入户管线,当标准层户数不大于 4 户时,宜采用 PVC 管或金属导管布线;当标准层户数大于 4 户时,宜采用金属槽盒布线。

(4) 在装配式内隔墙两侧布置有电气及智能化设备管线(底盒)时,两侧的设备管线(底盒)应错位布置,净距应不小于 50 mm,避免墙体形成受力、隔音薄弱部位。

(5) 户内电气及智能化设备与管线设计,应符合下列规定:

①家居配电箱、家居配线箱不宜安装在装配式隔墙内。

②户内管线宜在架空层、垫层、吊顶和隔墙空腔等部位内部敷设,线路应穿管或用金属线槽保护。

③集成厨房、卫生间的灯具、开关、插座、线盒等应与部品集成设计,线路及线盒应敷设在集成厨房、卫生间的墙面与吊顶外侧,线路应穿管保护。

④嵌入橱柜内安装的电器插座应便于插拔,不应安装在电器正后方,宜安装在便于人员操作的电器侧边,插座应自带开关。

⑤集成卫生间的用电设备金属外壳应可靠接地；装有洗浴设施的集成卫生间应设置局部等电位联结。

(6) 导管、槽盒选用，应符合下列规定：

①有可燃物的闷顶、封闭吊顶内明敷的配电线路，应采用金属导管或金属槽盒布线；无可燃物的闷顶、封闭吊顶内明敷的配电线路，宜采用金属导管、刚性塑料导管或金属槽盒布线。

②暗敷于墙内或混凝土内的 PVC 导管应采用燃烧性能等级 B2 级、壁厚 1.8 mm 及以上的导管。明敷于架空层内、垫层内、吊顶内和隔墙空腔内的 PVC 导管，应采用燃烧性能等级 B1 级、壁厚 1.6 mm 及以上的导管。

③预制构件内暗敷设的导管可选用 B2 级、壁厚不小于 1.8 mm 的刚性阻燃塑料导管、套接紧定式钢导管、重型可弯曲金属导管等。

④集成厨房、卫生间线路导管宜采用壁厚不小于 2.0 mm 的耐腐蚀金属导管或燃烧性能等级 B1 级、壁厚 1.6 mm 及以上的 PVC 导管。

(7) 电气及智能化导管暗敷设时外护层厚度不应小于 15 mm，消防电线路暗敷设时应敷设在非燃烧性结构内，保护层厚度不应小于 30 mm。

(8) 电气及智能化接线盒设计，应符合下列规定：

①叠合楼板内安装的电气及智能化设备底盒应采用深型底盒，其高度应大于叠合楼板预制部分厚度 40 mm，并保证导管接续口在叠合楼板现浇层内。

②底边距地 1.5 m 以上的电气及智能化安装底盒(壁挂式空调插座、灯具、开关、探测器等底盒)，宜由顶部管线接入；底边距地 1.5 m 以下的电气及智能化安装底盒(电源插座、信息插座、电视插座、求助按钮等底盒)，宜由地面管线接入。

(9) 防雷接地设计应符合下列规定：

①应优先利用装配式建筑结构构件内金属体做防雷引下线。作为专用防雷引下线的钢筋应上端与接闪器、下端与防雷接地装置可靠连接，结构施工时做明显标记。

②装配式混凝土结构居住建筑的预制梁、板、柱、墙内的钢筋应通过现浇带内的钢筋互相连接。

③当建筑外墙预制构件上的金属管道、栏杆、门窗、金属围护部(构)件、金属遮阳部(构)件等金属物需要做防雷连接时，应通过与相关预制构件内部的金属件与防雷装置连接成电气通路。

④在建筑物外侧现浇结构体(包括现浇梁、柱、叠合板、叠合梁的现浇部分)上，用于安装预制构件的金属预埋件应与现浇结构体内钢筋做电气连接，预

制构件上的金属连接件应在构件生产时与其内部专用引下线钢筋做可靠电气连接。

(10) 预制构件内的下列设施,应在构件生产时进行准确预留预埋:

①开关、插座、灯具、探测器的接线盒。

②电气导管。

③穿线管孔。

④操作空间。

⑤供防雷及接地用的预埋钢板、附加连接导体等。

2. 暖通管线系统标准化

(1) 暖通管线分离标准化

①核心筒管线设计应符合下列规定:

装配式建筑核心筒楼梯间、单独前室或合用前室、公共走道应优先采用开启外窗的自然防、排烟方式。如不具备自然防排烟条件,须采用机械防烟或机械排烟时,应按现行规范确定系统风量及管井净面积和做法,公区竖向加压送风管及排烟风管均应布置在风井内。

②供暖、通风和空调及户内横向新风等管道宜敷设在吊顶等架空层内。

③采用分体空调的装配式建筑的卧室、起居室应预留设置空调室内外机的位置和条件。

④供暖、空调、通风管道宜采用工厂预制、现场冷连接工艺。

(2) 暖通预埋预留标准化

①预留预埋部位

a. 全现浇外墙预留:住宅卫生间内机械排风系统需在卫生间外墙预留排风口孔洞;住宅新风系统需在景观阳台或无污染源的厨房外墙预留新风取风口,同时与其他排风系统排出口的位置应符合相关规范规定;所有空调房间均为分体空调器,需在空调房间外墙预留冷媒管、冷凝水套管。铝模施工单位应在铝模支撑固定后、混凝土浇筑前根据图纸将卫生间排风口孔洞、空调冷媒管、冷凝水套管预留到位。

b. 蒸汽加压混凝土精确砌块预留:核心筒设置正压送风系统时,风道应采用蒸压加气混凝土精确砌块,风口预留洞口定位尺寸及标高由土建施工单位现场根据图纸标注预留。

c. 穿梁预留:装配式住宅若设置机械通风或户式中央空调系统,宜在结构梁上预留穿越风管、水管(或冷媒管)的孔洞,孔洞位置应考虑模数,躲开钢筋,其高度、位置应根据空调室内机的形式确定。

②暖通管线洞口预留设计

a. 装配式建筑的土建风道在各层或分支风管连接处在设计时应预留孔洞或预埋管件。

b. 风管穿越预制内隔墙处应预留孔洞,矩形风管预留孔洞尺寸大小应比风管的长和宽分别大 100 mm,圆形风管预留孔洞直径大小应比风管外径大 100 mm。

c. 风管在预制外墙上的进(排)风口处应预留孔洞,矩形风口预留孔洞尺寸大小应比风口的长和宽分别大 50 mm,圆形风口预留孔洞直径大小应比风口外径大 50 mm;新风系统取风口处应考虑 2%坡度坡向室外。

d. 孔洞应选择在对构件受力影响最小的部位,需避让钢筋,不应在预制构件安装后凿剔沟、槽、孔、洞。

e. 立管穿各层楼板的上下对应留洞位置应管中定位,并满足公差不大于 3 mm。

③构件预埋设计

a. 暖通管道穿梁、承重墙等主体结构时应预留套管,一般采用钢套管或 PVC 套管,若无特殊规定,宜优先选用钢套管,钢套管规格应比穿越管道大 1 号。

b. 风管穿越需要封闭的防火、防爆的墙体或楼板时,应设置钢板厚度不小于 1.6 mm 的钢制预埋管或防护套管,所有预留的套管与管道之间、孔洞与管道之间的缝隙需采用阻燃密实材料和防水油膏填实。除以上防火、隔声措施要求外,还应注意穿过楼板的套管与管道之间需采取防水措施。

c. 预留套管应按设计图纸中管道的定位、标高同时结合结构等相关专业,绘制预留图,预留预埋应在预制构件厂内完成,并进行质量验收。

d. 在预制叠合楼板层落地安装的空调机组、风机等设备应按设备技术文件要求预留地脚螺栓孔洞。

e. 在预制叠合楼板层吊装的空调机组、风机等设备,应在预制构件上预埋用于支吊架安装的预埋件,预埋件应预埋在实体结构上,也可在安装工程阶段直接采用碰撞螺栓固定在实体结构上,应保证其使用安全可靠。采用高精度模板现浇工艺的主体结构,或采用全现浇工艺的架空层、屋顶层、机房层,水平及竖向风管的支吊架由施工单位根据规范要求现场安装。

(3) 预留孔洞、套管的做法要求

①预制墙体上的预留孔洞,应由生产厂家根据深化图纸中标注的尺寸及标高在生产模板时预留完成,若条件有限无法提前预留,可在施工现场搭建墙板

开槽区现场开洞，再将开洞完成的预制墙体上墙安装。

②现浇剪力墙上的预留孔洞，需根据深化图纸中标注的尺寸及标高，预制与墙体同厚度的木盒。墙、板留设直径或宽、高大于 200 mm 的预留洞时，要协同结构施工，依据墙体配筋图、预留深化图进行钢筋放样、配料。钢筋绑扎时预留出洞口大小的尺寸，在钢筋预留洞口安装提前预制好的木盒，核实标高位置尺寸无误后，交由下一道工序施工，在施工的过程中，严禁随意切割钢筋。

③空调水管及冷媒管穿墙、楼板应预留套管，套管规格应考虑管道是否保温，对不保温管道的套管规格应比管道大 1～2 号，保温管道的套管规格应比管道大 2～3 号。穿墙套管应保证两端与墙面平齐，穿楼板套管应使下部与楼板平齐，上部有防水要求的房间及厨房中的套管应高出装饰面 50 mm，其他房间应为 20 mm，套管环缝应均匀，用油麻填塞，外部用腻子或密封胶封堵。钢套管内外表面及两端口需做防腐处理，平整断口。镀锌铁皮套管要卷制规整，采用咬口连接，严禁采用非咬口连接。

④剪力墙上套管安装：对于需安装在剪力墙上的套管，在主体结构钢筋绑扎好后，按照预留预埋深化设计图纸，确定安装的标高，找准坐标位置，将制作好的套管置于钢筋中，校对坐标、标高、平整度，牢固地绑扎在钢筋网中，如果需气割钢筋安装，必须得到设计允许，安装后套管处必须由结构施工方用加强筋加固。套管不得与钢筋直接焊接。套管安装前，在套管内应刷防锈漆两道，套管外壁不刷漆(但在安装前要除净锈)。套管安装好，在结构模板未封闭前，应先将套管内用锯末、旧棉絮等进行填充，用胶带将套管两头进行完全封闭，防止浇灌混凝土时混凝土进入套管，将套管堵死。

⑤后砌墙穿墙套管安装：对于需安装在后砌墙上的刚性套管，土建专业在砌筑隔墙时，按照管道深化设计图纸，确定管道安装的标高，找准坐标位置，将选择好的套管置于墙体中，校对坐标、标高、平整度，用砌块找平找正后用水泥砂浆固定。套管安装前应在外壁刷底漆一道，套管内应刷防锈漆两道。楼板的预留套管应固定牢靠，采用三点固定方法并控制出模时间。

⑥暖通空调设备、管道及其附件的支吊架应固定牢靠，当采用膨胀螺栓固定在实体结构上时，应保证其使用安全可靠，且不破坏结构安全性(若为分体空调，建议使用预制空调板而非支架安装)，并按设备技术文件的要求预制地脚螺栓孔洞。

⑦前室、楼梯间防排烟风井内的钢板风道应在承重主体结构完工后、建筑墙板安装之前施工安装。风管及配件制作完毕，在安装地点进行组对、连接，待风管安装完毕后再安装预制内隔墙板或后砌砌块墙。

2.4.6 给排水部品

1. 公共区域给排水管道设计

(1) 相关规定

①住宅的给水总立管、雨水立管、消防立管、采暖供回水总立管和电气、电信干线(管),不应布置在住宅套内。公共功能的阀门、电气设备和用于总体调节和检修的部件,应设在共用部位。

②下列设施不应设置在住宅套内,应设置在共用空间内:

a. 公共功能的管道,包括给水总立管、消防立管、雨水立管、采暖(空调)供回水总立管以及配电和弱电干线(管)等,设置在开敞式阳台的雨水立管除外。

b. 公共的管道阀门、电气设备和用于总体调节和检修的部件,户内排水立管检修口除外。

③共用给水、排水立管应设在独立的管道井内,且布置在现浇楼板处。公共功能的控制阀门、检查口和检修部件应设在公共部位。雨水立管、消防管道应布置在公共部品内。

④共用给水、排水立管应设在独立的管道井内(公共建筑可设置在部品内)。公共功能的控制阀门、检查口和检修部件应设在公用部位。

(2) 要点说明。住宅建筑共用管道、设备和部件如设置在住宅套内,不仅占用套内空间的面积、影响套内空间的使用,且住户在装修时往往会将管道加以隐蔽,给维修和管理带来不便。在其他住户发生事故需要关闭检修阀门时,因设置阀门的住户无人而不能进入展开正常维修,这样的案例经常发生。公共建筑给排水管道虽然不受套内外限制,但考虑到存在套内出售或出租性质,仍建议公共功能的给排水、消防总立管、阀门、部件等设于共用空间内。

装配式混凝土结构建筑给排水设计中最重要的是应结合预制构件的特点,将构件的生产与设备安装综合考虑,在满足日后维护和管理需求的前提下,达到减少预制构件中管道穿楼板预留洞和预留套管的数量、减少构件规格种类及降低造价的目标。

(3) 措施方法。在共用空间内设置公共管井,将给水总立管、雨水立管、消防管道及公共功能的控制阀门、户表(阀)、检查口等设置在其中,各户表入户横管可敷设在公共区域顶板下或地面垫层内入户。为住宅各户敞开式阳台服务的各层共用雨水立管可以设在敞开式阳台内,建筑屋面外排雨水立管不宜设在敞开式阳台内。

对于分区供水的横干管,属于公共管道,应设置在公共部位,不应设置在与其无关的套内。当采用远传水表或IC卡式水表而将供水立管设在套内时，为便于维修和管理，供检修用的阀门应设在公共部位的供水横管上，不应设在套内的供水立管顶部。

应将共用给水、排水立管集中设置在公共部位的管井内，并宜布置在现浇楼板区域。

2. 给水管道设计

(1) 给水管道暗设时，应符合下列要求：

①不得直接敷设在建筑物结构层内。

②干管和立管应敷设在吊顶、管井、管窿内，支管宜敷设在楼(地)面的垫层内或沿墙敷设在管槽内。

③敷设在垫层或墙体管槽内的给水支管的外径不宜大于25 mm。

④敷设在垫层或墙体管槽内的给水管管材宜采用塑料、金属与塑料复合管材或耐腐蚀的金属管材。

⑤敷设在垫层或墙体管槽内的管材，不得有卡套式或卡环式接口，柔性管材宜采用分水器向各卫生器具配水，中途不得有连接配件，两端接口应明露。

(2) 要点说明。给水横管按其在楼层所处的位置可分为楼层底部设置及楼层顶部设置两大类。其中楼层底部设置可采用建筑垫层(回填层)暗埋或架空层设置，给水管道不论管材是金属管还是塑料管(含复合管)，均不得直接埋设在建筑物结构层内。楼层顶部设置可采用梁下设置或穿梁设置，管线穿越预制梁构件处需预埋钢套管，套管预埋位置不应影响结构安全，套管管径及定位应经结构专业人员确认，且管线设置高度应满足建筑净高要求。

给水立管应设置于管井、管窿内或沿墙敷设在管槽内。

埋设在楼板建筑垫层内或沿预制墙板敷设在管槽内的管道，因受垫层厚度或预制墙板钢筋保护层厚度(通常为15 mm)限制，一般外径不宜大于25 mm。

(3) 措施方法。沿墙接至用水器具的给水支管一般均为DN15或DN20的小管径管，当遇预制构件墙体时，需在墙体近用水器具侧预留竖向管槽，管槽定位及槽宽应考虑结构设计模数并避让钢筋。一般管槽宽30～40 mm、深15～20 mm，管道外侧表面的砂浆保护层不得小于10 mm；当给水支管无法完全嵌入管槽，管槽尺寸又不能扩大时，需增加墙体装饰面厚度。有的工程在墙内做横向管槽，这种方式易减弱结构强度，应尽可能避免采用这种方式。

穿梁管道应在梁内预埋钢套管，套管尺寸一般大于所穿管道1～2档，如为保温管道，则预埋套管尺寸应考虑管道保温层厚度；敷设于架空层内的管道，应采取可靠的隔音减噪措施；给水管与排水管共设于架空层或回填层时，给水管应敷设在排水管上方。

(4) 给水立管与部品水平管道连接方式应满足以下规定:给水系统的给水立管与部品水平管道的接口宜设置内螺纹活接连接。

为便于日后管道维修拆卸,给水立管与部品水平管道的接口宜采用内螺纹活接连接。实际工程中,由于未采用活接头,在遇到有拆卸管路要求的检修时只能采取断管措施,增加了不必要的施工难度。

3. 排水管道设计

污废水排水横管宜设置在本层套内;当敷设于下一层的套内空间时,其清扫口应设置在本层,并应进行夏季管道外壁结露验算和采取相应的防止结露的措施。污废水排水立管的检查口宜每层设置。

(1) 要点说明。住宅卫生间采用同层排水,即器具排水管及排水支管不穿越本层结构楼板到下层空间、与卫生器具同层敷设并接入排水立管的排水系统。器具排水管和排水支管沿墙体敷设或敷设在本层结构楼板与最终装饰地面之间,此种排水管设置方式有效地避免了上层住户卫生间管道故障检修、卫生间地面渗漏及排水器具楼面排水接管处渗漏对下层住户的影响。同层排水的卫生间建筑完成面及预制楼板面应做好严格的防水处理,避免回填(架空)层积蓄污水或污水渗漏至下层住户室内。

(2) 措施方法。同层排水形式分为排水支管暗敷在隔墙内、排水支管敷设在本层结构楼板与最终装饰地面之间两种形式。给排水专业应向土建专业提供相应区域地坪荷载及降板或抬高建筑面层的高度,确保满足卫生间设备及回填(架空)层等的荷载要求,降板或抬高建筑面层的高度应确保排水管管径、坡度满足相关规范要求。当同层排水采用排水横支管降板回填或抬高建筑面层的敷设方式:排水管路采用普通排水管材及管配件时,卫生间区域降板或抬高建筑面层的高度不宜小于 300 mm,并应满足排水管设置最小坡度要求;排水管路采用特殊排水管配件且部分排水支管暗敷于隔墙内时,卫生间区域降板或抬高建筑面层的高度不宜小于 150 mm,并应满足排水管道及管配件安装要求。当同层排水采用整体卫浴横排形式时,降板高度=下沉高度-地面装饰层厚度,装饰层厚度由土建相应的地面材料做法确定。

为减小降板或抬高建筑面层的高度,应尽可能从卫生间洁具布置上考虑。坐便器宜靠近排水立管,减小排水横管坡度,并尽可能采用排水管暗敷于隔墙内的形式;洗脸盆排水支管可在地面上沿装饰墙暗敷;在洗衣机处的地面上一定高度做专用排水口,并采用洗衣机专用拖盘架高洗衣机,同时推广采用强排式洗衣机,解决洗衣机设地漏排水的问题。淋浴也可采用同样的方法解决必须设地漏排水的问题。随着产业化的要求和建筑技术的提高,应该从建筑设计上引导大众的使用习惯,进行一场卫生间的革命。

4. 整体卫浴、整体厨房的给排水管道设计

整体卫浴、整体厨房的同层排水管道和给水管道,均应在设计预留的安装空间内敷设。同时预留和明示与外部管道接口的位置。

(1) 要点说明。在整体卫浴、整体厨房施工时,应预留并明示给排水管道的接口位置,并预留足够的操作空间,以便于后期外部设备安装。

(2) 措施方法

①整体卫浴应进行管道井设计,可将风道、排污立管、通气管等设置在管道井内,管井尺寸由设计确定,一般设计为 300 mm×800 mm。

②整体卫浴排水总管接口管径宜为 DN100,整体厨房排水管接口管径宜为 DN75。

③整体卫浴给水总管预留接口宜在整体卫浴顶部贴土建顶板下敷设,当整体卫浴墙板高度为 2 000 mm 时,需将给水管道安装至卫生间土建内部任一面墙体上,在距整体卫浴安装地面约 2 500 mm 的高度预留 DN20 阀门,冷热水管各一个,打压确保接头不漏水;整体卫浴内的冷、热水管伸出整体卫浴顶盖顶部 150 mm,待整体卫浴定位后,将整体卫浴给水管与预留给水阀门进行对接,并进行打压试验。当墙板高度增加时,预留阀门的安装高度相应增加。

④整体卫浴排水一般分为同层排水和异层排水。当排水方式为同层排水时,要求立管三通接口下端距离整体卫浴安装楼面 20 mm。当排水方式为异层排水时,整体卫浴正投影面管路连接必须待整体卫浴定位后方可进行施工。整体卫浴所有排水器具的排水管件连接汇总至一路 DN110 排水管,污废合流,连接至污水立管;若要求污废分流,整体卫浴可将污、废水分别汇总至 DN110 和 DN50 排水管,分别连接至污、废水立管。

2.4.7 内装部品选型及设计标准化

(1) 内装系统的房间开间、进深、门窗洞口宽度等宜采用 nM(n 为自然数)。

(2) 隔墙应采用非砌筑隔墙板。隔墙板的宽度尺寸宜为 1M 的整数倍,厚度尺寸宜为模数 M/10 的整数倍,分户墙的优先尺寸宜为 200 mm,内隔墙的优先尺寸宜为 100 mm。悬挂重物部位墙面应设计节点详图。

(3) 集成厨房布置形式可采用单排型、双排型、L 型、U 型和壁柜型,厨房的净尺寸应符合标准化设计和模数协调的要求,吊柜与墙体连接时应采取加强构造措施。

(4) 集成厨房宜采用定制整体橱柜或装配式部品;厨房墙板、顶板、地板宜采用模块化形式,实现快速组合安装;当需设置橱柜、电器等设备时,在架空墙面须预留加固板。

(5) 集成厨房设备的设置应符合下列规定:

①排油烟机平面尺寸应大于灶具平面尺寸 100 mm 以上。

②燃气热水器左右两侧应预留 200 mm 以上净空,正面应留有 600 mm 以上净空。

③燃气热水器与燃气灶具的水平净距不得小于 300 mm;燃气热水器上部不应有明敷的电线、电器设备及易燃物,下部不应设置灶具等燃具。

④嵌入式厨房电器最大深度,地柜应小于 500 mm,吊柜应小于 300 mm。

(6) 卫生间系统应与建筑套型设计紧密结合,在设计阶段进行产品选型,确定整体卫生间的产品型号和尺寸,并应符合现行行业标准《装配式整体卫生间应用技术标准》(JGJ/T 467—2018)的有关规定。

(7) 集成卫生间宜采用干式防水底盘,防水底盘的固定安装不应破坏结构防水层,且地漏、排水管件和相应配件应与防水托盘成套选型。

(8) 集成卫生间预留安装尺寸应符合下列规定:

①整体卫浴壁板与外围护墙体之间的预留安装空间为:壁板与墙体之间无管线时不宜小于 50 mm;敷设给水或电气管线时不宜小于 70 mm;采用墙排水方式敷设洗脸盆排水管时不宜小于 90 mm。

②结构降板高度要求:采用同层排水后排式坐便器时不宜小于 150 mm;采用同层排水下排式坐便器时不宜小于 250 mm。

③整体卫浴顶板与卫生间顶部结构最高点之间的距离不宜小于 250 mm,若顶板上还有其他设备需要较大空间,设计时需提前考虑。

(9) 吊顶与墙或梁交接处应根据房间尺度大小与墙体间留有 10～30 mm 宽的伸缩缝隙;造型等设置收口构造,应满足公差、膨胀、变形及抗震等要求,吊顶与墙或梁交接时应对伸缩缝隙采取美化措施。

(10) 收纳系统应采用工厂生产的模块化部品,外部尺寸应结合建筑使用要求合理设计;收纳空间长度及宽度净尺寸宜为分模数 M/2 的整数倍。

(11) 室内门设计应符合下列规定:

①厨房、餐厅、阳台的推拉门宜采用透明的安全玻璃门。

②安装推拉门、折叠门应采用吊挂式门轨或吊挂式门轨与地埋式门轨组合的形式。

③门把手中心距楼地面装饰完成面的高度宜为 0.95～1.10 m。

(12) 窗扇的开启把手距装修地面装饰完成面的高度不宜低于 1. 10 m 或高于 1. 50 m。

(13) 接口与连接标准设计应符合以下规定:

①内装系统与主体结构、设备管线、外围护系统的连接应采用标准化接口,接口应做到位置固定、连接合理、拆装方便、坚固耐用、使用可靠。

②有防水要求部位的接口应有可靠的防水措施。

③细部构造宜按照可逆安装的方式进行设计。

3

装配式混凝土建筑设计

3.1 装配式混凝土建筑设计概述

由预制部品部件在工地装配而成的建筑,称为装配式建筑。装配式建筑设计各阶段与传统现浇建筑设计相比大致相同,但应考虑预制构件的特殊性,并在设计中予以特别关注。装配式建筑设计需要注意的主要有以下几个方面。

(1) 在装配式项目的总平面和规划设计中,构件运输、存放、吊装和对结构荷载计算带来影响的因素需要特别关注。首先要重点考虑装配式建筑设计对建筑结构、功能使用的影响,其次还需注意预制构件连接、防水等问题。

(2) 装配式建筑应符合绿色建筑中对墙体保温、建筑围护节能设计、门窗密闭性等的要求。对装配式建筑外围护结构的保温隔热措施、外墙板保温材料、节点处的保温连续性等方面均给予关注。

(3) 此外需注意装配式建筑与装修设计的一体化,以及预制建筑的管线布设与各专业的密切配合。以上这些方面共同建立起装配式建筑产业化体系的发展方向。

3.2 装配式建筑总平面设计及平面设计

建筑总平面设计与平面设计具有重要的作用,一方面它们作为建筑物施工及施工现场布置的重要依据,对建筑物建成具有决定性作用;另一方面它们是给排水、暖通设备、强弱电等建筑相关专业绘制管线综合图的依据。装配式建筑总平面设计与平面设计作为装配式建造整个周期的基础及依据同样具有重要的作用。本节分别从装配式总平面设计及平面设计两个方面展开,详细论述平面设计中需要注意的问题,同时提出相应的对策。

3.2.1 装配式建筑总平面设计

装配式建筑总平面设计不仅需要像传统总平面设计一样满足城市总体规划要求、国家规范及建设标准要求,还需要考虑建筑施工特点进行设计以满足其施工要求,如构件运输、吊装及临时堆场设置等,因此总平面设计需要考虑以下几方面内容。

1. 预制构件运输的要求

装配式建筑预制构件一般在工厂生产,再运输到施工现场进行吊装。因此,装配式建筑总平面设计需要考虑现场交通情况及运输过程中的道路限高、限重的影响。

2. 吊装要求

由于预制构件需要在施工过程中运至塔吊所覆盖的区域进行吊装，需要在总平面设计中合理布置塔吊的位置，并根据经济性原则选择适宜塔吊吨位。因此，总平面设计在设计阶段考虑吊装要求，能够有效提高后期场地使用效率，减少施工阶段不必要的麻烦。

3. 预制构件临时堆放场地设置的要求

临时堆场主要用于堆放预制构件，合理布置临时堆放场地能够提高施工的效率，装配式总平面设计中需要根据项目、场地、预制构件运输及塔吊等条件综合设置临时堆场位置及大小。

4. 地下室顶板设计要求

装配式建筑存在预制构件运输和堆放的问题，因此在地下室设计过程中需要考虑预制构件对地下室顶板荷载的影响。

此外，初步设计与施工图绘制阶段需要考虑好施工组织流程，以“安全、经济、合理”为原则，保证各个施工工序的有效衔接，提高效率，缩短施工周期。预制构件的运输、塔吊的选择与布置、构件的临时堆放与布置最终还应根据现场施工方案进行调整，从而能够确保精确控制预制构件运输及吊装环节，提高场地使用率，确保施工组织便捷与安全。

3.2.2 装配式建筑平面设计

装配式建筑平面设计与传统平面设计在功能上都要满足人们的需求。装配式建筑在建造过程中存在特殊性，因此其平面设计还需满足其建造的要求。

1. 平面设计的原则

由于装配式建筑的建造特点，平面设计需要遵循模数协调的基本原则，对建筑平面的开间、尺寸、种类等进行有效优化，确保构件标准化和内装通用性，确保产业化配套体系能够完善，充分提升装配式建筑工程的总体建设质量，降低项目建设成本。

(1) 建筑外轮廓的要求。建筑外轮廓布置宜规整，平面交接处不宜出现“细腰连接”，平面尽可能规整，减少凹凸。方案设计时，可通过户型布局调整实现。

从抗震和成本两个方面考虑，装配式建筑平面形状应简单、规则。里出外进过大的形状对抗震不利；平面形状复杂的建筑，预制构件种类多，会增加成本。

世界各国的装配式建筑平面形状以矩形居多。日本装配式建筑主要是高层和超高层建筑，其平面形状以方形和矩形为主，个别也有“Y”形的，但方形的“点式”建筑最多。对超高层建筑而言，方形或接近方形是结构最合理的平面形状。

(2) 采用大开间、大进深、空间灵活可变的布置方式。装配式建筑平面设计宜采用大开间平面布局形式，合理布置承重墙及管井位置，实现空间的灵活性、可变性。大开间设计有利于减少预制构件的数量和种类，提高生产和施工效率，减少人工，节约造价。

(3) 平面结构及门窗布置。承重墙、柱等竖向构件应上、下连续；门窗洞口宜上下对齐，成列布置，其平面位置和尺寸应满足结构受力及预制构件的设计要求；剪力墙结构不宜采用转角窗。

(4) 设备与管线集中布置，并应进行管线综合设计。装配式平面设计宜将各种设备管井集中布置，以减少预制楼板不同规格的数量，有利于节约成本，提高生产施工效率，同时能增强空间的灵活性。

2. 平面设计的标准化、模块化、集成化

(1) 标准化设计。装配式建筑设计的过程是一个整体的标准化范畴，就是建立一个“装配式建筑标准信息库”，其包含较为完善的装配式建筑各个环节信息，设计人员通过这个“标准信息库”进行设计。平面设计的标准化设计即根据对不同地区、不同人群的实际调研，综合政策、气候、民俗等因素，创造功能性模块的标准化设计。

(2) 模块化设计。装配式建筑平面设计应该遵循模数协调的原则，对平面尺寸与种类进行优化，实现建筑预制构件和内装部品的标准化、模数协调及可兼容性，完善装配式建筑产业化配套应用技术，提升工程质量，提高建造标准。平面模块化设计主要指将平面空间定义为单独模块，模块之间可组合成系统，形成具有某种确定功能和结构接口的、典型的通用独立单元。

模块化设计具有如下特征：

①灵活多变。平面设计模块作为一个系统的单元，是能够独立存在的单元，同时它也能够组合成一个系统，成为一个系统模块单元，可组装、可拆卸，灵活多变。

②功能明确。模块具有功能的明确性，这种功能不依附于其他功能而独立地存在，也不受其他功能的影响而改变自身的功能属性。

③组合性。模块能够组合成单元系统，因此模块具有能够组合成单元系统的结构接口，模块通过接口组合构成一个有序的整体。如装配式混凝土剪力墙

结构住宅宜采用套型模块的多样化组合形式。

(3) 集成化设计。装配式建筑平面设计集成化是指在已有的结构体系中，按照模数统一原则对建筑外围护结构构件进行拆分，精简构件类型，提高装配效率，在标准化设计的基础上通过组合实现装配式建筑系列化与多样化。例如，利用标准的套型模块结合核心筒模块组合出不同的平面形式和建筑形态，创造出多种平面组合类型，为满足规划的多样性和场地适应性要求提供设计方案。

3. 平面设计要点分析

装配式建筑平面设计作为建筑施工及其他相关专业设计的重要依据，具有丰富的内容，对建筑立面、防水、设备预埋专业等具有重要影响，因此在平面设计时需要具有精确性、严谨性及前瞻性，对可能产生的后续问题进行规避和解决。

(1) 平面设计中外围护结构的拆分位置选择。装配式建筑外围护结构由预制构件拼接而成，在两个预制构件拼接处通常留有一定宽度的拼接缝，该缝对建筑外立面及建筑防水产生重要影响，此外，预制构件拆分与构件重量息息相关，因此平面设计时需要对其位置进行合理选择。

(2) 平面设计中门窗大小及位置选择。平面设计中应选择适宜的门窗尺寸，需要满足构件拆分的最小尺寸及结构受力要求。此外，为了满足构件生产和安装需要，外窗(阳台门)两侧需各留墙垛(非承重)。如果此门窗侧边为剪力墙，需要减小剪力墙的宽度或减小门窗的宽度。

(3) 平面设计中阳台板的设计。根据结构设计的要求，对装配式建筑中阳台、露台板尺寸要求如下：

①全预制悬挑阳台悬挑长度(从外墙轴线到阳台外边缘)不宜大于1 500 mm。

②叠合阳台悬挑长度(从外墙轴线到阳台外边缘)不宜大于 2 100 mm。

③当外挂板设置在阳台内侧时，应考虑外挂板厚度对阳台使用净空的影响。

(4) 平面设计中空调板的设计。根据结构设计的要求，对装配式建筑中空调板尺寸要求如下：

①全预制空调板设计厚度不要小于 80 mm，应根据空调机位大小、散热要求来确定空调板尺寸，此外其结构宜降板 30 mm。

②外挑全预制空调板不宜设上翻边，空调板下应设滴水线。

(5) 平面设计中厨房、卫生间设计。装配式建筑中厨房与卫生间设计应充分考虑两者功能的合理分区。卫生间采用异层排水体系，结构降板 50 mm，对于同层排水的卫生间，需要设计沉箱或现浇楼板；厨房与卫生间的设计宜采用整体厨卫。

3.3 立面设计

立面设计是指建筑师在满足建筑功能的基础上，运用对比与和谐、变化与统一、对称与均衡、节奏与韵律、比例与尺度等建筑形式美的法则，对立面的形状、色彩、材质、光影等立面要素关系进行有机组合设计。建筑立面设计是建筑功能、建筑技术和建筑美学的统一。

建筑立面设计应该考虑场地的地形、地貌、气候、朝向、道路、绿化以及已有的建筑和周边环境，同时建筑风格也受社会文化、经济水平、技术条件等影响。

从国内外的发展经验来看，装配式建筑适合设计成造型简洁、立面规整的建筑立面，造型变化大、立面凹凸多、饰面复杂的建筑风格有一定的难度，也不利于建筑成本的有效控制。但装配式建筑在营造极具节奏韵律的建筑风格时，相比传统建造方式更有优势。

3.3.1 装配式混凝土建筑的艺术

装配式混凝土建筑的预制构件具有可塑性强的特点，这使其在结构、形体、空间、材质以及色彩方面具有非凡的艺术表现潜力。

3.3.2 立面设计理念

装配式混凝土建筑外立面主要采用混凝土预制构件，其建筑立面设计和传统立面设计有较大的区别。装配式建筑的立面设计需采用工业化的设计思维，遵循标准化、模数化、集成化的设计理念。

1. 标准化设计

立面设计需要考虑装配式建筑外围护构件的标准化。依据装配式建筑技术的要求，最大限度采用标准化的预制构件，以“少规格、多组合”的设计原则，将建筑外围护系统预制构件按立面设计要求组合成标准单元，并考虑工厂生产、运输、安装工程施工技术等因素，控制预制构件的种类和规格，减少异形构件。

2. 模数化设计

立面设计应遵循模数协调的原则，使建筑与部品的模数协调，从而实现建筑与部品的模数化设计。建筑层高、门窗洞口、阳台、空调板的大小对预制构件及部品的规格尺寸有影响，设计中宜采用基本模数和扩大模数数列，采用模数协调的原则，确定合理的设计参数，满足建设过程中部件生产与便于安装的要求。模数化设计将建筑功能品质、质量精度及效率、效益完美统一起来,从而满足装配式建筑的设计要求。

3. 集成化设计

装配式混凝土建筑的立面是预制构件和部件的集成与统一。建筑外立面设计应使建筑美观与功能相结合,既要保证建筑立面的美观,又要满足建筑的使用要求。集成化外墙是将围护、保温、隔热、外装饰等技术集成于预制外墙构件中,形成外墙保温、装饰一体化墙板。集成化设计还要考虑外窗、遮阳、栏杆、百叶等构件与建筑预制构件的集成,将这些构件提前安装在预制构件上或预埋好连接接口,在施工现场进行简单的安装组合即可完工,大大减少了施工现场的工作量。

3.3.3 立面设计表现方法

在项目设计时,需要根据项目的风格和定位选择合适的建筑体系和立面效果。装配式混凝土建筑宜设计成造型简单、立面简洁、没有繁杂装饰的风格。运用恰当的比例、横竖线条的结合、虚实的对比、材料质感的不同对建筑立面进行整体性把控,使建筑外立面整体协调统一。

1. 运用同类构件产生韵律

设计师根据一定的规则变化排列同类预制构件来制造不同的韵律感,协调预制构件的比例来营造良好的立面尺度感,结合对标准预制构件的造型和色彩进行处理,以实现建筑丰富多彩的立面效果。造型复杂的构件,模具成本高,但同类型构件有规律可循、重复数量多,其模具费用摊销在多个构件上,相对传统建造方式,成本可控。

2. 运用不同元素产生对比

立面设计可以运用不同材质、不同颜色、虚实关系的对比来展现建筑的艺术效果。混凝土质感、色调的多重性,具有与其他建筑材料相互协调的可能性。混凝土可以与玻璃、木材、金属、石材等材料结合使用,以展现不同的建筑立面效果。

(1) 不同材质的对比。混凝土的材质具有很强的表现力。粗犷的质感可以表现建筑粗犷的风格,精细光滑的混凝土表面,在与自然界光影以及其他自然元素的交互过程中,可以弱化混凝土的生硬感,表现建筑精致、细腻的艺术感。以建筑与木材的组合为例,木材是天然的建筑材料,其运用贯穿于整个建筑发展历程,木材温暖柔和的质感与丰富的纹理让人觉得亲近,与混凝土的冰冷、坚硬在质感上形成反差,两种材质的对比使建筑显得质朴而自然。

(2) 不同色彩的对比。在进行色彩设计时，需要考虑建筑整体的风格，暖色调给人以温馨、柔和、友善之感，冷色调给人以刚毅之美；暖色有接近感，冷色有远离感。通过色彩可以对建筑的体形、尺度、比例、空间感等进行调解和再创造。例如，利用分层变色形成色块，横线的设置表现建筑水平方向的舒展，或利用左右窗间墙、上下窗间墙与其余部分的色彩的设置形成对比，表现建筑的垂直挺拔。混凝土可以依据水泥的种类、骨料的种类和色调调配出从浅到深不同色调的灰色，也可以用白水泥加上颜料添加剂，调成色彩丰富的彩色混凝土来装饰建筑的立面。

(3) 虚实变化的对比。在建筑形体中，虚与实既是相互对立的，又是相辅相成的。虚是指通透、轻盈的构成要素，如玻璃、通透的隔断、阴影等；实是指厚重、稳定的构成要素，如墙体、受力构件等。在设计中把两者巧妙地结合起来，借各自的特点相互对比衬托，使建筑物外观既轻巧通透又坚实有力。例如，当建筑外立面采用混凝土墙板与玻璃时，厚重的混凝土与轻盈透明的玻璃形成鲜明的虚实对比和丰富的光影变化，并借周围的自然环境，创造出具有丰富的艺术效果的建筑立面。

3. 装饰构件的运用

装配式建筑可利用可发性聚苯乙烯(EPS，Expanded Polystyrene)装饰线条或玻璃纤维增强混凝土(GRC，Glass Fiber Reinforced Concrete)装饰构件等来塑造建筑个性化的立面效果。

EPS 装饰线条、GRC 装饰构件具有质量轻、可塑性强、安装方便等优点。建筑立面中较小的装饰线条一般采用 EPS 装饰线条，例如尺寸不大的建筑腰线线条、外窗窗框、窗楣装饰、女儿墙造型装饰等。建筑的装饰构件较大、有镂空、浮雕等不同肌理效果的外立面，建议采用 GRC 装饰线条。在构件设计生产时建议按厂家的要求在构件中预埋连接 GRC 装饰构件的连接件，施工时将装饰构件与预埋件进行连接。

3.3.4 外饰面设计

预制外墙板饰面可以通过不同的纹理、色彩、质感等方式，实现多样化的外饰需求。装配式混凝土外立面可采用涂料饰面、反打饰面砖、清水混凝土、装饰混凝土、露骨料混凝土、带装饰图案的艺术混凝土等饰面类型。

1. 涂料饰面

建筑外立面用涂料饰面较为常见。在外墙面涂乳胶漆、氟碳漆或喷真石漆。建筑外墙预制构件台车面一般为外墙面，表面平整、光洁，在预制构件的墙面上做外墙漆比现浇混凝土、砖砌体墙面抹灰后涂外墙漆的效果更精致。涂料饰面应采用装饰性强、耐久性好的涂料，涂料较其他饰面效果整体感较强。构件生产时可将墙漆的底漆在工厂进行作业，产品在运输、安装和缝隙处理时需要进行保护，建筑主体完成后再将面漆进行涂刷，可更好地保证外饰面的色彩和质量。

2. 反打饰面砖

采用饰面砖反打工艺将面砖卡在定制的 PE 膜中铺在模具上，装饰面朝向模具，在面砖背面涂抹一层防“泛碱”的隔离层，然后浇筑混凝土，使饰面砖与预制混凝土构件形成一个整体。采用饰面砖反打工艺要求设计师在设计时，应根据面砖的尺寸在预制外墙板图中设计排砖设计详图。反打面砖粘贴牢固，比现场湿贴更安全可靠。

3. 清水混凝土

预制混凝土构件可以做出绸缎般细腻质感和比较粗犷质感的清水混凝土表面。但由于水泥批次不同、混凝土干燥程度不同，预制混凝土构件均会有一定的色差，墙板颜色较难控制。为保证清水混凝土的色差，应控制水泥批次、骨料的含泥量及原材料的配合比。清水混凝土表面应涂透明的保护剂，保护面层不被沙尘、雾霾、雨雪污染。

4. 装饰混凝土

装饰混凝土是指有装饰效果的水泥基材质，包括彩色混凝土、仿石材、仿木、仿砖等各种质感。装饰混凝土的造型通过模具纹理、附加装饰混凝土质感层等方式实现装饰效果。表面附着的质感装饰层是在模具中先浇筑装饰层，然后再浇筑混凝土层形成整体，质感装饰层的原材料包括：水泥、彩色骨料、砂子、水、外加剂和颜料等。质感装饰层的厚度宜为 10～20 mm，若过厚容易造成开裂，若过薄混凝土浆料容易透到装饰混凝土表面。

5. 露骨料混凝土

露骨料混凝土展现的饰面效果与原材料的配制有关，制作方式有以下几种：在模具表面刷缓凝剂，脱模后用高压水冲洗刷去水泥浆料，将混凝土骨料的颗粒质感展现于立面；用喷砂方式把水泥表面水泥石打掉，形成凹凸表面，露出彩砂骨料质感；用人工剔凿的方式，凿去水泥石露出骨料。

6. 带装饰图案的艺术混凝土

利用光影成像技术通过数字加工技术，使混凝土构件展现装饰图案的外饰面艺术效果。其做法是把图片平面进行数字化处理，将原有彩色图片生成条形灰度位图文件，然后将处理好的平面图像生成计算机数值控制（CNC，Computer

Numerical Control)雕刻路径,根据线条的宽窄雕刻出不同深度的“V”形槽,利用投影的宽窄不同形成画面。在逆光位置,能看到最清晰的画面,随着光线的变化,画面出现不同的浓淡效果。

3.3.5 立面拆分设计

装配式建筑的拆分设计是设计师整体设计方案与预制构件生产工艺相联系的重要环节,包括对整体建筑进行单元式拆分和预制构件设计。将建筑平面设计与立面设计相结合,不仅对建筑的内部空间进行拆分,还需对外墙、飘窗、阳台、空调板等构件进行拆分设计。外立面拆分时,不仅要考虑结构的合理性和可实施性,还要考虑建筑功能、艺术效果、后期维护管理等。在立面设计时,应对设计、生产、运输、吊装、施工、成本等进行统筹考虑,难度较高的异形构件宜拆分为较为简单的预制构件。

1. 预制外墙的拆分

预制外墙的拆分需要设计师在满足工厂生产、运输、现场吊装施工要求的基础上,合理地设置外墙板分缝位置。构件之间的拼缝分为水平拼缝和竖向拼缝。水平拼缝一般设置在层高线的位置;竖向拼缝的设置应考虑建筑外立面的设计效果,并考虑构件的连接、控制构件的重量,减小墙板分缝对立面的影响。

建筑外立面有强调横、竖线条时可以利用墙板分缝进行设计;外立面需要整体效果时,墙板的分缝位置可以设置在非主立面来弱化板缝对立面的影响,以保证外立面达到理想效果。在建筑设计的外立面图中,应将墙板分缝体现在立面图和效果图中,保证图纸与实体建筑一致。

2. 预制阳台板、空调板的拆分

立面设计时应考虑阳台、空调板等构件的拆分设计。拆分设计过程中宜结合立面造型特点进行拆分,以减小对外立面的影响。建筑中的穿墙孔、排水管道孔、地漏应提前预留,且管道宜进行隐蔽设计,减少对外立面的影响,做到隐而不露或露且雅观。阳台板和空调板设计时应将栏杆或百叶的预埋件按要求提前预埋在预制混凝土构件上,在现场直接进行连接安装,方便快捷。

3.4 剖面设计

建筑剖面设计是对建筑物各部分高度、建筑层数,建筑空间的组合与利用,以及建筑剖面中的结构、构造关系的反映。剖面设计与平面设计是从两个不同的方面反映建筑物内部空间关系,平面设计着重解决内部空间在水平方向上的问题,而剖面设计则主要研究内部空间在垂直方向上的问题。

影响剖面设计的主要因素有:房间的使用要求、室内空间的采光、通风要求、结构与施工等技术经济方面的要求,以及室内装修要求等。这些与传统建筑剖面设计要求相似。但装配式混凝土建筑因其建造方式的特殊性,以及建筑成本控制等因素又有其需特别注意之处。

3.4.1 建筑层高

层高是影响建筑造价的一个重要因素,建筑应根据其功能、主体结构、设备管线及装修等要求,确定合理的层高及净高尺寸。在设计中,功能相同的空间宜采用相同的层高。影响装配式建筑层高的因素主要有以下几点:

1. 叠合楼板

楼板厚度根据结构选型、开间尺寸、受力特点的不同,其厚度也会不同。装配式混凝土建筑中,叠合楼板厚度相较于传统现浇楼板厚度增加一般不小于20 mm,对室内净高产生影响。

2. 吊顶高度

吊顶高度主要取决于机电管线与梁占用的空间高度。建筑专业应与结构专业、机电专业以及室内装修进行协同设计,合理地布置吊顶内的机电管线,避免管线交叉,减少空间占用,协同决定室内吊顶高度。

3. 地面架空

《装配式混凝土建筑技术标准》(GB/T 51231—2016)规定装配式混凝土建筑的设备和管线与主体结构宜分离,因此在项目中宜采用设备管线走架空地面的方式。架空高度主要取决于设备管线、给排水管道等占用的空间高度,排水系统宜采用同层排水。当采用架空地面时,为保证室内净高,则需增加层高。

3.4.2 预制范围设计

根据项目场地情况、装配率政策要求、结构体系,合理地选择预制层数和预制部位。设计合理且经济的装配式设计方案,使建筑在满足其功能的要求上,更好地让装配式建造方式服务于建筑,并及早发现所选预制体系对建筑空间的影响,进而采取相应措施。

(1) 采用外挂墙板体系带来露梁、露柱情况时,宜结合室内装修设计,弱化其对使用者的影响。

(2) 采用梁下外墙板时,应考虑预制构件与梁的连接以及生产、运输的合理性,传统方式下的梁下窗,宜在其梁下 200 mm 处,设置门窗洞口。当对建筑的采光、通风造成影响时，需降低窗台高度或扩大门窗洞口以满足使用要求。

3.4.3 构件连接

在进行装配式混凝土建筑设计时，我们需在前期确定其预制部分，选择合适的预制构件。

剖面设计反映了预制构件的连接方式，在进行拆分设计时，应考虑构件连接方式的安全性、合理性、可操作性，以及连接节点防水、美观等设计要求。

3.5 构造节点

装配式混凝土建筑预制构件根据其受力特点分为水平预制构件与竖向预制构件。水平预制构件主要包括叠合楼板、叠合梁、预制阳台板、预制空调板、预制楼梯、预制沉箱等。竖向预制构件有预制外墙板、预制内墙、预制女儿墙等。当采用装配式建造方式时，需要求设计师在设计中注重构件的节点构造，在做拆分设计的同时考虑预制构件的连接、防水、保温等构造措施。本小节将分水平预制构件与竖向预制构件讲述其构造特点。

3.5.1 水平预制构件

1. 叠合楼板

叠合楼板是由预制楼板和现浇钢筋混凝土层叠合而成的装配整体式楼板。预制楼板既是楼板结构的组成部分之一，又是现浇钢筋混凝土叠合层的永久性模板。叠合楼板整体性好，刚度大，可节省模板，且板的下表面平整，便于饰面层装修。相较于全现浇楼板，叠合楼板可减少支模工作量和施工现场湿作业量，改善施工现场条件，提高施工效率，尤其在高空或支模困难的条件下优势明显。叠合楼板是目前使用最广的预制构件。

叠合楼板根据生产工艺的不同分为桁架楼板和预应力楼板。楼板与楼板的拼缝处理是叠合楼板的构造难点，需考虑其抗裂设计以及施工的便捷性。当采用单向板时，楼板宜设置倒角或压槽的方式使得板缝处理更为便捷。当采用双向板时，楼板通过现浇连续段的方式进行连接，现浇段宽度不应小于 200 mm。

2. 预制阳台板

预制钢筋混凝土阳台板可分为叠合板式阳台（如图 3-1 所示）、全预制板式阳台（如图 3-2 所示）、全预制梁式阳台等。预制阳台不宜同时设置上下反边，阳台反坎宽度宜设置为 120～180 mm，不宜形成 220 mm 宽的可踏面。阳台需预留地漏孔、落水管孔、线盒等，需在图纸上标注具体的大小和定位尺寸。

叠合阳台与主体结构连接，将预制阳台搁置在预制墙板外立面与保温处，再浇筑现浇层。

图 3-1　叠合板式阳台

图 3-2　全预制板式阳台

3. 预制空调板

空调板一般为全预制式(如图 3-3 所示)，厚度不宜小于 80 mm，其尺寸应根据空调外机的尺寸设计，以满足空调外机安装和散热空间要求。在同一个项目中应尽量减少空调板构件尺寸的种类，以满足大批量的生产，提高生产效率。为防止空调板积水向室内流，外挑全预制空调板不宜设上翻边，其标高设计宜低于室内标高 30 mm,并向外找坡。空调板下应设滴水线。空调板需预留地漏孔,落水管孔等需在图纸上标注大小和定位尺寸。

图 3-3　预制空调板

4. 预制沉箱

当卫生间采用异层排水且楼板为叠合楼板时,其降板不宜大于 50 mm。卫生间隔墙下部应做素混凝土防水反坎,反坎高度不应小于 200 mm。当卫生间采用同层排水时,可选用预制沉箱或叠合楼板降板处理。预制沉箱形成了完整的闭合空间,因而具有良好的防水性能。沉箱的大小可根据其平面设计及沉箱搭接梁的位置确定。因沉箱四边设有 100 mm 宽的沉箱壁,需考虑沉箱壁对管道井有效宽度的影响;当沉箱壁侧边无结构受力构件时,沉箱壁宽度则对管道井有效宽度无影响。预制沉箱如图 3-4 所示。

图 3-4　预制沉箱

3.5.2 竖向预制构件

1. 预制外墙板

预制外墙板是建筑立面的主要围护构件之一，其生产工艺与构造技术涉及建筑的安全、舒适、耐久等性能，并影响建筑的节能效益与经济效益。在装配式混凝土建筑中，预制外墙板可以作为承重结构体系参与受力，如预制混凝土夹心剪力墙板；也可作为非承重构件，如预制外挂墙板。其中预制夹心外挂墙板当前应用较为广泛，由外页板、保温层、内页板和连接件组成。保温层置于墙体中间，组成无空腔的复合保温外墙板，俗称“三明治板”。当保温材料的燃烧性能为B1、B2级时，保温材料两侧的墙体应采用不燃材料且厚度均不应小于50 mm；外墙拼接处，如墙板水平缝、垂直缝处，需采用A级不燃材料进行封堵。

当采用预制混凝土外墙板时，门窗与外墙板应有可靠的连接，满足抗风压、气密性、水密性要求。建筑外窗有两种安装方式：一种是与预制混凝土墙板一体化制作；另一种是在预制混凝土墙板吊装就位后进行安装。

窗户与预制混凝土外墙板一体化，是在工厂生产时将窗框在混凝土浇筑时锚固其中。预制混凝土墙板与窗户一体化制作，两者之间没有后填塞的缝隙，密闭性好。因窗框受混凝土振捣作用，需用有较好抗变形能力的金属类型材窗；当采用抗变形能力弱的非金属类型材时，则建议采用后安装的方式。

2. 预制混凝土内隔墙

常见的预制内隔墙有预制混凝土内隔墙、轻质条板、轻钢龙骨隔墙等。应根据项目实际情况、使用部位、维护和更替的方便性等选择合适的预制内墙。本小节将以预制混凝土内隔墙为例讲述。预制混凝土内隔墙与楼板采用插筋方式连接，因其后期改造的不便性，在住宅中多用于入户墙体与分户墙。当墙体尺寸过大、墙板过重时，则可采用填充聚苯板进行减重处理，当用于卫生间隔墙时，因其与楼板的密封程度弱，防水性较差，则需现浇不小于200 mm的高混凝土反坎。当预制混凝土内隔墙用于厨房、卫生间隔墙需贴瓷砖时，墙面需进行拉毛处理。预制混凝土内隔墙如图3-5所示。

3. 预制女儿墙

预制女儿墙主要有两种做法：一是将其作为一个单独的预制构件；二是同外墙板作为一个特殊构件整体预制。应根据项目实际情况进行拆分设计，预制女儿墙构件应满足生产、运输、吊装要求，可通过设置EPS等措施进行减重。其内侧在设计要求的泛水高度处设置凹槽，以便屋面防水卷材等固定连接，建筑屋面形成完全封闭的防水层。当屋面为叠合屋面时，可设置一段现浇女儿墙反坎，与现浇部分屋面形成完整的整体，降低外墙、屋面渗漏概率。预制女儿墙如图 3-6 所示。

图 3-5　预制混凝土内隔墙

图 3-6　预制女儿墙

4. 预制楼梯

在房屋建筑中楼梯是承担竖向交通作用的重要组成部分，是主要的逃生通道，因此在建筑设计中，其连接的可靠性是保证其安全的重要因素之一。随着装配式混凝土建筑在全国范围内得到普及与发展，越来越多的项目将预制楼梯列为首选预制构件，原因在于预制楼梯重复率高、生产制作简单、造价成本相对低廉。传统施工的现浇混凝土楼梯中，台阶模板搭建以及混凝土浇筑费工且质量不易控制。预制楼梯具有明显优势，已成为装配式建筑中不可或缺的元素，预制楼梯如图 3-7 所示。

常见的楼梯形式有双跑梯和剪刀楼梯。预制钢筋混凝土板式楼梯根据楼梯的连接方式不同分为锚固式楼梯和搁置式楼梯。搁置式楼梯因其良好的抗震性能应用广泛。其梯段上端为固定约束，下端为滑动约束；预制楼梯踏面因其良好的平整性无须抹灰找平，设置栏杆时，需在预制梯段预埋预埋件。

图 3-7　预制楼梯

3.6　装配式建筑防水设计

3.6.1　装配式建筑防水概述

无论是传统建筑还是装配式建筑，建筑防水工程是保证建筑物（构筑物）结构不受水侵袭，内部空间不受水危害的一项分部工程，建筑防水工程在整个建筑工程中占有重要的地位。

1. 传统建筑与装配式建筑防水区别

传统建筑防水最主要的设计理念是堵水，将可以进入室内的水流通道全部阻断，以达到防水的效果。而预制装配式建筑的防水设计理念是导水优于堵水、排水优于防水。在设计阶段除进行防水处理外，还需要考虑水流可能会突破外侧防水层。通过设计合理的排水路径，将可能渗入墙体内的水引导至排水构造中，将其排出室外，有效避免其进一步渗透到室内。

2. 装配式建筑防水基本类型

装配式建筑防水主要有四个方面。

(1) 结构防水：通过合理设置外墙分缝位置，利用建筑结构自身的防水性能采取防水措施。

(2) 构造防水：利用构件自身的构造特点达到防水的目的，主要用于装配式建筑外墙。

(3) 材料防水：利用材料的不透水性来覆盖和密闭构件及缝隙，常用于屋面、外墙、地下室等处的防水。有卷材防水、涂膜防水等柔性防水材料，也有混凝土及水泥砂浆等刚性防水材料。

(4) 构造导水：多采用空腔导水方式，是装配式建筑外墙区别于传统建筑外墙防排水的重要部分，主要用于建筑外墙的拼缝处。

3.6.2 装配式建筑防水部位的防水做法

装配式建筑防水的主要部位有：外墙、外窗、阳台板、空调板、室内卫生间、屋面等。

1. 外墙防水

(1) 墙体防水介绍。外墙防水工程在整个建筑工程中占有重要的地位。装配式混凝土建筑外墙是由高强度钢筋混凝土振捣密实而成，因此墙体表面具有很强的防水性能，可不再刷防水涂料。装配式混凝土建筑是由预制构件现场拼装完成，外墙上会有水平拼缝和竖向拼缝，这些缝易成为渗水的通道。此外有些预制装配式建筑为了抵抗地震力的影响，将外墙板设计成在一定范围内可活动的预制构件，这就更增加了墙板拼缝防水的难度。因此，对于装配式建筑的防水工程应是导水优于堵水、排水优于防水，通过设计合理的排水路径，如设置导水孔，使渗入拼缝的水流至排水构造中，从而排出室外。

(2) 外墙拼缝防水设计。外墙水平拼缝防水设计：构造防水（企口：两块平板相接，板边分别起半边通槽口，一上一下搭合拼接，可防止水直接渗入内部的构造）＋材料防水（防水密封胶）。

外墙竖缝防水设计：结构防水（现浇构件）＋材料防水（防水密封胶）＋空腔导水。导水孔的位置宜设在外墙竖缝与横缝交界处以上层高 1/3 处，首层及以上每 3～5 层设导水孔，板缝内侧应增设气密条密封构造。

(3) 墙板拼缝防水原理。墙板水平拼缝防水原理:墙板的上下两端分别设有用于配套连接的企口,将墙板横向拼缝设计成内高外低的企口缝,利用水流受重力作用自然垂流的原理,可有效防止水进一步渗入。

墙板竖向拼缝防水原理:拼缝处通过设计减压空腔,能防止水流通过毛细作用渗入室内,防止气压差造成拼缝空间内出现气流,带入雨水,形成漏水,使建筑内外侧等压,确保水密性和气密性。无论是墙板的横向拼缝,还是竖向拼缝,在板面的拼缝口处都用聚乙烯棒塞缝,并用密封胶嵌缝,以防水汽进入墙体内部。

2. 外窗防水

(1) 外窗种类及做法。外窗窗框型材主要有金属类型材和非金属类型材。当采用金属类型材窗框时,可采用混凝土板与窗集成预制一体化,即在工厂内预埋金属窗框,现场安装玻璃即可。采用塑料类型材窗框时一般都采用现场安装的方式,因非金属类型材窗框大多强度较弱,抗变形能力差,在水泥振捣时易变形,因此一般不采用集成预制一体化。

预埋窗框的优点:整体性较好;防水性能强;做预制窗框的窗户更牢固,窗框安装上玻璃和窗扇后不容易变形;可减少正框与其他工种的搭接时间。

预埋窗框的缺点:在运输过程中,因路途较远或运输不当易引起窗框变形而不易安装。

(2) 外窗防水构造设计。装配式外窗节点的防水构造设计如下:①窗上口设置滴水线;②窗台内外设置高差 20 mm(预埋窗框时可不设置),窗台外侧设斜坡;③窗框与墙体交接处打密封胶。

3. 阳台板、空调板防水

装配式住宅设计中阳台板与空调板在防水构造措施上基本一致,主要有以下几点:

(1) 设置室内外高差,与传统建筑降板处理相同。

(2) 采用材料防水(防水密封胶+聚乙烯棒)+构造企口防水:阳台、空调板企口与墙板企口空腔处放聚乙烯棒,外打密封胶。

(3) 材料防水(防水密封胶):阳台板、空调板两侧边及下部墙体相交的位置打防水密封胶。

(4) 阳台板、空调板外边缘处设置滴水槽。

4. 卫生间防水

(1) 异层排水卫生间防水做法。异层排水的卫生间,降板 50 mm 左右,与传统建筑的防水做法相同。

(2) 同层排水卫生间防水做法。同层排水的卫生间,可设置沉箱或采用下沉式叠合楼板,防渗堵漏。同层排水卫生间防水做法需要注意以下几点:

①卫生间沉箱与剪力墙或者梁相连接处,室内完成面宜低于外墙水平拼缝。

②上下墙体间宜用高标号水泥砂浆座浆。

③外墙干湿相接处宜用建筑防水涂料涂抹。

④沿内墙与沉箱内部做防水处理,用防水涂料涂抹。

⑤内部隔墙下均做不大于200 mm高的现浇素混凝土反坎。

⑥卫生间沉箱需预留管道孔洞。

⑦需设置防漏宝,排除沉箱内积水。

5. 屋面防水

除传统防水措施外,叠合屋面的具体做法有以下几点:

(1) 受力满足结构计算要求的情况下,适宜增加屋面叠合楼板现浇层的厚度,有利于增强屋面的防水。

(2) 屋面女儿墙做现浇反坎,与现浇楼板一起浇筑,形成一个整体的刚性防水层,在屋面与墙面交界处,如女儿墙或烟囱等部位,应铺设卷材或涂膜附加层,卷材应一直铺贴到墙上。

卷材收头应压入凹槽内固定密封,凹槽距屋面的最低高度不应小于250 mm。然后再大面积地铺设防水卷材,上翻高度满足泛水要求,防水卷材嵌入防水压槽中,最后用密封胶进行收口处理。

3.6.3 装配式建筑外墙板拼缝处密封防水材料

1. 密封材料的选用

装配式建筑密封材料也是防水的关键,建筑密封材料包括不定型密封材料(如嵌缝腻子、油膏、弹性密封胶等)和定型密封材料(如密封胶带、密封垫等)。它们都需满足以下要求:密封材料应与混凝土具有相容性,以及规定的抗剪切和伸缩变形能力,还应具有防霉、防水、防火、耐候等性能。

2. 拼缝用胶技术要求

(1) 黏结性:混凝土属于碱性材料,普通密封胶很难黏结,且混凝土表面疏松多孔,导致有效黏结面积减小。此外,在南方多雨的地区,可能出现混凝土的“泛碱”现象,会对密封胶的黏结界面造成严重破坏。因此,要求密封胶与混凝土要有足够强的黏结力。

(2) 耐候性:装配式建筑外墙拼缝常用作装饰面的分割缝,即胶缝做明缝处理，此时密封胶需要长期经受阳光照射和雨水冲刷，所以密封胶需要良好的耐候性。

(3) 可涂装性：拼缝因施工安装误差大，密封胶需要涂料覆盖时，密封胶与涂料的相容性尤为重要。

(4) 耐污性：密封胶的污染不仅影响建筑的美观，且难以清洗，同时也大大增加建筑的维护成本，故选择密封胶时也要注重耐污性。

(5) 抗位移能力：装配式建筑由于存在强风地震引起的层间位移、热胀冷缩引起的伸缩位移、干燥收缩引起的干缩位移和地基沉降引起的沉降位移等，对密封胶的受力要求非常高，密封胶须具备良好的位移能力和弹性恢复力，以更好适应变形而不易出现破坏。

(6) 施工现状：目前我国装配式建筑施工环境复杂且缺少专业的密封胶施工人员，因此，如何让施工人员保证施工质量是目前亟待解决的问题，有关部门应组织专业培训或现场实训等。

3. 拼缝处密封胶的背衬材料选用及做法

拼缝处密封胶的背衬材料，宜选用柔软闭孔的圆形的或扁平的聚乙烯条。背衬材料宽度应大于拼缝宽度 25% 以上；建议密封胶的宽度与厚度比为 2∶1～1∶1，且厚度不宜小于 10 mm。当密封胶的宽度超过 30 mm 时，建议密封胶的施胶厚度为 15 mm。

3.7 装配式建筑节能设计

随着社会的不断进步，人们越来越关心我们赖以生存的地球环境，世界上大多数国家也充分认识到了环境对于人类发展的重要性，节能是我国可持续发展的一项长远发展战略，装配式建筑具有建造速度快、绿色环保、节约成本、节约劳动力、保温一体化等优点，在建筑领域中应运而生。

3.7.1 装配式建筑能耗

传统建筑的建筑方式不仅投资金额大、施工周期长，而且消耗大量的资源和能源，对环境和生态有巨大影响。在我国，建筑钢材消费的比例、房屋建筑消耗的水泥占比、房屋建筑用地占城镇建设用地的比例、建筑全寿命周期能耗（含建材能耗）占全国的比例等方面非常大。而装配式建筑采用标准化设计、工厂化生产、装配化施工等，在设计、生产、施工、开发等环节形成完整的、有机的产业链，实现建造全过程的装配化、集成化和一体化，从而提高建筑工程质量和效益，并大大降低能耗浪费，具有节水、节能、节时、节材、节地等优点。

同时，随着建筑工业化、建筑信息模型、健康建筑等高新技术与理念的广泛应用和不断深入，国家明确提出要推进绿色发展，推进资源节约，如循环利用，实施国家节水行动，降低能耗、物耗，实现生产系统和生活全面执行绿色建筑标准。

在《绿色建筑评价标准》(GB/T 50378—2019)中对节材和绿色建材有评分要求，《装配式建筑评价标准》(GB/T 51129—2017)中对装配式建筑评价有明确规定，国家为统筹装配式建设发展的道路不断地研究和更新，以节能、绿色、环保为基石，绿色装配式建筑将成为建设领域新的发展方向。

3.7.2 装配式建筑节能设计与传统建筑节能设计分析

无论是装配式建筑节能设计还是传统建筑节能设计，都是从能耗角度进行分析。围护结构就是建筑以及建筑内部各个房间(或空间)包围起来的墙、窗、门、屋面、楼板等各种建筑部件的统称，分为外围护结构和内围护结构。我们来分析一下装配式预制夹心保温外墙板、传统外墙外保温和外墙内保温的优劣。

1. 外墙保温方式

(1) 预制夹心保温外墙板构造为(由外至内)预制钢筋混凝土外页板、保温层、预制钢筋混凝土内页板。保温材料在预制夹心外墙板中形成无空腔复合夹心保温系统，其厚度由项目节能计算确定。中间的保温层通过复合非金属材料与内外页混凝土连接，防火性能和抗腐蚀性能相对传统保温有了非常大的提升，具有与墙体同寿命的优点。预制夹心保温外墙板中的保温材料及接缝处填充用保温材料的燃烧性能、导热系数及体积比、吸水率等应符合现行的规范标准。

(2) 传统外墙外保温，即保温材料在主体外墙的室外部分，外墙的构造(由内至外)为外墙砌体、保温材料、饰面层，外墙保温层经受长期的日晒雨淋等因素，容易产生裂缝，引发渗水、脱落，从而丧失节能效果，降低了墙体的整体性、保温性、耐久性。

(3) 传统内保温构造(由外至内)为外墙主体、保温层、保护层。保温层在墙体内部，减少了房间的使用面积，并经常在二次装修中被破坏。当内保温层被破坏时，将导致内外墙出现两个温度场，形成温差，外墙面的热胀冷缩现象比内墙面变化大，室内保温层也容易出现裂缝。

2. 门窗、幕墙和采光顶

各个热工气候区建筑对热环境有要求的房间，其外门窗、透光幕墙、采光顶的传热系数应符合规定，装配式建筑的窗户，如金属类型材窗户可在工厂预埋好窗框，门窗、幕墙的选型同传统节能设计选型。

3. 屋面

屋面可分为正置式屋面和倒置式屋面，保温层位于防水层下方的保温屋面，即正置式屋面；将保温层设置在防水层之上的保温屋面，为倒置式屋面。

(1) 保温材料应符合节能和相关技术规范要求，保温材料应选用表面密度小、压缩强度大、导热系数小、吸水率低的保温材料，不能使用松散保温材料；依据《倒置式屋面工程技术规程》(JGJ 230—2010)规定，倒置式屋面保温层的设计厚度应按计算厚度增加 25%取值(设计厚度为节能计算厚度)，且最小厚度不应小于 25 mm，屋面的传热系数需满足规范要求的限值。

(2) 装配式正置式屋面板构造层(由下而上)为叠合板预制混凝土层、现浇混凝土层、保温层、防水层、保护层；装配式建筑屋面的节能设计与传统建筑的节能设计相同，楼板保温层都设置在结构板之上，叠合楼板的厚度依据结构计算确定。

4. 楼板

装配式叠合楼板构造层(由下而上)为预制混凝土层、现浇混凝土层、保温层，楼板的保温设计在装配式节能设计中与传统的楼板节能设计的构造形式相同，都是属于结构板上保温，不同点在于结构层，装配式的结构层由预制部分和现浇部分共同组成，而传统的楼板为全现浇式楼板。

3.7.3 热桥

热桥是指处在外墙和屋面等围护结构中的梁、柱、肋等部位。因这些部位传热能力强，热流较为密集，内表面温度较低，故称为热桥。所谓热桥效应，即热传导的物理效应，由于楼层和墙角处有混凝土梁和构造柱，而混凝土材料的导热性是普通砖的 2～4 倍，在不同时节，室内室外温差大，墙体保温层导热不均匀，产生热桥效应，造成房屋室内结露、发霉，故围护结构中的热桥部位应进行保温设计。下面将分别从不同的热桥部位进行分析。

1. 窗口热桥

预制夹心保温墙板的保温层在主体墙板的中间位置，意味着窗口位置的保温层也需在中间，装配式建筑窗口位置的保温层直接做到与窗口齐平，保温层从围护结构中延续到窗口位置，保证整体围护结构保温的延续性。

2. 楼板热桥

预制夹心保温外墙板在楼板外侧，预制墙板通过钢筋与叠合楼板现浇层连接，上下预制夹心保温墙板预留施工缝，保证保温层的延续性，需在施工缝中填补保温材料，保证热桥楼板保温的有效性。

3. 梁热桥

装配式预制夹心保温外墙建筑梁热桥的处理方式同楼板的热桥相似，预制外页板与保温层设置在梁外侧，主体外墙的保温层与梁部分的保温层形成有效的一体化，有效地保证了热桥保温性能。

3.8 装配式建筑装修一体化

室内装修设计根据建筑特点以及使用者需求，设计师运用物质技术手段和建筑设计原理，创造出满足人们物质和精神生活需求的室内环境。装配式建筑装修设计与传统建筑具有明显区别，装配式建筑的室内装修宜一次到位，做到建筑设计和装修设计一体化。

3.8.1 装配式装修一体化概述

1. 装配式建筑装修一体化的定义

《装配式混凝土建筑技术标准》(GB/T 51231—2016)中对装配式建筑的定义：结构系统、外围护系统、设备与管线系统、内装系统的主要部分采用预制部品部件集成的建筑。其对装配式装修的定义：采用干式工法，将工厂生产的内装部品在现场进行组合安装的装修方式。

根据上述《装配式混凝土建筑技术标准》(GB/T 51231—2016)对装配式建筑及装配式装修的定义可知，装配式建筑的内装系统主要为预制成品的组装而非现场制作，装配式装修不宜在预制构件上穿孔、开凿，需要提前预留预埋孔洞。因此，装配式建筑装修一体化可概括为：在装配式建筑设计过程中，通过各个专业的协同设计对其预制构件进行预留预埋并预制成型，装修后期通过干法施工，将工厂生产的内装部品在现场进行组合安装，实现装配式建筑与装修一体化。

2. 装配式建筑装修一体化的特点

装配式建筑装修内装部品、施工以及安装方式的主要特点：

(1) 现场工作量少。由于装配式装修内装部品主要在工厂生产，在施工现场用管线进行连接，无须再次开孔或开槽，大大减少了施工现场的工作量，一方面避免了后期装修造成的结构破坏和浪费，另一方面提升了建筑的品质。

(2) 较强的适应性与灵活性。装配式建筑内装系统根据装配式建筑设计的标准化与模块化特征，在设计过程中对其尺寸及与结构主体的接口进行优化设计，使得内装部品能够通用并可调换，具有较强的适用性与灵活性。

(3) 施工工期短。装配式建筑室内装修主要由专业厂家整体加工，再由厂家专业人员进行安装，其施工质量与精度大大提升，同时也极大地缩短了施工周期。

3.8.2 装配式装修的设计要点

装配式建筑由于其本身特点，其预制构件上不宜进行现场开凿、穿孔等工序，需要提前预留孔洞，因此装配式建筑内装系统不适用于传统装修设计的方法，而要运用装配式装修设计的方法进行内装系统设计，其设计要点主要有以下几个方面：

1. 集成化设计

装配式建筑本身在设计过程中运用集成化的设计方法，其平面设计具有标准化、模块化及系统化特征，因此在内装设计时并非传统家庭装修的分散性碎片化设计，而是集成化设计。其内容一方面包含内装系统本身，如背景墙、整体收纳柜、玄关等；另一方面，装配式建筑内装设计还需要与其他系统协调进行集成设计，如整体卫生间、整体厨房的设计与选用。

2. 协同设计

装配式建筑内装设计需要与其他专业协同，密切互动。

(1) 与传统建筑不同，装配式建筑集成化部件汇集了各个专业内容，必须由各个专业协同设计，还要与部品工厂协同。

(2) 装配式建筑追求集约化效应，通过协同设计可提升装修质量、节约空间、降低成本、缩短工期。

(3) 装配式建筑不宜砸墙凿洞，其预埋件都需要事先埋设在预制构件里，这就需要装修设计与结构设计密切协同。

因此，与各个专业进行协同是装配式建筑内装设计的重要前提与基础，协同设计能够确保装配式内装设计的有序进行。

3. 标准化、模块化设计

装配式建筑装修设计覆盖范围大，以住宅为例，住宅装修较为普遍，并且数量庞大，标准化、模块化的设计有助于提升装修质量，缩短工期，以及降低成本。

4. 干法施工

装配式建筑装修设计需要尽可能减少砌筑、抹灰等湿作业方式，而采用干法施工，如顶棚、墙面、地面等。

3.8.3 装配式装修的主要内容

内装系统是装配式建筑的重要组成部分，主要包括楼地面、墙面、轻质隔墙、吊顶、内门窗、厨房和卫生间部分，本节根据内装系统的主要组成部分进行阐述。

1. 轻质隔墙

装配式建筑对轻质隔墙的要求为：一是宜结合室内管线的敷设进行构造设计，避免管线安装和维护更换对墙体造成破坏；二是应满足不同功能房间的隔音要求；三是须在连接部位采取加强措施；四是应满足《建筑设计防火规范》(GB 50016—2014)中的防火要求。

2. 顶棚吊顶

装配式建筑由于建造特点，需要提前在预制楼板(梁)内预留吊顶、桥架、管线等安装所需预埋件，同时需要在吊顶内设备管线集中部位设置检修口。装配式建筑吊顶设计应符合以下规定：

(1) 根据吊顶内管线设置选取吊顶形式。当采用管线分离时，须全吊顶，以敷设管线。管线不分离时，可以做局部吊顶。综合考虑受管线敷设规格影响、遮蔽结构梁或者设计形式等因素，可将吊顶做成高低状或平面形式。

(2) 吊顶设计会对建筑净高造成影响，因此在设计过程中应尽可能避免吊顶高度过高，其高度宜控制在 15 cm 左右。

(3) 装配式建筑吊顶应将预埋螺母埋设在预制楼板里，不能采取后锚固方式固定龙骨或吊杆。

(4) 当吊顶内有管线阀门时，应预留检查口。

3. 架空地面

架空地面是一种模块化地面，是在装配式装修中常采用的一种干式工法地面。装配式建筑架空地面多采用多点式支撑板，包括衬板与面板。衬板可采用经过阻燃处理的刨花板、细木工板等，面板有用于住宅的木质地板、用于机房办公的防静电瓷砖与网格地板，以及三聚氰胺、PVC、防静电塑料地板等。

《装配式混凝土建筑技术标准》(GB/T 51231—2016)要求装配式建筑地面系统须符合以下规定：

(1) 楼地面系统的承载力应满足房间使用要求。

(2) 架空地板系统宜设置减震构造。

(3) 架空地板系统的架空高度应根据管径尺寸、敷设路径、设置坡度等确定，并应设置检修口。

4. 整体收纳

整体收纳就是由工厂生产、现场装配、满足储藏需求的模块化部品，按不同布置分为五大收纳系统：玄关柜、衣柜、储藏柜、橱柜、镜柜、镜箱。

5. 集成式厨房

(1) 集成式厨房设计规定。集成式厨房是由工厂生产的楼地面、吊顶、墙面、橱柜和厨房设备及管线等集成并主要采用干式工法装配而成的厨房。《装配式混凝土建筑技术标准》(GB/T 51231—2016)中对集成式厨房设计有如下规定：

①应合理设置洗涤池、灶具、操作台、排油烟机等设施，并预留厨房电气设施的位置和接口。

②应预留燃气热水器及排烟管道的安装及留孔条件。

③给水排水、燃气管线等应集中设置、合理定位，并在连接处设置检修口。

(2) 集成式厨房设计和选用。集成式厨房根据家具布置形式可分为单排型、双排型、L型、U型和壁柜型五类，其厨房尺寸应符合规范及标准化的要求。

集成式厨房形式应根据如下因素进行选用：

①功能选择。集成式厨房的设计或选型主要立足于功能，而非形式。首先，集成式厨房应具有良好的储藏、洗涤、加工、烹饪功能，满足其基本功能的要求；其次，宜根据使用者的后期需求留有一定的预留空间。

②空间布置或选型。按照空间布置形式，针对不同空间大小的户型设置不同形式的集成式厨房，如适用于小户型的单排型、适用于中大户型的L型和双排型、适用于较大户型的U型。

此外，影响集成式厨房的设计与选型的因素还包括厨房与窗户的关系、材料的选用、收口的方式等。

6. 集成式卫生间

(1) 集成式卫生间规定。集成式卫生间是指由工厂生产的楼地面、墙面(板)、吊顶和洁具设备及管线等集成并主要采用干式工法装配而成的卫生间。其设计应符合如下规定：

①宜采用干湿分离的布置方式。

②应综合考虑洗衣机、排气扇(管)、暖风机等的设置。

③应在给排水、电气管线等系统连接处设置检修口。

④应做等电位连接。

(2) 集成式卫生间设计与选型应根据使用者需求、审美、偏好等综合因素，从标准库中选择适宜的尺寸。

(3) 集成式卫生间设计需要注意以下几点：

①水电设备管线接口需提前预留，且便于连接。

②集成式卫生间采用同层排水，其底部设置防水底盘，安装完后其地面标高与室内地面装修完成面标高保持一致，故应在设计时考虑卫生间降板。

③集成式卫生间门口与周围墙体的收口，要做到与室内装修风格浑然一体，精致、精细，需要装修设计师与工厂协同设计。

4

装配整体式混凝土结构与构件设计

4.1 装配整体式混凝土结构布置与整体分析

4.1.1 结构体系与布置原则

1. 结构体系

建筑结构常见的体系有框架结构体系、剪力墙结构体系、框架-剪力墙结构体系、框支剪力墙结构体系、筒体结构体系等。对于装配整体式建筑而言，除上述与现浇混凝土结构一样的体系外，还有装配式墙板结构、装配式无梁板结构。

理论上，任何结构体系的钢筋混凝土建筑都可实现装配式，但有的结构体系更适宜，有的结构体系则不适宜。有的结构体系技术与经验已经成熟，有的结构体系则正在摸索之中。下面分别介绍几种比较适宜的结构体系：

(1) 框架结构。框架结构是由柱、梁为主要构件组成的承受竖向和水平作用的结构。框架结构是空间刚性连接的杆系结构。

目前框架结构的柱网尺寸可到 12 m，能够形成较大的无柱空间，平面布置灵活，适合商业建筑、公寓和住宅。在我国，框架结构较多地用于办公楼和商业建筑，住宅用得较少，一个重要的原因是柱、梁凸入房屋空间，影响布置，不如没有梁、柱凸入的剪力墙结构受欢迎。

框架结构最主要的问题是高度受限，按照我国现行规范，现浇混凝土框架结构无抗震设计时最大建筑适用高度为 70 m，有抗震设计时，根据抗震设防烈度确定建筑适用高度为 35～60 m。PC 框架结构的适用高度与现浇结构基本一样，只是比烈度为 8 度(0.3 g)的地震设防时低 5 m。国外多层和小高层 PC 建筑大都是框架结构，PC 框架技术比较成熟。

由于框架体系抗侧刚度较差，在强震下结构整体位移和层间位移都较大，容易产生震害。此外，非结构性破坏如填充墙、建筑装修和设备管道等破坏较严重，因而其主要适用于非抗震区和层数较少的建筑；抗震设计的框架结构除需加强梁、柱和节点的抗震措施外，还需注意填充墙的材料以及填充墙与框架的连接方式等，以避免框架变形过大时填充墙损坏。装配整体式混凝土框架结构，是指在框架结构中，全部或部分框架梁、柱采用预制构件构建而成的装配整体式混凝土结构。

装配整体式框架结构随着高度的增加，水平作用使得框架底部梁柱构件的弯矩和剪力明显增加，从而导致梁柱截面尺寸和配筋量增加。而预制构件过大，会带来运输、安装不便，并且使材料用量和造价方面趋于不合理。因此，装配整体式框架结构在使用上高度受到限制。

相比其他装配整体式混凝土结构体系，装配整体式框架结构具有以下优点：连接节点单一、简单，结构构件的连接可靠并容易得到保证，方便采用等同现浇的设计概念；框架结构布置灵活，容易满足不同的建筑功能需求；梁、柱几乎可以全部采用预制构件，预制率可以达到很高水平，很适合装配式建筑发展；另外，梁、柱的预制构件规整，与剪力墙构件相比便于运输及安装。在施工方案中，应充分考虑预制构件的安装顺序并进行钢筋碰撞检查，施工安装需严格按照预定方案流程施工，否则可能会造成梁无法安装的情况。

(2) 剪力墙结构。剪力墙结构体系一般用于钢筋混凝土结构，由剪力墙承受大部分水平作用，剪力墙与楼盖一起组成空间体系。在承受水平力作用时，剪力墙相当于一根底部嵌固的悬臂深梁，水平位移由弯曲变形和剪切变形两部分组成。剪力墙结构体系的水平位移以弯曲变形为主，其特点是结构层间位移随楼层增加而增加。

剪力墙结构没有梁、柱凸入室内空间的问题，但墙体的分布使空间受限，无法做大空间，适宜住宅和旅馆等隔墙较多的建筑。

现浇剪力墙结构建筑的高度，无抗震设计最大适用高度为 150 m，有抗震设计根据设防烈度最大适用高度为 80～140 m。装配整体式剪力墙结构最大适用高度比现浇结构低 10～20 m。

装配整体式混凝土剪力墙结构，是指在剪力墙结构中，全部或部分剪力墙采用预制墙板构建而成的装配整体式混凝土结构。由于剪力墙构件重，运输和吊装费用高，竖向钢筋连接多，从理论上讲，不是装配式结构的最佳适用体系。但我国目前的情况是，地产项目住宅面积大，而用户房间内又不希望凸出柱子，政府通过容积率奖励和提前预售等鼓励措施，调动开发商采用装配式建造的积极性，装配式剪力墙结构在我国得到了较大发展。剪力墙结构 PC 建筑在国外非常少，高层建筑几乎没有，没有可供借鉴的装配式理论与经验。目前装配式结构建筑大都是剪力墙结构。

①就装配式而言，剪力墙结构的优势是：

a. 平板式构件较多，有利于实现自动化生产。

b. 模具成本相对较低。

②装配式剪力墙结构目前存在的问题是：

a. 装配式剪力墙的试验和经验相对较少，较多的后浇筑区对装配式效率有较大的影响。

b. 结构连接的面积较大，连接点多，连接成本高。

c. 装饰装修、机电管线等受结构墙体约束较大。

(3) 框架-剪力墙结构。框架-剪力墙结构是由柱、梁和剪力墙共同承受竖向和水平作用的结构。由于在结构框架中增加剪力墙，弥补了框架结构侧向位移大的缺点；又由于只在部分位置设置剪力墙，保留了框架结构空间布置灵活的优点。

框架-剪力墙结构的建筑适用高度相较框架结构而言大大提高了。无抗震设计时最大适用高度为 150 m；有抗震设计时，根据抗震设防烈度确定最大适用高度为 80～130 m。框架-剪力墙结构，在框架部分为装配式、剪力墙部分为现浇的情况下，最大适用高度与现浇框架-剪力墙结构完全一样。框架-剪力墙结构多用于高层和超高层建筑。

对于装配整体式框架-剪力墙结构，现行行业标准《装配式混凝土结构技术规程》(JGJ 1—2014)要求剪力墙部分现浇。

框架-剪力墙结构框架部分的装配整体式与框架结构装配整体式一样，构件类型、连接方式和外围护做法没有区别。装配整体式框架-剪力墙结构是将装配整体式框架结构和装配整体式剪力墙结构共同组合所形成的结构体系。从概念上讲，梁、柱、板预制，剪力墙结合铝合金模板现浇(或采用其他形式的剪力墙，如钢板剪力墙)，是装配式结构的最佳选择。

(4) 无梁板结构。无梁板结构是由柱、柱帽和楼板组成的承受竖向与水平作用的结构。无梁板结构由于没有梁，空间通畅，适用于多层公共建筑和厂房、仓库等。

无梁板结构的安装流程为：

①先浇筑柱下独立基础。

②柱子现浇，柱帽叠合，柱帽通常设计成托板形式，将柱帽做成有模板作用的壳。

③在柱帽位置下方插入承托柱帽的型钢横挡，柱子在该位置有预留孔。

④将柱帽从柱子顶部插入。柱帽中心是方孔，落在型钢横挡上。

⑤安装叠合楼板预制板。

⑥绑扎钢筋，浇筑叠合楼板后浇筑混凝土，形成整体楼板。

⑦继续安装上一层的横挡、柱帽、叠合板，浇筑混凝土直到屋顶。

(5) 多层装配式墙板结构。多层装配式墙板结构是全部或部分墙体采用预制墙板构建而成的多层装配式混凝土结构。多层装配式墙板结构是在高层装配整体式剪力墙结构的基础上进行简化，并对原有装配式大板结构进行节点优化，主要用于多层建筑的装配式结构。此种结构体系构造简单，施工方便，可在城镇地区多层住宅中推广使用。

多层装配式墙板结构的计算分析可采用弹性方法，并按结构实际情况建立分析模型。在计算中，应考虑接缝连接方式的影响。在风荷载或多遇地震作用下，按弹性方法计算的楼层层间最大水平位移与层高之比不宜大于 1/1 200。

2. 装配式结构布置原则

目前对装配式结构整体性性能研究较少，主要还是借助现浇结构，通过采用可靠的连接技术和必要的结构与构造措施，使装配整体式混凝土结构与现浇混凝土结构的效能基本相同，即“等同原理”。但等同原理不是一个严谨的科学理论，只是一个技术目标，因而对于装配整体式结构的布置要求，要较严于现浇混凝土结构的布置要求。特别不规则的建筑会出现各种非标准构件，且在地震作用下内力分布较复杂，不适用于装配式结构。

(1) 抗震设防结构布置原则。为了使装配式建筑满足抗震设防要求，装配式结构与现浇结构一样，应考虑下述基本原则：

①选择有利场地，采取保证地基稳定的措施。

②保证地基基础的承载力、刚度以及足够的抗滑移、抗倾覆能力。

③合理设置沉降缝、伸缩缝和防震缝。

④设置多道抗震防线。

⑤合理选择结构体系，结构质量、刚度和承载力分布宜均匀。

⑥结构应有足够的承载力，节点的承载力应大于构件的承载力。

⑦结构应有足够的变形能力及耗能能力，防止构件脆性破坏，保证构件有足够的延性。

(2) 抗震设防结构布置的规则性。与现浇结构一样，装配整体式建筑设计应重视其平面、立面和竖向剖面的规则性对抗震性能及经济合理性的影响，宜择优选用规则的形体。装配整体式建筑的开间、进深尺寸和构件类型应尽量减少规格，有利于建筑工业化。《装配式混凝土建筑技术标准》(GB/T 51231—2016)中对装配整体式结构平面布置给出了下列规定：

①平面形状宜简单、规则、对称，质量、刚度分布宜均匀，不应采用严重不规则的平面布置。

②平面长度不宜过长。

③平面不宜采用角部重叠或细腰形平面布置。

④装配式结构的竖向布置。装配式结构竖向布置应连续、均匀，应避免抗侧力结构的侧向刚度和承载力沿竖向突变，并应符合现行国家标准《建筑抗震设计标准》(GB/T 50011—2010)的有关规定。

(3) 装配式建筑结构布置的其他规定。装配整体式建筑结构由于其构件在工厂预制、现场拼装,为了减少装配的数量及减小装配中的施工难度,需尽量少设置次梁;为了节约造价,需尽可能使用标准件,统一构件的尺寸及配筋等装配整体式建筑结构布置除需满足上述布置原则及规则性的规定外,在综合考虑建筑结构的安全、经济、适用等因素后,需要满足以下规定:

①建筑宜选用大开间、大进深的平面布置。

②墙、柱等竖向构件宜上下连续。

③门窗洞口宜上下对齐、成列布置,其平面位置和尺寸应满足结构受力及预制构件设计要求,剪力墙结构中不宜采用转角窗。

④厨房和卫生间的平面布置应合理,其平面尺寸宜满足标准化整体橱柜及整体卫浴的要求;厨房和卫生间的水电设备管线宜采用管井集中布置;竖向管井宜布置在公共空间。

⑤住宅套型设计宜做到套型平面内空间尺寸、连接构造以及各类预制构件、配件、设备管线的标准化。

⑥空调板宜集中布置,并宜与阳台合并设置。

4.1.2 基本规定

1. 结构适用高度

建筑物最大适用高度由结构规范规定,与结构形式、地震设防烈度、建筑高度级别等因素有关。

《装配式混凝土建筑技术标准》(GB/T 51231—2016)和《高层建筑混凝土结构技术规程》(JGJ 3—2010)分别规定了装配式混凝土结构和现浇混凝土结构的最大适用高度,两者比较如下:

(1) 当结构中竖向构件全部为现浇且楼盖采用叠合梁板时,房屋的最大适用高度按《高层建筑混凝土结构技术规程》(JGJ 3—2010)中的规定。

(2) 对于框架结构和框架-现浇剪力墙结构以及框架-现浇核心筒结构而言,装配整体式结构的最大适用高度和现浇结构基本一致。

(3) 对于剪力墙结构和框支剪力墙结构而言,装配整体式结构的最大适用高度比现浇结构降低 10～20 m。

2. 框架结构、框架-剪力墙结构、剪力墙结构的高宽比

《装配式混凝土建筑技术标准》(GB/T 51231—2016)、《装配式混凝土结构技术规程》(JGJ 1—2014)和《高层建筑混凝土结构技术规程》(JGJ 3—2010)分别规定了装配式混凝土结构建筑与现浇混凝土结构建筑的高宽比,两者比较

如下：

(1) 框架结构装配式与现浇式一样。

(2) 框架-剪力墙结构和剪力墙结构，在非抗震设计情况下，装配式比现浇式要小；在抗震设计情况下，装配式与现浇式一样。

(3) 关于筒体结构高宽比的规定。

《装配式混凝土建筑技术标准》(GB/T 51231—2016)对框架-核心筒结构抗震设计的高宽比有规定，与《高层建筑混凝土结构技术规程》(JGJ 3—2010)规定的混凝土结构一样。

3. 抗震等级

抗震等级是进行抗震设计的房屋建筑结构的重要设计参数，装配整体式结构的抗震设计根据其抗震设防类别、烈度、结构类型和房屋高度四个因素确定抗震等级。抗震等级的划分，体现了对于不同抗震设防类别、不同烈度、不同结构类型、同一烈度但不同高度的房屋结构弹塑性变形能力要求的不同，以及同一种构件在不同结构类型中的弹塑性变形能力要求的不同。

装配式建筑结构根据抗震等级采取相应的抗震措施，抗震措施包括抗震设计时构件截面内力调整措施和抗震构造措施。

《装配式混凝土结构技术规程》(JGJ 1—2014)中还规定了乙类装配整体式结构应按本地区抗震设防烈度提高一度的要求加强其抗震措施；当本地区抗震设防烈度为 8 度且抗震等级为一级时，应采取比一级更高的抗震措施；当建筑场地为Ⅰ类时，仍可按本地区抗震设防烈度的要求采取抗震构造措施。

4.1.3 作用与作用组合

(1) PC 建筑主体结构使用阶段的作用和作用组合计算与现浇混凝土结构一样，没有特殊规定。只是在同一层既有现浇构件又有预制构件的情况下，需将现浇构件的地震剪力、弯矩均乘以 1.1 的放大系数。

(2) 外挂墙板按围护结构进行设计。在进行结构设计计算时，不考虑分担主体结构所承受的荷载和作用，只考虑直接施加于外墙上的荷载和作用。竖直外挂墙板承受的作用包括：自重、风荷载、地震作用和温度作用。

建筑表皮是非线性曲面时，可能会有仰斜的墙板，其荷载应当参照屋面板考虑，还应考虑雪荷载、施工维修时的集中荷载等。

(3) PC 建筑与现浇建筑不同之处是混凝土构件在工厂预制，预制构件在脱模、吊装等环节所承受的荷载是现浇混凝土结构所没有的，《装配式混凝土结构技术规程》(JGJ 1—2014)中给出了脱模、吊装荷载的计算规定，PC 构件脱模时混凝土抗压强度不应低于 15 kN/m²，这个规定是基本要求。PC 构件的脱模强度与构件重量和吊点布置有关，需根据计算确定。如两点起吊的大跨度高梁，脱模时混凝土抗压强度需要更高一些，脱模强度一方面是要求工厂脱模时，混凝土必须达到的强度，另一方面是验算脱模时构件承载力的混凝土强度值。

特别需要提醒的是，夹心保温构件外叶板在脱模或翻转时所承受的荷载作用可能比使用期间更不利，拉结件锚固设计应当按脱模强度计算。

预制构件进行脱模验算时，等效静力荷载标准值应取构件自重标准值乘以动力系数与脱模吸附力之和，且不宜小于构件自重标准值的 1.5 倍。动力系数与脱模吸附力应符合下列规定：

①动力系数不宜小于 1.2。

②脱模吸附力应根据构件和模具的实际状况取用，且不宜小于 1.5 kN/m²。

4.1.4 计算分析特点

1. 结构分析方法

(1) 楼盖刚度。在结构内力与位移计算时，对现浇楼盖和叠合楼盖，均可按实际确定其在自身平面内是否具有无限刚性，楼面梁的刚度可计入翼缘作用予以增大，梁刚度增大系数可根据翼缘情况近似取值于 1.3～2.0。无现浇层的装配式楼盖对梁刚度增大作用较小，设计中可以忽略。

与一般建筑相同，在进行结构内力与位移计算时，楼面梁刚度可考虑楼板翼缘的作用予以放大。当近似考虑楼面对梁刚度的影响时，应根据梁翼缘尺寸与梁截面尺寸的比例关系确定增大系数的取值。通常现浇楼面的边框梁可取 1.5，中框梁可取 2.0；采用叠合板时，楼面梁的刚度增大系数可适当减小。当框架梁截面较小而楼板较厚或者梁截面较大而楼板较薄时，梁刚度增大系数可能会超出 1.5～2.0 的区间，因此规定增大系数可取值于 1.3～2.0。

叠合楼板中预制部分之间如采用整体式接缝，则考虑预制楼板对楼面梁刚度的贡献；若叠合板中预制部分之间接缝不连接，则仅考虑现浇部分对楼面梁刚度的贡献。

对于装配整体式钢筋混凝土结构中的边梁，其一侧有楼板，另一侧有外挂预制外墙，应同时考虑楼板和外挂预制外墙对边梁刚度的放大作用。

(2) 装配式结构框架弯矩调幅计算。在竖向荷载作用下，可考虑框架梁端塑性变形内力重分布，对梁端负弯矩乘以 0.75～0.85 的调幅系数进行调幅。在竖向荷载作用下，框架梁端负弯矩往往较大，配筋困难，不便于施工和保证质量。因此允许考虑塑性变形内力重分布，对梁端负弯矩进行适当调整。钢筋混凝土的塑性变形能力有限，调幅的幅度应加以限制。框架梁端负弯矩减小后，梁跨中弯矩应按平衡条件相应增大。对装配式结构，有时需要考虑二次受力的影响，对全装配式的干式连接不应调幅。

（3）预制非结构构件对装配整体式混凝土结构计算的影响

①预制外挂墙板对计算的影响。现在使用最广泛的为预制外挂墙板，预制外墙板的连接方式有点支承式和线支承式两种。对结构整体进行抗震计算分析时，点支承式外挂墙板可不计入其刚度影响。线支承式外挂墙板，当其刚度对整体结构受力有利时，可不计入其刚度影响；当其刚度对整体结构受力不利时，应计入其刚度影响。

线支承式外挂墙板，当墙板为平板时，可根据外挂墙板的开洞率及与梁连接区段，对梁刚度乘以相应的放大系数，具体如下：

a. 对于满跨无洞外挂墙板，当墙板与梁全长连接时，梁的刚度增大系数可取 1.5；当墙板与梁两端脱开长度不小于梁高时，梁的刚度增大系数可取 1.2。

b. 对于满跨大开洞外挂墙板，当墙板与梁全长连接时，梁的刚度增大系数可取 1.3；当墙板与梁两端脱开长度不小于梁高时，梁的刚度增大系数可取 1.0。

c. 对于半跨无洞外挂墙板，当墙板与梁全长连接时，梁的刚度增大系数可取 1.4；当墙板与梁脱开长度不小于梁高时，梁的刚度增大系数可取 1.1。

d. 当同时考虑楼板与外挂墙板对梁刚度的影响时，梁刚度增大系数的增大部分取两者增量之和。

②填充墙刚度影响。

《装配式混凝土建筑技术标准》(GB/T 51231—2016)规定：内力和变形计算时，应计入填充墙对结构刚度的影响。当采用轻质墙板填充墙时，可采用周期折减的方法考虑其对结构刚度的影响；对于框架结构，周期折减系数可取值于 0.7～0.9；对于剪力墙结构，周期折减系数可取值于 0.8～1.0。

③预制楼梯对计算的影响。通常采用一端固定或简支，另一端滑动支座连接，能有效消除斜撑效应，可不考虑楼梯参与整体结构的抗震计算，但其滑动变形能力应满足罕遇地震作用下的变形要求。

2. 结构设计软件及建模

目前国内装配式设计已经可以与现行软件进行对接，部分构件可以直接利用软件来设计。以盈建科建筑结构设计软件为例，在结构计算时，装配式设计与传统设计一样，按照传统设计模式进行建模、荷载输入、参数设置和整体计算。在整体计算完成后，软件有专门的选项可以进行装配式构件设计。当构件指定为预制构件时，软件自动按照装配式技术规程规定的参数进行计算、配筋、验算。

(1) 装配式设计。装配式设计以叠合楼板设计为例,设计界面可显示详细图纸。同时,软件还可以直接输出计算书。

(2) 设计时应注意的参数:

①建筑高度:是否满足装配式相关规范对于最高限值的要求。

②混凝土强度等级:是否符合 PC 构件的设计要求。

③抗震等级:是否满足装配式规范的要求。

④现浇墙肢:其水平地震作用弯矩、剪力增大系数是否为 1.1,对于同一层内既有现浇墙肢也有预制墙肢的装配整体式剪力墙结构,现浇墙肢的水平地震作用弯矩、剪力宜乘以不小于 1.1 的增大系数。

4.2 装配式混凝土结构体系

4.2.1 框架结构

1. 框架结构的预制柱和预制梁

(1) 柱。柱是建筑物中垂直的主要结构构件,承托它上方物件的重量,如图 4-1所示。

在装配式混凝土建筑中预制柱主要有以下几种类型:

①单层柱。单层柱按形状分为方柱、矩形柱、L 形柱、圆柱、T 形扁柱、带翼缘柱或其他异形柱。

单层柱顶部一般与梁连接,如顶部为无梁板结构,可采用柱帽与板做过渡连接。

②越层柱。越层柱就是某一层或几层为了大空间等效果,不设楼板及框架梁,采用穿越两层或多层的单根预制柱。

越层柱一般设计成方柱或圆柱。

图 4-1 预制柱

越层柱因其高度尺寸大,在施工安装时必须制定专项施工方案,保证其具有合理可靠的翻转、起吊、安装、临时固定等措施。

③跨层柱。跨层柱是指穿越两层或两层以上的预制柱,与越层柱的区别是

其每层都与结构梁或板连接。

跨层柱一般设计成方柱或圆柱,包括连筋柱和有连接构造的柱。

跨层柱与越层柱同样因其高度尺寸大,在施工安装时必须制定专项施工方案,以保证其具有合理可靠的翻转、起吊、安装、临时固定等措施。

④工业厂房柱。工业厂房柱按受力状况分为框架柱、抗风柱、构造柱等。常见的框架柱为了放置吊车梁等需设置外挑承重模式,一般称其为牛腿柱。牛腿柱分为单侧承重和双侧承重两种。预制框架柱在施工吊装时必须制定专项方案,合理捆绑或设计专用吊具,以保证顺利安装。

(2) 梁。梁是结构中的水平构件。装配式混凝土建筑中预制梁主要有以下几种类型:

①普通梁。普通梁包括矩形梁、凸形梁、T 形梁、带挑耳梁、工字形梁、U 形梁等。

T 形梁两侧挑出部分称为翼缘,中间部分称为梁肋,如图 4-2 所示。而工字形梁由上下翼缘和中部腹板组成。

图 4-2　T 形梁

②叠合梁。叠合梁是分两次浇捣混凝土的梁,首先在预制工厂做成预制梁,当预制梁在施工现场吊装完成后,再浇捣上部的混凝土,使其连成整体,如图 4-3 所示。

③连体梁。连体梁也称为连筋式叠合梁,是指在预制时将多跨的主梁底部受力筋连接,梁中上部承压区用临时机具固定,在安装完成后与其他构件用现浇混凝土连接的一种梁。其特点是受力筋无须二次连接,保证了强度,便于施工。

图 4-3　叠合梁

④连梁。连梁是指在剪力墙结构和框架-剪力墙结构中，连接墙肢与墙肢，在墙肢平面内相连的梁，连梁一般为叠合梁。

(3) 柱梁一体。柱梁一体预制构件是指将梁与柱或柱头整体浇筑成型的一种预制构件，一般用于大跨度框架结构体系中。在装配式混凝土建筑中柱梁一体预制构件主要有以下几种类型：

①单莲藕梁。单莲藕梁是指一个柱头与两侧梁整体预制成型的一体化预制构件，柱头部位预留若干用于穿插钢筋的孔洞。

②双莲藕梁。双莲藕梁是指两个柱头与两侧的梁整体预制成型的一体化预制构件，柱头部位预留若干用于穿插钢筋的孔洞。

③T 形梁柱。T 形梁柱是指单向梁与柱整体预制成型的柱梁一体化预制构件。

④平面十字形梁＋柱。平面十字形梁＋柱是指双向梁与柱整体预制成型的柱梁一体化预制构件。

2. 基本规定

根据《装配式混凝土建筑技术标准》(GB/T 51231—2016)、《装配式混凝土结构技术规程》(JGJ 1—2014)及现行国家规范标准，关于装配整体式框架结构的一般规定包括以下内容：

(1) 装配整体式框架结构是 PC 梁、柱构件通过可靠的方式进行连接并与现场后浇混凝土、水泥基灌浆料形成整体。

①《高层建筑混凝土结构技术规程》(JGJ 3—2010)规定：现浇层厚度大于 60 mm 的叠合楼板可作为现浇板考虑。

②《混凝土结构设计标准》(GB/T 50010—2010)规定：施工阶段设有可靠

支撑的叠合式受弯构件,可按整体受弯构件计算,叠合框架梁为典型的受弯构件,可作为现浇梁考虑。

(2) 装配式、装配整体式混凝土结构中各类预制构件及连接构造应按下列原则进行设计:

①应在结构方案和传力途径中确定预制构件的布置及连接方式,并在此基础上进行整体结构分析和构件及连接设计。

②预制构件的设计应满足建筑使用功能,并符合标准化要求。

③预制构件的连接宜设置在结构受力较小处,且便于施工;结构构件之间的连接构造应满足结构传递内力的要求。

④各类预制构件及其连接构造应按从生产、施工到使用过程中可能产生的不利工况进行验算。

(3) 预制混凝土构件在生产、施工过程中应按实际工况的荷载、计算简图、混凝土实体强度进行施工阶段验算。验算时应将构件自重乘以相应的动力系数:脱模、翻转、吊装、运输时可取 1.5,临时固定时可取 1.2。(注:动力系数可根据具体情况适当增减)

(4) 装配整体式框架结构中,预制柱的纵向钢筋连接应符合以下规定:

①当房屋高度不大于 12 m 或层数不超过 3 层时,可采用套筒灌浆连接、浆锚搭接、焊接等主要方式。

②当房屋高度大于 12 m 或层数超过 3 层时,宜采用套筒灌浆连接。

③装配整体式框架结构中,预制柱水平接缝处不宜出现拉力。

试验研究表明,预制柱的水平接缝处,受剪承载力受柱轴力影响较大。当柱受拉时,水平接缝的抗剪能力较差,易发生接缝的滑移错动。因此应通过合理的结构布置,避免柱的水平接缝处出现拉力。

(5) 框架结构的首层柱宜采用现浇混凝土。

高层建筑装配整体式框架结构,首层的剪切变形远大于其他各层;震害资料表明,首层柱底出现塑性铰的框架结构,其倒塌的可能性大。试验研究表明,预制柱底的塑性铰与现浇柱底的塑性铰有一定的差别。在目前设计和施工经验尚不充分的情况下,高层框架结构的首层柱宜采用现浇柱,以保证结构的抗地震倒塌能力。

(6) 当底部加强部位的框架结构的首层柱采用预制混凝土时,应采取可靠的技术措施。

当框架结构首层柱采用预制混凝土时,应进行专门研究和论证,采取特别的加强措施,严格控制构件加工和现场施工质量。在研究和论证过程中,应重点提高连接接头性能，优化结构布置和构造措施，提高关键构件和部位的承载能力，尤其是柱底接缝与剪力墙水平接缝的承载能力，确保实现“强柱弱梁”的目标，并对大震作用下首层柱和剪力墙底部加强部位的塑性发展程度进行控制，必要时应进行试验验证。

3. 框架结构连接

在装配整体式结构中，连接区的现浇混凝土强度一般不低于预制构件的混凝土强度，连接区的钢筋总承载力也不小于构件内钢筋承载力并且构造符合规范要求，所以接缝的正截面受拉及受弯承载力一般不低于构件承载力。叠合梁现浇段钢筋连接方式有绑扎连接和套筒灌浆连接等，需根据连接区的位置(梁端或梁中)及抗震等级，按规范选取。当采用绑扎搭接形式时，并不会对截面有效高度产生影响；当采用机械连接时，虽然机械连接套筒直径较大，但考虑机械套筒筒长度很短(一般只有几厘米)，其对钢筋影响较小，可以忽略不计；但采用套筒灌浆连接时，由于套筒直径较大，为保证混凝土保护层厚度，直径从套筒外箍筋起算，截面有效高度会有所减少。截面有效高度按下式取值：

$$h_0 = h - 20d_g - \frac{D}{2}$$

式中：h_0——叠合梁有效截面高度(mm)；

h——叠合梁总截面高度(mm)；

d_g——箍筋直径(mm)；

D——钢筋套筒直径(mm)。

(1) 梁端接缝受剪承载力。叠合梁端结合面主要包括：框架梁与节点区的结合面、梁自身连接的结合面以及次梁与主梁的结合面等。结合面的受剪承载力的组成主要包括：新旧混凝土结合面的黏结力、键槽的抗剪能力、后浇混凝土叠合层的抗剪能力、梁纵向钢筋的销栓抗剪作用。

抗剪键槽的受剪承载力取各抗剪键槽根部受剪承载力之和；梁端抗剪键槽数量一般较少，沿高度方向一般不会超过3个，不考虑群键作用。抗剪键槽破坏时，可能沿现浇键槽或预制键槽的根部产生破坏，因此计算抗剪键槽受剪承载力时应按现浇键槽和预制键槽根部剪切面分别计算，并取二者的较小值。设计中，应尽量使现浇键槽和预制键槽根部剪切面面积相等。

钢筋销栓作用的受剪承载力计算公式主要参照日本装配式框架设计规程中的规定，以及中国建筑科学研究院的试验研究结果，同时考虑混凝土强度及钢筋强度的影响。

(2) 预制柱底水平缝的受剪承载力。预制柱底结合面的受剪承载力的组成主要包括:新旧混凝土结合面的黏结力、粗糙面或键槽的抗剪能力、轴压产生的摩擦力、柱纵向钢筋的销栓抗剪作用或摩擦抗剪作用,其中后两者为受剪承载力的主要组成部分。

在非抗震设计时,柱底剪力通常较小,不需要验算。地震往复作用下,混凝土自然黏结及粗糙面的受剪承载力丧失较快,计算中不考虑其作用。

当柱受压,计算轴压产生的摩擦力时,柱底接缝灌浆层上下表面接触的混凝土均有粗糙面及键槽构造,因此摩擦系数取 0.8。

当柱受拉时,没有轴压产生的摩擦力,且由于钢筋受拉,计算钢筋销栓作用时,需要根据钢筋中的拉应力结果对销栓受剪承载力进行折减。

PC 柱水平接缝出现拉力,说明这个框架柱本身受拉,另一侧的柱子压力就会增大较多,这就导致柱子截面增大,不符合设计的经济性原则。避免结构出现受拉的措施有:

①采用小的结构高宽比。

②结构质量和刚度平面分布均匀。

③结构竖向质量和刚度竖向分布均匀。

4. 框架结构构造设计

(1) 混凝土叠合梁设计。框架叠合梁的设计应符合《装配式混凝土建筑技术标准》(GB/T 51231—2016)、《装配式混凝土结构技术规程》(JGJ 1—2014)和《建筑抗震设计标准》(GB/T 50011—2010)及其他现行国家标准规范中的有关规定。

①混凝土叠合梁设计基本要求

a. 装配整体式框架梁柱节点核心区抗震受剪承载力验算和构造应符合现行国家标准《建筑抗震设计标准》(GB/T 50011—2010)中的有关规定;混凝土叠合梁端竖向接缝受剪承载力设计值符合《装配式混凝土结构技术规程》(JGJ 1—2014)中的有关规定。

b.《建筑抗震设计标准》(GB/T 50011—2010)规定,框架节点核心区的抗震验算应符合下列要求:一、二、三级框架的节点核心区应进行抗震验算;四级框架节点核心区可不进行抗震验算,但应符合抗震构造措施的要求。

c.《混凝土结构设计标准》(GB/T 50010—2010)规定,混凝土强度等级不宜低于 C30。预制梁的箍筋应全部伸入叠合层,且各肢伸入叠合层的直线段长度不宜小于 $10d$(d 为箍筋直径)。预制梁的顶面应做成凹凸差不小于6 mm 的粗糙面。

d.《装配式混凝土建筑技术标准》(GB/T 51231—2016)规定，在结构内力与位移计算中，可根据外挂墙板(含开洞情况)、与边框架的连接方式及内部隔墙板考虑其对结构自振周期的影响，可取 0.7～0.9 的折减系数，当外挂板及内部隔墙板刚度较小且结构刚度较大时，周期折减系数可较大；当外挂板及内部隔墙板刚度较大且结构刚度较小时，周期折减系数可较小。

e.《高层建筑混凝土结构技术规程》(JGJ 3—2010)规定，在竖向荷载作用下，可考虑框架梁端塑性变形内力重分布对梁端负弯矩乘以调幅系数进行调幅，并应符合下列规定：

• 装配整体式框架梁端负弯矩调幅系数可取 0.7～0.8，现浇框架梁端负弯矩调幅系数可取 0.8～0.9。

• 框架梁端负弯矩调幅后，梁跨中弯矩应按平衡条件相应增大。

• 应先对竖向荷载作用下框架梁的弯矩进行调幅，再与水平作用产生的框架梁弯矩进行组合。

• 截面设计时，框架梁跨中截面正弯矩设计值不应小于竖向荷载作用下按简支梁计算的跨中弯矩设计值的 50%。

②混凝土叠合梁截面设计

a. 混凝土叠合梁作为典型的受弯构件，与现浇梁在结构受力上相同，但考虑到标准化、简单化原则，为了减少叠合板的规格，叠合梁截面尺寸宜采用少规格、多重复率的原则设计。根据工程经验，框架梁梁高 $h=(1/8\sim1/12)L$，一般可取 $L/12$，同时，梁高的取值还要考虑荷载大小和跨度，在跨度较小且荷载适中的情况下，框架梁高度可以取 $L/15$，高度小于经验范围时，要注意复核其挠度是否满足规范要求。次梁梁高 $h=(1/12\sim1/20)L$，一般可取 $L/15$，当跨度较小、受荷较小时，可取 $L/18$；当悬挑梁荷载比较大时，$h=(1/5\sim1/6)L$；当荷载适中时，$h=(1/7\sim1/8)L$。

b.《建筑抗震设计标准》(GB/T 50011—2010)有以下规定：梁截面宽度不宜小于 200 mm；截面高宽比一般为 2～3，不宜大于 4；净跨与截面高度之比不宜小于 4。

c.《装配式混凝土结构技术规程》(JGJ 1—2014)规定，装配整体式框架结构中，当采用叠合梁时，框架梁的后浇混凝土叠合层厚度不宜小于 150 mm，次梁的后浇混凝土叠合层厚度不宜小于 120 mm；当采用凹口截面预制梁时，凹口深度不宜小于 50 mm，凹口边厚度不宜小于 60 mm。

柱节点处存在十字形、T 形交叉梁，考虑到 X 及 Y 两个方向预制梁吊装时底部钢筋易产生同一平面碰撞的现象，X 与 Y 方向预制梁截面高度差不宜少于 50 mm。

d.《装配式混凝土结构技术规程》(JGJ 1—2014)中规定预制构件与后浇混凝土、灌浆料、座浆材料的结合面应设置粗糙面、键槽，并应符合下列规定：

• 预制梁与后浇混凝土叠合层之间的结合面应设置粗糙面；预制梁端面应设置键槽且宜设置粗糙面。键槽的深度不宜小于 30 mm，宽度不宜小于深度的 3 倍且不宜大于深度的 10 倍；键槽可贯通截面，当不贯通时槽口距离截面边缘不宜小于 50 mm；键槽间距宜等于键槽宽度；键槽端部斜面倾角不宜大于 30°。

• 粗糙面的面积不宜小于结合面的 80%，预制板的粗糙面凹凸深度不应小于 4 mm，预制梁端、预制柱端、预制墙端的粗糙面凹凸深度不应小于 6 mm。

③混凝土叠合梁配筋设计

a. 考虑到梁柱、墙节点区钢筋较少，有利于节点的装配施工，保证施工质量。预制框架梁及柱主筋宜采用高强度、大直径及采用大间距布置方式。

b. 混凝土叠合梁箍筋设计。

• 抗震等级为一、二级的叠合框架梁的梁端箍筋加密区采用整体封闭箍筋；当叠合梁受扭时宜采用整体封闭箍筋，且整体封闭筋的搭接部分宜设置在预制部分。

• 当采用组合封闭箍筋时，开口箍筋上方两端应做成 135°弯钩，框架梁弯钩平直段长度不应小于 $10d$(d 为箍筋直径)，次梁弯钩平直段长度不应小于 $5d$。现场应采用箍筋帽封闭开口箍，箍筋帽两端宜做成 135°弯钩，也可做成一端 135°、另一端 90°弯钩，但 135°弯钩和 90°弯钩应沿纵向受力钢筋方向交错设置，框架梁弯钩平直段长度不应小于 $10d$(d 为箍筋直径)；次梁 135°弯钩平直段长度不应小于 $5d$，90°弯钩平直段长度不应小于 $10d$。

• 框架梁箍筋加密区长度内的箍筋肢距：一级抗震等级不宜大于 200 mm 和 20 倍箍筋直径的较大值，且不应大于 300 mm；二、三级抗震等级，不宜大于 250 mm 和 20 倍箍筋直径的较大值，且不应大于 350 mm；四级抗震等级，不宜大于 300 mm，且不应大于 400 mm。

c.《装配式混凝土建筑技术标准》(GB/T 51231—2016)规定，框架梁预制部分的腰筋不承受扭矩时，可不伸入梁柱节点核心区。

叠合梁预制部分的腰筋用于控制梁的收缩裂缝，有时用于受扭矩作用的构件。当主要用于控制收缩裂缝时，由于预制构件的收缩在安装时已经基本完成，因此腰筋不用锚入节点，可简化安装。但腰筋用于受扭矩时，应按照受拉钢筋的要求锚入后浇节点区叠合梁的下部纵筋，当承载力计算不需要时，可按照现行国家标准《混凝土结构设计标准》(GB/T 50010—2010)中的相关规定进行截断,减少伸入节点区内的钢筋数量,方便安装。

d. 叠合梁可采用对接连接,并应符合下列规定:

• 连接处应设置后浇段,后浇段的长度应满足梁下部纵向钢筋连接作业的空间需求。

• 梁下部纵向钢筋在后浇段内宜采用机械连接、套筒灌浆连接或焊接连接。

• 后浇段内的箍筋应加密,箍筋间距不应大于 $5d$(d 为纵向钢筋直径),且不应大于 100 mm。

④混凝土叠合主梁与次梁连接设计

a. 考虑到预制梁生产、运输、吊装、施工的方便性,尽量多形成框架梁,少形成主次梁节点。

b.《装配式混凝土结构技术规程》(JGJ 1—2014)中规定主梁与次梁采用后浇段连接时,应符合下列规定:

• 在端部节点处,次梁下部纵向钢筋伸入主梁后浇段内的长度不应小于 $12d$。次梁上部纵向钢筋应在主梁后浇段内锚固。当采用弯折锚固或锚固板时,锚固直段长度不应小于 $0.6l_{ab}$(l_{ab} 为受拉钢筋基本锚固长度);当钢筋应力不大于钢筋强度设计值的50%时,锚固直段长度不应小于 $0.35l_{ab}$;弯折锚固的弯折后直段长度不应小于 $12d$(d 为纵向钢筋直径)。

• 主梁与次梁连接采用次梁端设后浇段时,次梁底纵向钢筋可以采用机械连接、套筒灌浆连接、间接搭接等连接方式;采用钢筋机械连接时,接头位置应考虑施工操作空间的要求。

c. 主次梁采用搁置式连接节点时可采用主梁设钢牛腿、挑耳,次梁设牛担板的形式,当次梁抗扭时,主次梁不应使用搁置式连接节点。

(2) 预制柱设计

①预制柱设计基本要求。预制柱的设计应满足现行国家标准《混凝土结构设计标准》(GB/T 50010—2010)的要求,并应符合《装配式混凝土建筑技术标准》(GB/T 51231—2016)的下列规定:

a. 矩形柱截面边长不宜小于 400 mm,圆形截面柱直径不宜小于 450 mm,且不宜小于同方向梁宽的 1.5 倍。

采用较大直径钢筋及较大的柱截面,可减少钢筋根数,增大间距,便于柱钢筋连接及节点区钢筋布置。要求柱截面宽度大于同方向梁宽的 1.5 倍,有利于避免节点区梁钢筋和柱纵向钢筋的位置冲突,便于安装施工。

b. 柱纵向受力钢筋在柱底连接时，柱箍筋加密区长度不应小于纵向受力钢筋连接区域长度与 500 mm 之和；当采用套筒灌浆连接或浆锚搭接连接等方式时，套筒或搭接段上端第一道箍筋距离套筒或搭接段顶部不应大于 50 mm。

中国建筑科学研究院、同济大学等单位的试验研究表明，套筒连接区域柱截面刚度及承载力较大，柱的塑性铰区可能会上移至套筒连接区域以上，因此需将套筒连接区域以上至少 500 mm 高度范围内的柱箍筋加密。

c. 柱纵向受力钢筋直径不宜小于 20 mm，纵向受力钢筋间距不宜大于 200 mm 且不应大于 400 mm。柱的纵向受力钢筋可集中于四角配置且宜对称布置。柱中可设置纵向辅助钢筋且直径不宜小于 12 mm 和箍筋直径；当正截面承载力计算不计入纵向辅助钢筋时，纵向辅助钢筋可不伸入框架节点。

d. 预制柱箍筋可采用连续复合箍筋。

②预制柱连接设计。预制柱连接设计应符合《装配式混凝土建筑技术标准》(GB/T 51231—2016)中下列规定：

a. 上、下层相邻预制柱纵向受力钢筋采用挤压套筒连接时柱底后浇段的箍筋应满足下列要求：

• 套筒上端第一道箍筋距离套筒顶部不应大于 20 mm，柱底部第一道箍筋距柱面不应大于 50 mm，箍筋间距不宜大于 75 mm。

• 抗震等级为一、二级时，箍筋直径不应小于 10 mm，抗震等级为三、四级时，箍筋直径不应小于 8 mm。

b. 采用预制柱及叠合梁的装配整体式框架节点，梁纵向受力钢筋应伸入后浇节点区内锚固或连接，并应符合下列规定：

• 对框架中间层中节点，节点两侧的梁下部纵向受力钢筋宜锚固在后浇节点核心区内，也可采用机械连接或焊接的方式连接；梁的上部纵向受力钢筋应贯穿后浇节点核心区。

• 对框架中间层端节点，当柱截面尺寸不满足梁纵向受力钢筋的直锚要求时，宜采用锚固板锚固，也可采用 90°弯折锚固。

• 对框架顶层中节点，柱纵向受力钢筋宜采用直线锚固；当梁截面尺寸不满足直线锚固要求时，宜采用锚固板锚固。

• 对框架顶层端节点，柱宜伸出屋面并将柱纵向受力钢筋锚固在伸出段内，柱纵向受力钢筋宜采用锚固板锚固方式，此时锚固长度不应小于 $0.6l_{abE}$（l_{abE} 为抗震设计时受拉钢筋抗震锚固长度）。伸出段内箍筋直径不应小于 $d/4$（d 为柱纵向受力钢筋的最大直径），伸出段内箍筋间距不应大于 $5d$（d 为柱纵向受力钢筋的最小直径）且不应大于 100 mm；梁纵向受力钢筋应锚固在后浇节点区，且宜采用锚固板的锚固方式，此时锚固长度不应小于 $0.6l_{abE}$。

c. 采用预制柱及叠合梁的装配整体式框架结构节点，两侧叠合梁底部水平钢筋挤压套筒连接时，可在核心区外一侧梁端后浇段内连接，也可在核心区外两侧梁端后浇段内连接，连接接头距柱边不小于 $0.5h_b$（h_b 为叠合梁截面高度）且不小于 300 mm，叠合梁后浇叠合层顶部的水平钢筋应贯穿后浇核心区。梁端后浇段的箍筋应满足下列要求：

• 箍筋间距不宜大于 75 mm。

• 抗震等级为一、二级时，箍筋直径不应小于 10 mm，抗震等级为三、四级时，箍筋直径不应小于 8 mm。

5. 框架结构设计深度及图面表达

装配整体式框架结构的施工图设计深度包括现浇框架结构设计文件的编制深度，即图纸目录、结构设计总说明、基础平面图、柱子定位及配筋图、各层梁、板配筋平面图、楼梯大样图等施工图，此外，还需包括装配式混凝土结构设计总说明、预制柱套筒定位图、各层梁与板拆分图、各层平面施工图中体现的预制构件详图、连接节点大样图、预制楼梯大样图等。

（1）装配式混凝土结构设计总说明内容

①设计总则包括：结构体系（如装配整体式框架结构），装配式混凝土结构设计所遵循的标准、规范、规程等设计依据，预制构件种类、预制构件命名等。

②装配式结构主要材料要求包括：混凝土、钢筋、钢材、连接材料、预埋件、灌浆料等有关规定及说明。

③实施原则包括：预制构件加工单位编制生产加工方案、施工总承包单位编制专项施工方案、工程监理单位质量监督和检查等的要求及原则。

④主要预制构件设计准则包括：预制梁、预制柱、预制板、预制楼梯等构件应遵循的标准、规范、规程的要求及规定。

⑤预制构件的深化设计包括：预制构件深化设计应遵循的标准、规范、规程及设计文件、深化设计文件包含的内容等。

⑥预制构件的生产、检验和验收包括：预制构件的生产、脱模、现场存放、现场驳运、吊装和施工的主要注意事项及检验和验收的控制参数。

⑦通用节点大样：施工平面图中出现频率较高的节点大样汇总，用于施工平面节点大样的引用。

（2）预制构件种类、编号、配筋、节点设计

①预制梁编号由梁代号、序号、跨数组成，预制梁编号为 DKLx(x)，例如 DKL3(2)，表示叠合框架梁序号为 3，跨数为 2，当预制梁数量、种类较多时，可

将梁编号分成两个方向，梁编号可为 DKLX(x)、DKLY(x)。

②预制梁的配筋可表示在结构平面图中，可参照图集《混凝土结构施工图平面整体表示方法制图规则和构造详图（现浇混凝土框架、剪力墙、梁、板）》(22G101-1)，也可以仅在平面图中标示梁编号，配筋以梁表的形式表示在预制构件详图中。

③在预制柱叠合梁框架节点中，梁钢筋在节点中锚固及连接方式是决定施工可行性及节点受力性能的关键。梁、柱构件尽量采用较粗直径、较大间距的钢筋布置方式，节点区的主梁钢筋较少，有利于节点的装配施工，保证施工质量。设计过程中应充分考虑到施工装配的可行性，合理确定梁、柱截面尺寸及钢筋的数量、间距及位置等。在十字形节点中，两侧梁的钢筋在节点区内锚固时，位置可能冲突，可采用弯折避让的方式，弯折角度不宜大于 1∶6。

节点区施工时，应注意合理安排节点区箍筋、顶制梁、梁上部钢筋的安装顺序，控制节点区箍筋的间距以满足要求。

④预制柱编号由柱代号、序号组成，预制柱编号为 YKZ(x)，例如 YKZ(1)表示预制框架柱序号为 1。在平面布置图中，应标注未居中的梁柱与轴线的定位。柱配筋可用柱平法表示，也可用柱表形式表示。当预制柱为正方形柱，且两方向配筋不一样时，应使用“▲”在平面图及详图大样中表示其预制件安装方向。

预制柱的配筋表示方式与现浇结构相同，可参照图集《混凝土结构施工图平面整体表示方法制图规则和构造详图（现浇混凝土框架、剪力墙、梁、板）》(22G101-1)，大样宜采用柱表形式表示，且尽可能减少不同形式的截面及配筋，既有利于减少对预制叠合板拆分尺寸的影响，也能达到简化施工和便于深化设计的目的。

⑤绘制连接节点大样图或通用图表时，预制装配式结构的节点，梁、柱与墙体等详图应绘出平、剖面图，注明相互定位关系，构件代号，连接材料，附加钢筋（或埋件）的规格、型号、性能、数量，并注明连接方法以及对施工安装、现浇混凝土的有关要求等。

4.2.2 剪力墙结构

1. 剪力墙结构的墙板

剪力墙结构的墙板是建筑承载的主体，一般分为剪力墙内墙板和剪力墙外墙板。

剪力墙板按其形状分为标准型墙板、T 形墙板、L 形墙板、U 形墙板等；按其构造形式分为实心墙板、双面叠合墙板、夹心保温墙板及预制圆孔墙板等。

2. 基本规定

装配整体式剪力墙结构应符合国家现行标准《混凝土结构设计标准》(GB/T 50010—2010)、《建筑抗震设计标准》(GB/T 50011—2010)、《高层建筑混凝土结构技术规程》(JGJ 3—2010)、《装配式混凝土结构技术规程》(JGJ 1—2014)和《装配式混凝土建筑技术标准》(GB/T 51231—2016)的有关规定。

(1)《装配式混凝土建筑技术标准》(GB/T 51231—2016)中规定,对同一层内既有现浇墙肢也有预制墙肢的装配整体式剪力墙结构,现浇墙肢水平地震作用弯矩、剪力宜乘以不小于 1.1 的放大系数。预制剪力墙的接缝对其抗侧刚度有一定的削弱作用,应考虑对弹性计算的内力进行调整,适当放大现浇墙肢在水平地震作用下的剪力和弯矩;预制剪力墙的剪力及弯矩不减小,这样处理更加安全。放大系数宜根据现浇墙肢与预制墙肢弹性剪力的比例确定。

(2)《装配式混凝土建筑技术标准》(GB/T 51231—2016)中规定,装配整体式剪力墙结构的布置应满足下列要求:

①应沿两个方向布置剪力墙。

②剪力墙平面布置宜简单、规则,自下而上宜连续布置,避免层间侧向刚度突变。

③剪力墙门窗洞口宜上下对齐、成列布置,形成明确的墙肢和连梁;抗震等级为一、二、三级的剪力墙底部加强部位不应采用错洞墙,结构全高均不应采用叠合错洞墙。

对装配整体式剪力墙结构的规则性提出要求,在建筑方案设计中,应注意结构的规则性。如某些楼层出现扭转不规则及侧向刚度不规则与承载力突变,宜采用现浇混凝土结构。

具有不规则洞口布置的错洞墙,可按弹性平面有限元方法进行应力分析,不考虑混凝土的抗拉作用,按应力进行截面配筋设计或校核,并加强构造措施。

(3)《装配式混凝土结构技术规程》(JGJ 1—2014)中规定,进行抗震设计时,高层装配整体式剪力墙结构不应全部采用短肢剪力墙;抗震设防烈度为 8 度时,不宜采用具有较多短肢剪力墙的剪力墙结构。当采用具有较多短肢剪力墙的剪力墙结构时,应符合下列规定:

①规定的水平地震作用下,短肢剪力墙承担的底部倾覆力矩不宜大于结构底部总地震倾覆力矩的 50%。

②房屋适用高度应比《装配式混凝土结构技术规程》(JGJ 1—2014)中规定装配整体式剪力墙结构的最大适用高度适当降低,抗震设防烈度为 7 度和 8 度

时宜分别降低 20 m。

（注：短肢剪力墙是指截面厚不大于 300 mm、各肢截面高度与厚度之比的最大值大于 4 但不大于 8 的剪力墙；具有较多短肢剪力墙的剪力墙结构是指，在规定的水平地震作用下，短肢剪力墙承担的底部倾覆力矩不小于结构底部总地震倾覆力矩的 30%的剪力结构。短肢剪力墙的抗震性能较差，在高层装配整体式结构中应避免过多采用。）

（4）《装配式混凝土结构技术规程》（JGJ 1—2014）中规定抗震设防烈度为 8 度时，高层装配整体式剪力墙结构中的电梯井筒宜采用现浇混凝土结构。

高层建筑中电梯井筒往往承受很大的地震剪力及倾覆力矩，采用现浇结构有利于保证结构的抗震性能。

（5）《混凝土结构设计标准》（GB/T 50010—2010）规定剪力墙底部加强部位的范围，应符合下列规定：

①底部加强部位的高度应从地下室顶板算起。

②部分框支剪力墙结构的剪力墙，底部加强部位的高度取框支层加框支层以上两层的高度和落地剪力墙总高度的 1/10 二者中的较大值。其他结构的剪力墙，房屋高度大于 24 m 时，底部加强部位的高度可取底部两层和墙肢总高度的 1/10 二者中的较大值；房屋高度不大于 24 m 时，底部加强部位可取底部一层。

③当结构计算嵌固端位于地下一层的底板或以下时，按①、②确定的底部加强部位的范围宜向下延伸到计算嵌固端。

延性抗震墙一般控制在其底部即计算嵌固端以上一定高度范围内屈服、出现塑性铰。设计时，将墙体底部可能出现塑性铰的高度范围作为底部加强部位，提高其受剪承载力，加强其抗震构造措施，使其具有很强的弹塑性变形能力，从而提高整个结构的抗地震倒塌能力。

（6）《装配式混凝土建筑技术标准》（GB/T 51231—2016）中规定高层建筑装配整体式混凝土结构应符合下列规定：

①当设置地下室时，宜采用现浇混凝土。震害调查资料表明，有地下室的高层建筑受震后破坏比较轻，而且有地下室对提高地基的承载力有利；高层建筑设置地下室，可提高其在风、地震作用下的抗倾覆能力。因此，高层建筑装配整体式混凝土结构宜按照现行行业标准《高层建筑混凝土结构技术规程》（JGJ 3—2010）的有关规定设置地下室。地下室顶板作为上部结构的嵌固部位时，宜采用现浇混凝土以保证其嵌固作用。对嵌固作用没有直接影响的地下室结构构件，当有可靠依据时，也可采用预制混凝土。

②剪力墙结构和部分框支剪力墙结构底部加强部位宜采用现浇混凝土。

高层建筑装配整体式剪力墙结构和部分框支剪力墙结构的底部加强部位是结构抵抗罕遇地震的关键部位。弹塑性分析和实际震害资料均表明,底部墙肢的损伤往往较上部墙肢严重,因此对底部墙肢的延性和耗能能力的要求较上部墙肢高。目前,高层建筑装配整体式剪力墙结构和部分框支剪力墙结构的预制剪力墙竖向钢筋连接接头面积百分率通常为100%,其抗震性能尚无实际震害经验,对其抗性的研究以构件试验为主,整体结构试验研究较少,研究剪力墙肢的主要塑性发展区域采用现浇混凝土有利于保证结构的整体抗震能力。因此,高层建筑剪力墙结构和部分框支剪力墙结构的底部加强部位的竖向构件宜采用现浇混凝土。

③当底部加强部位的剪力墙采用预制混凝土时,应采用可靠的技术措施。

3. 剪力墙结构连接

进行预制剪力墙底部水平接缝受剪承载力计算时,计算单元的选取分以下三种情况:

(1) 不开洞或者开小洞口整体墙,作为一个计算单元。

(2) 小开口整体墙可作为一个计算单元,各墙肢联合抗剪。

(3) 开口较大的双肢及多肢墙,各墙肢作为单独的计算单元。

4. 剪力墙结构构造设计

(1) 预制剪力墙设计。装配整体式剪力墙结构墙体构件竖向连接方式包括:灌浆连接方式、后浇筑混凝土连接方式和型钢焊接(或螺栓连接)方式。

灌浆连接方式又分为套筒灌浆连接和浆锚搭接连接两种;后浇筑混凝土连接方式包括叠合剪力墙板和预制圆孔板剪力墙两种;型钢焊接(或螺栓连接)只有一种方式——型钢混凝土剪力墙。装配整体式剪力墙结构类型目前有以上5种。这5种类型的装配整体式剪力墙结构,其中灌浆和后浇混凝土连接方式与墙体构件的水平连接(即竖缝)都采用湿连接,即后浇筑混凝土连接方式。型钢混凝土剪力墙则采用干式连接,即钢板预埋件焊接。

下面主要对灌浆连接方式的装配整体式剪力墙结构进行简要介绍。

套筒灌浆连接方式在日本、欧美等国家已有长期、大量的实践经验,国内也已有充分的试验研究和相关规程,可以用于剪力墙竖向钢筋连接。

①套筒灌浆连接接头由带肋钢筋、灌浆套筒和专用灌浆料组成。

②技术原理是:连接钢筋插入套筒后,将专用灌浆料灌入套筒内,充满套筒与钢筋之间的间隙,灌浆料硬化后与钢筋横肋和套筒内壁形成紧密啮合,并在钢筋和套筒之间有效传力,即将两根钢筋连接在一起。

③与连接套筒之间的连接方式不同，接头分为全灌浆和半灌浆两种。

a. 全灌浆接头是一种传统的灌浆连接形式，连接套筒与两端的钢筋均采用灌浆连接方式，两端的钢筋均为带肋钢筋。

b. 半灌浆接头是一种较新的灌浆连接形式，连接套筒与一端钢筋采用灌浆连接方式连接，而另一端采用机械连接方式连接，目前已应用的机械连接方式是直螺纹连接和锥螺纹连接。

(2) 预制剪力墙底部接缝要求。《装配式混凝土建筑技术标准》(GB/T 51231—2016)规定，当采用套筒灌浆连接或浆锚搭接连接时，预制剪力墙底部接缝宜设置在楼面标高处。接缝高度不宜小于 20 mm，宜采用灌浆料填实，接缝处后浇混凝土，上表面应设置粗糙面。预制剪力墙竖向钢筋连接时，宜采用灌浆料将水平接缝同时灌满。灌浆料强度较高且流动性好，有利于保证接缝承载力。

接缝高度可以采用两种方法设置：一是在墙体底部预埋螺母，现场施工时可用螺栓进行高度调节，设计时应确定螺母的大小和位置；二是采用不同厚度的钢板垫块的方法调节接缝高度，设计时应给出钢板垫块位置的要求。

(3) 灌浆连接方式连接部位构造设计。《装配式混凝土建筑技术标准》(GB/T 51231—2016)中对预制剪力墙采用套筒灌浆连接或浆锚搭接连接时连接部位构造规定如下：

①预制剪力墙竖向钢筋采用套筒灌浆连接时，应符合下列规定：自套筒底部至套筒顶部并向上延伸 300 mm 范围内，预制剪力墙的水平分布钢筋应加密，加密区水平分布钢筋的最大间距及最小直径应符合规定，套筒上端第一道水平分布钢筋距离套筒顶部不应大于 50 mm。

试验研究结果表明，剪力墙底部竖向钢筋连接区域，裂缝较多且较集中，因此，对该区域的水平分布筋应加强，以提高墙板的抗剪能力和变形能力，并使该区域的塑性铰可以充分发展，提高墙板的抗震性能。

②预制剪力墙竖向钢筋采用浆锚搭接连接时，应符合下列规定：

a. 墙体底部预留灌浆孔道直线段长度应大于下层预制剪力墙连接钢筋伸入孔道内的长度 30 mm，孔道上部应根据灌浆要求设置合理弧度。孔道直径不宜小于 40 mm 和 $2.5d$（d 为伸入孔道的连接钢筋直径）的较大值，孔道之间的水平净间距不宜小于 50 mm；孔道外壁至剪力墙外表面的净间距不宜小于 30 mm。当采用预埋金属波纹管成孔时，金属波纹管的钢带厚度及波纹高度应符合《装配式混凝土建筑技术标准》(GB/T 51231—2016)规定：当采用其他成孔方式时，应对不同预留成孔工艺、孔道形状、孔道内壁的粗糙度或花纹深度及间距等形成的连接接头进行力学性能以及适用性的试验验证。

b. 竖向钢筋连接长度范围内的水平分布钢筋应加密，加密范围自剪力墙底部至预留灌浆孔道顶部，且不应小于 300 mm。加密区水平分布钢筋的最大间距及最小直径应符合规定，最下层水平分布钢筋距离墙身底部不应大于 50 mm。剪力墙竖向分布钢筋连接长度范围内未采取有效横向约束措施时，水平分布钢筋加密范围内的拉筋应加密；拉筋沿竖向的间距不宜大于 300 mm 且不少于 2 排；拉筋沿水平方向的间距不宜大于竖向分布钢筋间距，直径不应小于 6 mm；拉筋应紧靠被连接钢筋，并钩住最外层分布钢筋。

c. 边缘构件竖向钢筋连接长度范围内应采取加密水平封闭箍筋的横向约束措施或其他可靠措施。当采用加密水平封闭箍筋约束时，应沿预留孔道直线段全高加密。箍筋沿竖向的间距，一级不应大于 75 m，二、三级不应大于 100 mm，四级不应大于 150 mm；箍筋沿水平方向的肢距不应大于竖向钢筋间距，且不宜大于 200 mm；箍筋直径一、二级不应小于 10 mm，三、四级不应小于 8 mm，宜采用焊接封闭箍筋。

钢筋浆锚搭接连接方法主要适用于钢筋直径 18 mm 及以下的装配整体式剪力墙结构竖向钢筋连接。

预制剪力墙竖向钢筋采用浆锚搭接连接的试验研究结果表明，加强预制剪力墙边缘构件部位底部浆锚搭接连接区的混凝土约束是提高剪力墙及整体结构抗震性能的关键。对比试验结果证明，通过加密钢筋浆锚搭接连接区域的封闭箍筋，可有效增强对边缘构件混凝土的约束，进而提高浆锚搭接连接钢筋的传力效果，保证预制剪力墙具有与现浇剪力墙相近的抗震性能。预制剪力墙边缘构件区域加密水平箍筋约束措施的具体构造要求主要根据试验研究确定。

(4) 预制剪力墙之间的连接设计。《装配式混凝土建筑技术标准》(GB/T 51231—2016)中规定楼层内相邻预制剪力墙之间应采用整体式接缝连接，且应符合下列规定：

①当接缝位于纵横墙交接处的约束边缘构件区域时，约束边缘构件的阴影区域宜全部采用后浇混凝土，并应在后浇段内设置封闭箍筋。

②当接缝位于纵横墙交接处的构造边缘构件区域时，构造边缘构件宜全部采用后浇混凝土，当仅在一面墙上设置后浇段时，后浇段的长度不宜小于 300 mm。

③边缘构件内的配筋及构造要求应符合现行国家标准《建筑抗震设计标准》(GB/T 50011—2010)的有关规定；预制剪力墙的水平分布钢筋在后浇段内的锚固、连接应符合现行国家标准《混凝土结构设计标准》(GB/T 50010—

2010)中的有关规定。

④非边缘构件位置,相邻预制剪力墙之间应设置后浇段,后浇段的宽度不应小于墙厚且不宜小于 200 mm;后浇段内应设置不少于 4 根竖向钢筋,钢筋直径不应小于墙体竖向分布钢筋直径且不应小于 8 mm;两侧墙体的水平分布钢筋在后浇段内的连接应符合现行国家标准《混凝土结构设计标准》(GB/T 50010—2010)中的有关规定。

确定剪力墙竖向接缝位置的主要原则是便于标准化生产、吊装、运输和就位,并尽量避免接缝对结构整体性能产生不良影响。

(5) 预制剪力墙钢筋连接设计。《装配式混凝土建筑技术标准》(GB/T 51231—2016)中规定上下层预制剪力墙的竖向钢筋连接应符合下列规定:

①边缘构件的竖向钢筋应逐根连接。边缘构件是保证剪力墙抗震性能的重要构件,且钢筋较粗,每根钢筋应逐根连接。剪力墙的分布钢筋直径小且数量多,全部连接会导致施工烦琐且造价较高,连接接头数量太多对剪力墙的抗震性能也有不利影响。

②预制剪力墙的竖向分布钢筋宜采用双排连接。

③除下列情况外,墙体厚度不大于 200 mm 的丙类建筑预制剪力墙的竖向分布钢筋可采用单排连接,采用单排连接时,应符合相关规定,且在计算分析时不应考虑剪力墙平面外刚度及承载力。

a. 抗震等级为一级的剪力墙。

b. 轴压比大于 0.3 且抗震等级为二、三、四级的剪力墙。

c. 一侧无楼板的剪力墙。

d. 一字形剪力墙、一端有翼墙连接但剪力墙非边缘构件区长度大于 3 m 的剪力墙以及两端有翼墙连接但剪力墙非边缘构件区长度大于 6 m 的剪力墙。

墙身分布钢筋采用单排连接时,属于间接连接,根据国内外所做的试验研究成果和相关规范规定,钢筋间接连接的传力效果取决于连接钢筋与被连接钢筋的间距以及横向约束情况。考虑到地震作用的复杂性,在没有充分依据的情况下,剪力墙塑性发展集中和延性要求较高的部位墙身分布钢筋不宜采用单排连接。在墙身竖向分布钢筋采用单排连接时,为提高墙肢的稳定性,对墙肢侧向楼板支撑和约束情况提出了要求。对无翼墙或翼墙间距太大的墙肢,限制墙身分布钢筋采用单排连接。

④当上下层预制剪力墙竖向钢筋采用套筒灌浆连接时,应符合下列规定:

a. 当竖向分布钢筋采用梅花形部分连接时,连接钢筋的配筋率不应小于现行国家标准《建筑抗震设计标准》(GB/T 50011—2010)规定的剪力墙竖向分布钢筋最小配筋率要求，连接钢筋的直径不应小于 12 mm，同侧间距不应大于 600 mm，且在剪力墙构件承载力设计和分布钢筋配筋率计算中不得计入未连接的分布钢筋；未连接的竖向分布钢筋直径不应小于 6 mm。

b. 当竖向分布钢筋采用单排连接时，应满足接缝受剪承载力的规定；剪力墙两侧竖向分布钢筋与配置于墙体厚度中部的连接钢筋搭接连接，连接钢筋位于内、外侧被连接钢筋的中间；连接钢筋受拉承载力不应小于上下层被连接钢筋受拉承载力较大值的 1.1 倍，间距不宜大于 300 mm。下层剪力墙连接钢筋自下层预制墙顶算起的埋置长度不应小于 $1.2l_{aE}+b_w/2$（l_{aE} 为受拉钢筋抗震锚固长度，b_w 为墙体厚度），上层剪力墙连接钢筋自套筒顶面算起的埋置长度不应小于 $1.2l_{aE}+b_w/2$，l_{aE} 按连接钢筋直径计算。钢筋连接长度范围内应配置拉筋，同一连接接头内的 l_{aE} 为受拉钢筋抗震锚固长度拉筋配筋面积不应小于连接钢筋的面积；拉筋沿竖向的间距不应大于水平分布钢筋间距，且不宜大于 150 mm；拉筋沿水平方向的间距不应大于竖向分布钢筋间距，直径不应小于 6 mm；拉筋应紧靠连接钢筋，并钩住最外层分布钢筋。

⑤当上下层预制剪力墙竖向钢筋采用浆锚搭接连接时，应符合下列规定：

a. 当竖向钢筋非单排连接时，下层预制剪力墙连接钢筋伸入预留灌浆孔道内的长度不应小于 $1.2l_{aE}$。

b. 当竖向分布钢筋采用梅花形部分连接时，应符合上述上下层预制剪力墙竖向钢筋采用套筒灌浆连接要求的第 a 条规定。

c. 当竖向分布钢筋采用单排连接时，竖向分布钢筋应符合接缝受剪承载力的规定；剪力墙两侧竖向分布钢筋与配置于墙体厚度中部的连接钢筋搭接连接，连接钢筋位于内、外侧被连接钢筋的中间；连接钢筋受拉承载力不应小于上下层被连接钢筋受拉承载力较大值的 1.1 倍，间距不宜大于 300 mm。连接钢筋自下层剪力墙顶算起的埋置长度不应小于 $1.2l_{aE}+b_w/2$（l_{aE} 为受拉钢筋抗震锚固长度，b_w 为墙体厚度）。钢筋连接长度范围内应配置拉筋，同一连接接头内的拉筋配筋面积不应小于连接钢筋的面积；拉筋沿竖向的间距不应大于水平分布钢筋间距，且不宜大于 150 mm；拉筋沿水平方向的肢距，不应大于竖向分布钢筋间距，直径不应小于 6 mm；拉筋应紧靠连接钢筋，并钩住最外层分布钢筋。

浆锚钢筋搭接是装配式混凝土结构钢筋竖向连接形式之一，即在混凝土中预埋波纹管，待混凝土达到要求的强度后，钢筋穿入波纹管，再将高强度无收缩灌浆料灌入波纹管养护，以起到锚固钢筋的作用。这种钢筋浆锚体系属多重界面体系，即钢筋与锚固材料（灌浆料）的界面体系、锚固材料与波纹管界面体系以及波纹管与原构件混凝土的界面体系。因此，锚固材料对钢筋的锚固力不仅与锚固材料和钢筋的握裹力有关，还与波纹管和锚固材料、波纹管和混凝土之间的连接有关。

混凝土预制构件连接部位一端为空腔，通过灌注专用水泥基高强无收缩灌浆料与螺纹钢筋连接。浆锚连接灌浆料是一种以水泥为基本材料，配以适当的细骨料以及少量的外加剂和其他材料组成的干混料。

⑥屋面及收进位置圈梁设计。《装配式混凝土结构技术规程》(JGJ 1—2014)中规定屋面以及立面收进的楼层，应在预制剪力墙顶部设置封闭的后浇钢筋混凝土圈梁，并应符合下列规定：

a. 圈梁截面宽度不应小于剪力墙的厚度，截面高度不宜小于楼板厚度及250 mm 的较大值；圈梁应与现浇或者叠合楼、屋盖浇筑成整体。

b. 圈梁内配置的纵向钢筋不应少于 4ϕ12，且按全截面计算的配筋率不应小于 0.5% 和水平分布筋配筋率的较大值，纵向钢筋竖向间距不应大于200 mm；箍筋间距不应大于 200 mm，且直径不应小于 8 mm。

封闭连续的后浇钢筋混凝土圈梁是保证结构整体性和稳定性、连接楼盖结构与预制剪力墙的关键构件，应在楼层收进部位及屋面处设置。

⑦楼层水平后浇带设计。《装配式混凝土结构技术规程》(JGJ 1—2014)中规定各层楼面位置，预制剪力墙顶部无后浇圈梁时，应设置连续的水平后浇带；水平后浇带应符合下列规定：

a. 水平后浇带宽度应取剪力墙的厚度，高度不应小于楼板厚度；水平后浇带应与现浇或者叠合楼、屋盖浇筑成整体。

b. 水平后浇带内应配置不少于 2 根连续纵向钢筋，其直径不宜小于 12 mm。

c. 当预制剪力墙洞口下方有墙时，宜将洞口下墙作为单独的连梁进行设计。

⑧连梁与预制剪力墙的拼接设计

a. 关于连梁与框架梁的区别

• 《高层建筑混凝土结构技术规程》(JGJ 3—2010)规定两端与剪力墙在平面内相连的梁为连梁。跨高比小于 5 的连梁按《高层建筑混凝土结构技术规程》(JGJ 3—2010)连梁设计，大于 5 的连梁按框架梁设计。

• 如果连梁以水平荷载作用下产生的弯矩和剪力为主，竖向荷载下的弯矩对连梁影响不大(两端弯矩互为反号)，那么该连梁对剪切变形十分敏感，容易出现剪切裂缝，则应按连梁设计的规定进行设计，一般是跨度较小的连梁；反之，则宜按框架梁进行设计，其抗震等级与所连接的剪力墙的抗震等级相同。

• 框架梁与连梁的本质区别在于二者的受力机理不同。框架梁以弯矩为主，强调跨中钢筋和支座负筋；连梁以剪力为主，强调箍筋全长加密。

b.《装配式混凝土结构技术规程》(JGJ 1—2014)对楼面梁、连梁与预制剪力墙连接的规定。

• 楼面梁不宜与预制剪力墙在剪力墙平面外单侧连接；当楼面梁与剪力墙在平面外单侧连接时，宜采用铰接。

• 预制叠合连梁的预制部分宜与剪力墙整体预制，也可在跨中拼接或在端部与预制剪力墙拼接。

• 当预制叠合连梁端部与预制剪力墙在平面内拼接时，接缝构造应符合下列规定：

当墙端边缘构件采用后浇混凝土时，连梁纵向钢筋应在后浇段中可靠锚固。

当预制剪力墙端部上角预留部后浇节点区时，连梁的纵向钢筋应在局部后浇节点区内可靠锚固或连接。

• 当采用后浇连梁时，宜在预制剪力墙端伸出预留纵向钢筋，并与后浇连梁的纵向钢筋可靠连接。

当采用后浇连梁时，纵筋可在连梁范围内与预制剪力墙预留的钢筋连接，可采用搭接、机械连接、焊接等方式。

4.2.3 框架-剪力墙结构

现行国家标准《装配式混凝土建筑技术标准》(GB/T 51231—2016)、行业标准《装配式混凝土结构技术规程》(JGJ 1—2014)只给出了装配整体式框架结构和装配整体式剪力墙结构的设计规定。对于框架-剪力墙结构的剪力墙部分要求全部现浇，其框架部分的 PC 结构设计可参考框架结构的有关规定。现浇剪力墙的设计按现行国家规范、标准进行设计。框架-剪力墙结构如图 4-4 所示。

图 4-4 框架-剪力墙结构

4.2.4 其他装配式混凝土结构

1. 墙板结构设计

(1) 墙板的厚度应根据结构设计要求确定，其最小厚度不应小于 100 mm。

(2) 墙板的宽度应根据设计要求确定，最大值不应超过 12 m。

(3) 墙板应按照设计要求设置预留孔洞,孔洞直径不应超过 1/3 墙板厚度。

(4) 墙板应设置钢筋,钢筋的直径和数量应根据设计要求确定。钢筋的直径不应小于 8 mm,钢筋的弯曲半径不应小于 4 倍直径。

(5) 墙板应设置预应力钢筋,预应力钢筋的直径和数量应根据设计要求确定。预应力钢筋的直径不应小于 8 mm,预应力钢筋的预应力值应符合设计要求。

(6) 墙板应设置端部钢板,钢板的尺寸应根据设计要求确定。钢板的厚度不应小于 10 mm,钢板的长度不应小于墙板宽度的 1/3。

2. 无梁楼板结构设计

(1) 无梁楼盖的柱网通常布置成正方形或矩形,其中正方形更为经济。

(2) 无梁楼盖每个方向不宜少于三跨,以保证有足够的侧向刚度。当楼面活荷载在 5 kN/m^2 以上时,跨度不宜大于 6 m。

(3) 无梁楼盖的楼板通常采用等厚平板,板厚由受弯、受冲切计算确定,并不宜小于区格长边的 1/35～1/32,也不小于 150 mm。

(4) 为改善无梁楼盖的受力性能,节约材料,方便施工,可将沿周边的板伸出边柱外侧,伸出长度(从板边缘至外柱中心)不宜超过板缘伸出方向跨度的 0.4 倍。

4.3 楼盖设计

4.3.1 叠合楼板简介

装配式楼盖包括现浇楼盖、全预制楼盖和叠合楼盖。

现浇楼盖同现浇混凝土结构楼盖,装配式建筑中有一部分现浇楼盖,一般是作为上部结构嵌固部位的地下室楼层和结构转换层楼盖现浇;还有一些特殊部位现浇,如平面复杂或开洞较大的楼板等。

全预制楼盖多用于全装配式建筑,即干法装配的建筑,可在非地震地区或低地震烈度地区中的多层和低层建筑中使用。

叠合楼盖是由预制底板与现浇混凝土叠合而成的楼盖。预制底板既是楼板结构的组成部分之一,又是现浇钢筋混凝土叠合层的永久性模板,现浇叠合层内可敷设水平设备管线。预制底板安装后绑扎叠合层钢筋,浇筑混凝土,形成整体受弯楼盖。叠合楼盖通常分为普通叠合楼板和预应力叠合楼板两大类。

其中，普通叠合楼板是装配整体式建筑中应用最多的楼盖类型，也是本章介绍的重点。

普通叠合楼板的预制底板包括有桁架筋预制底板和无桁架筋预制底板，预制底板厚度不宜小于 60 mm，后浇混凝土叠合层厚度不应小于 60 mm。预制底板跨度一般为 4～6 m，最大跨度可达 9 m；宽度一般不超过运输限宽和工厂生产线台车宽度的限制，一般可达 3.2 m，生产中应尽可能统一或减少板的规格。

预应力叠合楼板与普通叠合楼板的不同之处是预制底板为先张法预应力板，根据其断面形状可分为带肋板、空心板、双 T 形板和双槽形板四种。

国家现行行业标准《装配式混凝土结构技术规程》(JGJ 1—2014)规定：

(1) 叠合板的预制板厚度不宜小于 60 mm，后浇混凝土叠合层厚度不应小于 60 mm。

(2) 当叠合板的预制板采用空心板时，板端空腔应封堵。

(3) 跨度大于 3 m 的叠合板，宜采用钢筋混凝土桁架筋叠合板。

(4) 跨度大于 6 m 的叠合板，宜采用预应力钢筋混凝土叠合板。

(5) 厚度大于 180 mm 的叠合板，宜采用混凝土空心板。

4.3.2 叠合楼板接缝设计

为了加强结构的整体性与抗震性能，规范规定了叠合楼板后浇层的最小厚度，叠合楼板的刚性假定与实际情况相符，因此叠合楼板可按同厚度的现浇板进行计算。一般来讲，可根据预制板接缝构造、支座构造、长宽比，将叠合楼板设计成单向板或者双向板，即楼板拆分设计与受力分析。在装配整体式结构中由于预制构件之间的连接及预制构件与现浇及后浇混凝土之间的结合面产生接缝，根据缝宽大小可分为分离式和整体式两种。板缝的设计会涉及楼板的拆分设计及施工，也是影响预制底板受力性能的关键部位。

分离式接缝：一般指单向叠合底板接缝，单向叠合底板之间的缝宽很小，也称为密拼式单向板。

整体式接缝：一般用于双向叠合底板的接缝，双向叠合板板侧的整体式接缝宜设置在叠合板的次要受力方向上且宜避开最大弯矩截面，可设置在距支座 $0.2\sim0.3L$（L 为双向板次要受力方向净跨度）尺寸的位置。为了满足双边叠合板之间钢筋的连接，接缝一般采用后浇带形式，缝宽不宜小于 200 mm。

楼板拆分时，除了考虑运输和生产台车条件限制外，应选择板受力小的部位，沿板的次要受力方向分缝，即板缝垂直于板的长边方向。为避免后浇混凝土时漏浆，预制底板与相邻支座搭接时，搭接宽度为10 mm。

单向板：当预制板之间采用分离式接缝时，宜按单向板设计。单向板预制底板在板跨方向的两端伸出搭接钢筋，伸出长度为到支座中心位置。预制板配筋按单向板房间的计算结果布置；叠合层配筋和板搭接方向的支座负筋按照单向板房间的计算结果布置，但是对垂直于板搭接方向的支座负筋仍采用双向板房间的计算结果。

双向板：对长宽比不大于3的四边支承叠合板，当其预制板之间采用整体式接缝或无接缝时，可按双向板设计。双向板底板不仅在板跨方向的两端伸出搭接钢筋，在垂直于板跨方向的两边也需伸出搭接钢筋。预制板与叠合层配筋和各方向的支座负筋按照双向板房间的计算结果布置。按照双向板布置时，叠合板之间的缝宽应满足钢筋连接的要求（不小于200 mm）。

在装配式叠合楼盖设计中，由于叠合板厚度比现浇楼板厚度略厚，为了减小装配的数量与施工难度，往往会减少次梁的设置。当叠合板跨度较大时，楼板内力和挠度应考虑预制板拼缝的影响进行调整。对于双向叠合板，不改变其受力模式；如果采用单向叠合板，预制底板的受力模式为单向传力；而叠合现浇层受力模式是四边传递，楼板的面筋在非主要受力方向应该进行包络设计。而预制底板和现浇顶板之间会有相互作用，因此对周边梁柱的计算宜取包络值。

4.3.3 叠合楼板构造设计

1. 板边角构造

单向板接缝处下部边角做成45°倒角，便于板底的接缝处的平整度处理。

2. 粗糙面处理

叠合楼板涉及预制板与后浇混凝土的结合，该结合界面处需按规范进行粗糙面处理，因此预制板表面应做成凹凸差不小于4 mm的粗糙面，且粗糙面的面积不宜小于结合面的80%。

3. 构造钢筋

叠合面的抗剪能力是保证预制底板与现浇混凝土层共同工作的关键，必须进行验算，有时还要根据计算结果增加叠合面的抗剪钢筋。

对于承受较大荷载的叠合板，宜在预制底板上设置伸入叠合层的构造钢筋，通常设置桁架钢筋或马凳钢筋等抗剪钢筋。

(1)《装配式混凝土结构技术规程》(JGJ 1—2014)规定，桁架钢筋混凝土叠合板应满足下列要求：

①桁架钢筋应沿主要受力方向布置。

②桁架钢筋距板边不应大于 300 mm，间距不宜大于 600 mm。

③桁架钢筋弦杆钢筋直径不宜小于 8 mm，腹杆钢筋直径不应小于 4 mm。

④桁架钢筋弦杆混凝土保护层厚度不应小于 15 mm。

(2) 其他抗剪构造钢筋

《装配式混凝土结构技术规程》(JGJ 1—2014)规定，当未设置桁架钢筋时，在下列情况下，叠合板的预制板与后浇混凝土叠合层之间应设置抗剪构造钢筋：

①单向叠合板跨度大于 4.0 m 时，距支座 1/4 跨范围内。

②双向叠合板短向跨度大于 4.0 m 时，距四边支座 1/4 短跨范围内。

③悬挑叠合板。

④悬挑板的上部纵向受力钢筋在相邻叠合板的后浇混凝土锚固范围内。

(3) 叠合板的预制板与后浇混凝土叠合层之间设置的抗剪构造钢筋应符合下列规定：

①抗剪构造钢筋宜采用马凳形状，间距不宜大于 400 mm，直径 d 不应小于 6 mm。

②马登钢筋宜伸到叠合板上、下部纵向钢筋处，预埋在预制板内的总长度不应小于 $15d$，水平段长度不应小于 50 mm。

4.3.4 叠合板连接节点设计

单向叠合板板侧的分离式接缝宜配置附加钢筋，并应符合下列规定：

(1) 接缝处紧邻预制板顶面宜设置垂直于板缝的附加钢筋，附加钢筋伸入两侧后浇混凝土叠合层的锚固长度不应小于 $15d$(d 为附加钢筋直径)。

(2) 附加钢筋截面面积不宜小于预制板中该方向钢筋面积，钢筋直径不宜小于 6 mm，间距不宜大于 250 mm。

双向叠合板板侧的整体式接缝宜设置在叠合板的次要受力方向上，且宜避开最大弯矩截面。接缝可采用后浇带形式，并应符合下列规定：

①后浇带宽度不宜小于 200 mm。

②后浇带两侧板底纵向受力钢筋可在后浇带中焊接、搭接、连接、弯折锚固。

③后浇带两侧板底纵向受力钢筋在后浇带中弯折锚固时，应符合下列规定：

a. 叠合板厚度不应小于 $10d$，且不应小于 120 mm(d 为弯折钢筋直径的较大值)。

b. 接缝处预制板侧伸出的纵向受力钢筋应在后浇混凝土叠合层内锚固，且锚固长度不应小于 L_a（受拉钢筋锚固长度）；两侧钢筋在接缝处重叠的长度不应小于 $10d$，钢筋弯折角度不应大于 30°，弯折处沿接缝方向应配置不少于 2 根通长构造钢筋，且直径不应小于该方向预制板内钢筋直径。

4.3.5 叠合板与支座连接节点设计

当桁架钢筋混凝土叠合板的后浇混凝土叠合层厚度不小于 100 mm 且不小于预制厚度的 1.5 倍时，支承端预制板内纵向受力钢筋可采用间接搭接方式锚入支承梁或墙的后浇混凝土中，并应符合下列规定：

（1）附加钢筋的面积应通过计算确定，且不应少于受力方向跨中板底钢筋面积的 1/3。

（2）附加钢筋直径不宜小于 8 mm，间距不宜大于 250 mm。

（3）当附加钢筋为构造钢筋时，伸入楼板的长度不应小于板底钢筋的受压搭接长度，伸入支座的长度不应小于 $15d$（d 为附加钢筋直径）且宜伸过支座中心线；当附加钢筋承受拉力时，伸入楼板的长度不应小于板底钢筋的受拉搭接长度，伸入支座的长度不应小于受拉钢筋锚固长度。

（4）垂直于附加钢筋的方向布置横向分布钢筋，在搭接范围内不宜少于 3 根，且钢筋直径不宜小于 6 mm，间距不宜大于 250 mm。

4.4 其他预制混凝土构件设计

4.4.1 外挂墙板

1. 外挂墙板概念

装配式建筑中外挂墙板是装饰、围护一体化，并在工厂预制加工成具有各类形态或质感的预制构件，如图 4-5 所示。

外挂墙板按其安装方向分为横向外挂板和竖向外挂板；根据采光方式分为有窗外挂板和无窗外挂板，有窗外挂板一般为连续满布式安装，无窗外挂板为分段安装；根据其表面肌理、造型、颜色、工艺技术等分为清水类、模具造型类、异形曲面类、彩色类、水磨洗出类、光影成像类等外挂墙板。

外挂墙板是装配式结构的非承重外围护构件。外挂墙板与主体的节点通常采用金属连接件连接或螺栓连接。

外挂墙板因其可塑性强、造型丰富、结构耐久、便于施工安装等特点，在大

图 4-5 外挂墙板

型艺术场馆类和公共建筑类建筑上已有广泛的应用。

2. 外挂墙板设计

(1) 外挂墙板设计：外挂墙板的高度不宜大于一个层高，厚度不宜小于 100 mm。

(2) 外挂墙板宜采用双层、双向配筋，竖向和水平钢筋的配筋率均不应小于 0.15%，且钢筋直径不宜小于 5 mm，间距不宜大于 200 mm。

(3) 门窗洞口周边、角部应配置不小于 2ϕ10 加强钢筋。

(4) 外挂墙板最外层钢筋的混凝土保护层厚度，除有专门要求外，还应符合下列规定：①对于清水混凝土，不应小于 20 mm；②对外露骨料装饰面，应从最凹处混凝土表面计起，且不应小于 20 mm；③对石材或面砖饰面，不应小于 15 mm。

(5) 在正常使用状态下，外挂墙板应具有良好的工作性能。外挂墙板在遇到地震作用下应能正常使用；在设防烈度地震作用下经修理后应仍可使用；在预估的罕遇地震作用下不应整体脱落。

(6) 抗震设计时，外挂墙板与主体结构的连接节点在墙板平面内应具有不小于主体结构在设防烈度地震作用下弹性层间位移角 3 倍的变形能力。

(7) 作用及组合。计算外挂墙板及连接节点的承载力时，荷载组合的效应设计值应符合下列规定：进行使用阶段外挂墙板及连接节点的承载力计算时，应采用荷载的基本组合。

(8) 进行使用阶段外挂墙板及连接节点的裂缝控制及变形验算时,应采用荷载的标准组合。

(9) 外挂墙板施工阶段验算所采用的作用及作用组合应符合有关规定。

(10) 设计外挂墙板及其连接节点,必要时应计算支承系统的扭转和变形,以及因外挂墙板体积变化受到约束而引起的效应。

(11) 计算重力荷载效应值时,除应计算外挂墙板自重产生的荷载效应外,还应计入下列内容:①依附于外挂墙板的其他部件和材料的重力产生的荷载效应。②由于重力荷载对支承构件偏心引起的弯矩的影响。

(12) 计算风荷载效应标准值时,应符合下列规定:

①风荷载标准值应按现行国家标准《建筑结构荷载规范》(GB 50009—2012)有关围护结构的规定确定。

②应计入由于风荷载对连接节点的偏心在外挂墙板中产生的效应。

③应按风吸力和风压力分别计算在连接节点中引起的效应。

(13) 计算水平地震作用效应标准值时,应符合下列规定:

①外挂墙板自身重力产生的水平地震作用标准值可采用等效侧力法计算。

②应分别计算垂直于外挂墙板平面的平面外水平地震力,以及平行于外挂墙板平面的平面内水平和垂直地震力。

③地震力应施加于外挂墙板的重心,并应计入由于地震作用对连接节点的偏心在外挂墙板中产生的效应。

4.4.2 内墙板设计

1. 内墙板设计

内墙板用于房屋内部,起到分户、隔声、防火等作用;内墙板宜采用轻质墙体,常使用增强水泥条板、石膏条板、轻混凝土条板、植物纤维条板、泡沫水泥条板、硅镁条板和蒸压加气混凝土板。其中蒸压加气混凝土条板是我国常用的内墙板。

2. 内墙板分类

主要分为无洞口、固定门垛、中间门洞和刀把内墙板四大类。

3. 设计选用步骤

(1) 预制内墙板标志宽度即构件宽度,设计人员应根据建筑平面布置图,结合《预制混凝土剪力墙内墙板》(15G365-2)中构件尺寸,充分考虑构件标准化的原则,优先调整连接区域长度,进行预制内墙板的布置。

(2) 核对预制墙板类型及尺寸参数，核对与建筑相关的门洞口尺寸、建筑面层厚度等相关要求。

(3) 核对楼板厚度及墙板配筋等，进行地震工况下水平接缝的受剪承载力验算。

(4) 结合设备专业需求，进行电线盒位置确定，并补充其他设备孔洞及预埋管线。

(5) 补充选用设备管线预留预埋，根据工程实际情况，结合生产、施工需求，对图集中未明确的相关预埋件补充设计，并补充相关详图。

(6) 对墙板间后浇连接区段节点图及钢筋详图进行设计。

4. 设计原则及选用注意事项

(1) 预制内墙板厚度一般为 200 mm，中间采用减重材料，墙体厚度分布为 60 mm(混凝土)+80 mm(减重材料)+60 mm(混凝土)。

(2) 应由设计单位、生产单位、施工单位协调确定吊件形式，并进行吊件核算，对构件生产脱模、施工阶段临时支撑及其相关预埋件进行复核。

(3) 预制内墙板水平伸出钢筋均按 U 形筋形式设计，若连接形式不同，需满足搭接锚固要求，并调整后浇段尺寸。

5. 内隔墙板与主体结构的连接及墙板之间的连接

抗震地区，蒸压加气混凝土条板内隔墙与主体结构、顶板和地面连接可采用刚性连接方法；在抗震设防烈度 8 度及 8 度以下地区，蒸压加气混凝土板内隔墙与顶板或结构梁间应采用镀锌钢板卡件固定并设柔性材料。如使用非镀锌钢板卡件固定，钢板卡件应做防锈处理。蒸压加气混凝土内隔墙板一般采用竖装，也可以采用横装。竖装多用于多层及高层民用建筑，横装多用于工业厂房及部分大型公共建筑。竖装及横装均应保证板两端和主体结构的可靠连接。

6. 内墙板常用断面

内墙板常用断面为：

(1) 平口：靠黏结剂黏合，易开裂，很少使用。

(2) 企口：即凹凸槽接口，侧面打浆后挤紧相互嵌合，整体性及结构性好，易施工，应用最广。

4.4.3 阳台板设计

1. 阳台板类型及受力原理

阳台作为建筑室内外过渡的桥梁，是住宅、旅馆等建筑中不可忽视的一部分。阳台板作为悬挑式构件，根据预制方式的不同可以分为叠合阳台和全预制

阳台两种类型;根据传力的不同又可以分为板式阳台和梁式阳台,两者的区别和受力原理如下:

(1) 板式阳台:是指阳台根部与主体结构的梁板整浇在一起,板上荷载通过悬挑板传递到主体结构的梁板上。由于受结构形式的约束,板式阳台悬挑长度一般小于 1.5 m。

(2) 梁式阳台:是指阳台板及其上的荷载,通过挑梁传递到主体结构的梁、墙、柱上,这种形式的阳台叫梁式阳台。阳台栏杆及其上的荷载,通过另设一根边梁,支撑于挑梁的前端部,边梁一般都与阳台一起现浇或整体预制。悬挑长度大于 1.5 m 的一般采用梁式阳台。

叠合阳台由于其受力整体性较好,能满足当前建筑工业化需求而被广泛采用。纯悬挑板式叠合阳台应满足构造要求,当板上荷载较大或者悬挑长度较长时,应根据实际情况加大板厚。悬挑梁式叠合阳台可以分为梁板整体预制式和梁板分开预制式,梁板整体预制式叠合阳台构件复杂,工厂生产难度大,经济性不高,因此不建议采用;梁板分开预制式叠合阳台,顾名思义就是将梁和板分开预制,采用现场拼装的方式通过现浇层连接成一个整体,受力较合理,生产方便,适用性强,易于标准化生产。

根据住宅建筑常用的开间尺寸,可将预制混凝土阳台板的尺寸标准化,以利于工厂制作。预制阳台板沿悬挑长度方向常用模数为:叠合板式和全预制板式取 1 000 mm、1 200 mm、1 400 mm;全预制梁式取 1 200 mm、1 400 mm、1 600 mm、1 800 mm;沿房间方向常用模数取 2 400 mm、2 700 mm、3 000 mm、3 300 mm、3 600 mm、3 900 mm、4 200 mm、4 500 mm。

2. 设计规定

国家建筑标准设计图集《预制钢筋混凝土阳台板、空调板及女儿墙》(15G368-1)中对设计有相关规定:预制阳台结构安全等级取二级,结构重要性系数 $r_0=1.0$。设计使用年限 50 年。钢筋保护层厚度:板取 20 mm,梁取 25 mm。正常使用阶段裂缝控制等级为三级,最大裂缝宽度允许值为 0.2 mm。挠度限制取构件计算跨度的 1/200,计算跨度取悬挑长度 l_0 的 2 倍。施工时应预起拱 $6l_0/1\ 000$(安装阳台时,将板端标高预先调高)。预制阳台板养护的强度达到设计强度等级值的 75%时,方可脱模,脱模吸附力取 1.5 kN/m^2。脱模时的动力系数取 1.5,运输、吊装动力系数取 1.5,安装动力系数取 1.2。预制阳台板内埋设管线时,所铺设管线应放在板上层和下层钢筋之间,且避免交叉,管线的混凝土保护层厚度应不小于 30 mm。叠合板式阳台内埋设管线时,所铺设管线应放在现浇层内、板上层钢筋之下,在桁架筋空当间穿过。

阳台板、空调板宜采用叠合构件或预制构件。预制构件应与主体结构可靠连接;叠合构件的负弯矩钢筋应在相邻叠合板的后浇混凝土中可靠锚固,叠合构件中预制板底钢筋的锚固应符合下列规定:

(1) 当板底为构造配筋时,其钢筋应符合以下规定:叠合板支座处,预制板内的纵向受力钢筋宜从板端伸出并锚入支承梁或墙的后浇混凝土中,锚固长度不应小于 $5d$(d 为纵向受力钢筋直径),且宜过支座中心线。

(2) 当板底为计算要求配筋时,钢筋应满足受拉钢筋的锚固要求。

受拉钢筋锚固长度为非抗震锚固长度,一般来说,在非抗震构件(或四级抗震条件)中(如基础筏板、基础梁等)会用到它,表示为 L_a。

3. 阳台板构造要求

(1) 预制阳台板与后浇混凝土结合处应做粗糙面。

(2) 阳台设计时应预留安装阳台栏杆的孔洞(如排水孔、设备管道孔等)和预埋件等。

(3) 预制阳台板安装时需设置支撑,防止构件倾覆,待预制阳台与连接部位的主体结构混凝土强度达到要求强度的 100%时,且应在装配式结构能达到后续施工承载要求后,方可拆除支撑。

4.4.4 空调板设计

空调板与阳台板同属于悬挑式板式构件,计算简图和节点构造与板式阳台一样。

一般住宅家用空调外机荷载小,现浇的成本大于预制的好几倍,故大多采用预制空调板。根据市场上大部分空调外机尺寸及荷载,预制空调板构件长度通常为 630 mm、730 mm、740 mm 和 840 mm,宽度通常为 1 100 mm、1 200 mm、1 300 mm,厚度取 80 mm。

国家建筑标准设计图集《预制钢筋混凝土阳台板、空调板及女儿墙》(15G368-1)中对设计有相关规定:预制空调板结构安全等级为二级,结构重要性系数为 $r_0=1.0$,设计使用年限 50 年。钢筋保护层厚度取 20 mm。正常使用阶段裂缝控制等级为三级,最大裂缝宽度允许值为 0.2 mm。预制空调板的永久荷载考虑自重、空调挂机和表面建筑做法,按 4.0 kN/m^2 设计;铁艺栏杆或百叶的荷载按 1.0 kN/m^2 设计;预制空调板可变荷载按 2.5 kN/m^2 设计;施工和检修荷载按 1.0 kN/m^2 设计。挠度限制取构件计算跨度的 1/200,计算跨度取悬挑长度 l_0 的 2 倍。预制空调板施工阶段验算应综合考虑构件的脱模、存放、运输和吊装等最不利工况条件下的荷载组合,施工阶段验算时,动力系数取值为 1.5，脱模吸附力取 1.5 kN/m^2。预制空调板按照板顶结构标高与楼板板顶结构标高一致进行设计。预制空调板预留负弯矩筋伸入主体结构后浇层，并与主体结构（梁或板）钢筋可靠绑扎，浇筑成整体，负弯矩筋伸入主体结构水平段长度应不小于 1.1L_a（锚固长度）。

4.4.5 楼梯

楼梯是建筑主要的竖向交通通道和重要的逃生通道，是现代产业化建筑的重要组成部分。预制楼梯是最能体现装配式优势的 PC 构件，在工厂预制楼梯远比现浇楼梯更方便、精致，安装后可以马上使用，给工地施工带来了很大的便利。

楼梯分为梯段、平台梁、平台板三部分。

梁板式梯段由梯斜梁和踏步板组成，一般在梯斜梁支承踏步板处用水泥砂浆座浆连接，如需加强，可在梯斜梁上预埋插筋，与踏步板支承端预留孔插接，用高等级水泥砂浆或灌浆料填实。

楼梯设计应符合标准化和模数化的要求，板式楼梯分为双跑楼梯和剪刀楼梯。预制楼梯与支撑构件连接有三种方式：一端固定铰接点一端滑动铰接点的搁置式简支方式、一端固定支座一端滑动支座的方式和两端都是固定的支座方式。其中搁置式楼梯因为施工安装简单，可不参与整体结构的抗震计算。目前一般主要都采用搁置式楼梯。

搁置式楼梯梯段采用全预制梯段，平台板采用叠合或现浇。预制搁置式楼梯较高一端设置固定铰，低端设置滑动铰，其中，预制楼梯设置滑动铰的端部应采取防止滑落的构造措施。

预制楼梯在吊装和脱模中的开裂问题是不容忽视的，预制楼梯最不利的荷载工况可能出现在吊装或脱模阶段，构件的配筋可能由吊装或脱模阶段控制，要保证构件的安全性，必须对预制楼梯的脱模和吊装进行验算。

预制楼梯在翻转、运输、吊运、安装等短暂设计状况下的施工验算，应将构件自重标准值乘以动力系数后作为等效静力荷载标准值。构件运输、吊运时，动力系数宜取 1.5；构件翻转及安装过程中就位、临时固定时，动力系数可取 1.2。

预制楼梯进行脱模验算时，等效静力荷载标准值应取构件自重标准值乘以动力系数后与脱模吸附力之和，且不宜小于构件自重标准值的 1.5 倍。动力系数与脱模吸附力应符合下面规定：

（1）动力系数不宜小于 1.2。

（2）脱模吸附力应根据构件和模具的实际状况取用，且不宜小于 1.5 kN/m^2。

预制楼梯考虑到吊装、运输等工况，翻转时面筋可能朝下充当底筋使用，预制楼梯的面筋需拉通设置。

吊点的选取。预制楼梯吊装时一般依据最小弯矩原理来选择吊点，即自重产生的正弯矩最大值和负弯矩最大值相等时，整个弯矩绝对值最小。预制楼梯可以采用等代梁模型。预制楼梯一般取四点吊装，设构件总长为 L，吊点距端部为 a，通过计算一般取 $a=0.207L$，取整数。

梯梁采用L形设计，一般现浇。梯梁挑耳厚度及配筋需满足抗剪抗弯的要求。

4.4.6 沉箱

卫生间等大降板处(300～450 mm)，可以考虑做预制整体式沉箱和预制叠合沉箱。预制整体式沉箱整体性好，工厂生产质量有保证，比现浇沉箱防水性要好，但是制作麻烦。

在实际工程中，特别是在共建项目中经常出现一块楼板部分下沉、部分不下沉的情况。

4.4.7 飘窗

飘窗为突出墙面的窗户的俗称，在一些地方深受消费者欢迎。飘窗一般做成整体式飘窗，制造过程有些复杂，同一种规格的飘窗须达到一定的量才建议制造。

整体式飘窗两侧需留有不小于200 mm的垛子，只有这样整个飘窗构件才能形成一个整体，才能保证整个构件在运输、吊装过程中不被破坏。

5

构件生产

5.1 混凝土结构生产

5.1.1 一般规定

(1) 预制构件制作单位应具备相应的生产工艺设施,并应有完善的质量管理体系和必要的试验检测手段。

(2) 预制构件制作前,应对其技术要求和质量标准进行技术交底,并应制定生产方案;生产方案应包括生产工艺、模具方案、生产计划、技术质量控制措施、成品保护、堆放及运输方案等内容。

(3) 预制构件用混凝土的工作性能应根据产品类别和生产工艺要求确定,构件用混凝土原材料及配合比设计应符合现行国家标准《混凝土结构工程施工规范》(GB 50666—2011)、《普通混凝土配合比设计规程》(JGJ 55—2011)和《高强混凝土应用技术规程》(JGJ/T 281—2012)等的规定。

(4) 预制构件用钢筋的加工、连接与安装应符合现行国家标准《混凝土结构工程施工规范》(GB 50666—2011)和《混凝土结构工程施工质量验收规范》(GB 50204—2015)等的有关规定,预制钢构件的加工、连接与安装应符合《钢结构工程施工规范》(GB 50755—2012)和《钢结构工程施工质量验收标准》(GB 50205—2020)等的有关规定。

(5) 预制结构构件采用钢筋套筒灌浆连接时,应在构件生产前进行钢筋套筒灌浆连接接头的抗拉强度试验,每种规格的连接接头试件数量不应少于3个。

(6) 预制构件的生产场地及设施应符合下列规定:

①预制构件的制作应在工厂或符合生产条件的现场进行。

②制作预制构件的场地应平整、坚实,并有排水措施,可采用混凝土台座或钢台座,台座表面应平整。

③行车、叉车、锅炉、模具等预制生产设备应符合现行国家、行业的相关规定。

5.1.2 生产

(1) 预制构件的质量涉及工程质量和结构安全,制作单位的生产应符合国家及地方有关部门对硬件设施、人员配置、质量管理体系和质量检测手段等的规定。

(2) 原材料:钢筋、水泥、沙石、添加剂、预埋钢板等应按《混凝土结构工程施工质量验收规范》(GB 50204—2015)的相关规定检验和试验,合格后方可使用。

(3) 预制构件模具除应满足承载力、刚度和整体稳定性要求外,还应符合下列规定:

①应满足预制构件质量、生产工艺、模具组装与拆卸、周转次数等要求。

②应满足预制构件预留孔洞、插筋、预埋件的安装定位要求。

③应力构件的模具应根据设计要求预设反拱。

(4) 预制构件模具尺寸的允许误差和检验方法应符合《装配式混凝土结构技术规程》(JGJ 1—2014)的相关规定。当设计有要求时,模具尺寸的允许偏差应按设计要求确定。

(5) 在混凝土浇筑前,应按要求对预制构件的钢筋、预应力筋以及各种预埋部件进行隐蔽工程检查,这是保证预制构件满足结构性能的关键质量控制环节,检查项目应包括下列内容:

①钢筋的牌号、规格、数量、位置、间距等。

②纵向受力钢筋的连接方式、接头位置、接头质量、接头面积百分率、搭接长度等。

③箍筋、横向钢筋的牌号、规格、数量、位置、间距,箍筋弯钩的弯折角度及平直段长度。

④预埋件、吊环、插筋的规格、数量、位置等。

⑤灌浆套筒、预留孔洞的规格、数量、位置等。

⑥钢筋的混凝土保护层厚度。

⑦夹心外墙板的保温层位置、厚度,拉结件的规格、数量、位置等。

⑧预埋管线、线盒的规格、数量、位置及固定措施。

(6) 应根据混凝土的品种、工作性能、预制构件的规格形状等因素,制定合理的振捣成型操作规程。混凝土应采用强制式搅拌机搅拌,并宜采用机械振捣。

(7) 预制构件采用洒水、覆盖等方式进行常温养护时,应符合现行国家标准《混凝土结构工程施工规范》(GB 50666—2011)的要求。

预制构件采用加热养护时,应制定养护制度,对静停、升温、恒温和降温时间进行控制,预制构件出池的表面温度与环境温度的差值不宜超过 25 ℃。

(8) 脱模起吊时,预制构件的混凝土立方体抗压强度应满足设计要求,且不应小于 15 kN/m^2。

(9) 采用后浇混凝土或砂浆、灌浆料连接的预制构件结合面，制作时应按设计要求进行粗糙面处理。设计无具体要求时，可采用化学处理、拉毛或凿毛等方法制作粗糙面。

(10) 预应力混凝土构件生产前应制定预应力施工技术方案和质量控制措施，并应符合现行国家标准《混凝土结构工程施工规范》(GB 50666—2011)和《混凝土结构工程施工质量验收规范》(GB 50204—2015)等的有关规定要求。

5.1.3 运输

(1) 预制构件的运输应编制专项方案，方案应结合设计要求，具体确定吊点位置、吊具设计、吊运方法及顺序、临时支撑布置，并进行验算。预制构件吊运时，吊索夹角过小容易引起非设计状态下的裂缝或其他缺陷。

(2) 预制构件的运输车辆应满足构件尺寸和载重要求，预制构件的出厂运输应符合下列规定：

①出厂构件强度的确定应考虑运输载荷，施工阶段构件能够承受自重、叠合层现浇混凝土载荷及施工活载荷对构件产生的最不利影响。

②厂内吊装上车过程中，吊索与构件水平面所成夹角不宜小于60°，不应小于45°。

③构件出厂前，应将杂物清理干净。

(3) 装卸构件的顺序，应考虑车体平衡，避免因构件重量、冲击作用造成的车体倾倒及翻覆。运输时应采用可靠的固定措施，防止构件移动或倾倒。运输细长构件时，应根据需要设置临时水平支撑。

(4) 预制构件产品保护宜符合以下要求：

①在运输过程中，宜对预制构件及其上的建筑附件、预埋件等采取施工保护措施，应防止构件移动、倾倒及变形，同时应避免出现破损或污染现象。

②在装卸构件时，对构件边角部或链索接触面处的混凝土，宜采用垫衬加以保护。

(5) 对于超高、超宽、刚度不对称等大型构件的运输，应采取相应的质量安全保证措施，同时应符合交通道路运输的有关规定。

5.1.4 堆放

(1) 堆放构件的场地应平整、坚实并保持排水良好。堆放构件时应使构件与地面之间留有空隙，堆垛之间宜设置通道，必要时应设置防止构件倾覆的支撑架。

(2) 构件宜按照其种类、规格及型号进行堆放，并编排号码和设置挂牌标识，构件堆放应整齐、整洁和安全。

(3) 堆放构件时应保证最下层构件垫实，预埋吊环向上，标志向外。堆垛的安全、稳定特别重要，在构件生产企业及施工现场均应特别注意。

(4) 垫木或垫块在构件下的放置位置宜与脱模、吊装时的起吊位置一致，在此种情况下可不再单独进行使用安全验算，否则应根据堆放条件进行验算。堆垛间的宽度应考虑通行、安全等因素。堆垛层数应根据储存场地的地基承载力和构件、垫木或垫块的强度及堆垛的稳定性确定。

①预制柱、梁堆置层数不宜超过 3 层，且高度不宜超过 2.0 m。

②预制叠合梁堆置层数不宜超过 2 层，且高度不宜超过 2.0 m。

③预制叠合楼板堆置层数不宜超过 10 层，且高度不宜超过 2.0 m。

④预制预应力空心板堆置层数不宜超过 6 层，且高度不宜超过 2.0 m。

⑤预制楼梯堆置层数不宜超过 5 层，且高度不宜超过 2.0 m。

⑥当预制墙采用靠放架堆放时，靠放架应具有足够的承载力和刚度，与地面倾斜角度宜大于 80°；墙板宜对称靠放且外饰面朝外，构件上部宜采用木垫块隔离。

5.1.5 构件验收

(1) 预制构件外观质量缺陷可分为一般缺陷和严重缺陷两类，预制构件的严重缺陷主要是指影响构件的结构性能或安装使用功能的缺陷，构件制作时应制定技术质量保证措施。

(2) 预制构件的检验应按《混凝土结构工程施工质量验收规范》(GB 50204—2015)的要求执行。

(3) 预制构件的外观质量、尺寸偏差及缺陷的处理应按照《混凝土结构工程施工质量验收规范》(GB 50204—2015)的相关规定执行，尺寸偏差可根据工程设计需要适当从严控制。

(4) 预制构件应在明显部位标明构件型号、生产日期和质量验收标志。构件上的预埋件、插筋和预留孔洞的规格、位置和数量应符合标准图或设计的要求。

(5) 预制构件的外观质量不应有严重缺陷。对已经出现的严重缺陷，应按技术处理方案进行处理，并重新检查验收。

(6) 预制构件不应有影响结构性能和安装、使用功能的尺寸偏差。对超过尺寸允许偏差且影响结构性能和安装、使用功能的部位，应按技术处理方案进行处理,并重新检查验收。

(7) 预制构件的外观质量不宜有一般缺陷。对已经出现的一般缺陷,应按技术处理方案进行处理,并重新检查验收。

5.2 钢结构生产

5.2.1 一般规定

(1) 建筑部品和构件生产企业应有固定的生产车间和设备,应有专门的生产、技术管理团队和产业工人,应有产品技术标准体系以及安全、质量和环境管理体系。

(2) 建筑部品和构件应在工厂车间生产,生产工序应形成流水作业,生产过程管理宜采用信息管理技术。

(3) 建筑部品和构件生产前,应根据技术文件要求和生产条件编制专项生产工艺技术方案,必要时对构造复杂的部品或构件进行工艺性试验。

(4) 建筑部品和构件生产前,应有经批准的产品加工详图或深化设计图,设计深度应满足施工工艺、施工构造、运输措施等技术要求。

(5) 装配式钢结构建筑在大批量生产建筑部品和钢构件前,宜对每种规格的首批部品和构件进行产品检验,合格后方可批量生产。

(6) 建筑部品和构件生产应按下列规定进行质量过程控制:

①进行原材料进场验收;凡涉及安全、功能的原材料,按有关规定进行复验,见证取样、送样。

②各工序按生产工艺要求进行质量控制,实行工序检验。

③相关各专业工种之间进行交接检验。

④隐蔽工程在封闭前进行质量验收。

(7) 建筑部品和构件生产验收合格后,生产企业应提供每样产品的质量合格证。

(8) 建筑部品和构件的最大运输尺寸和重量应结合运输工具、运输条件和国家有关规定综合确定。

5.2.2 生产

(1) 钢结构和楼承板深化设计图应根据设计文件和技术文件要求进行编制,深化设计图应包括设计说明、构件布置图、安装节点详图、构件加工详图等内容。

(2) 钢结构加工应按照下料、切割、组装、焊接、除锈和涂装的工序进行，每道工序宜采用机械化作业。

(3) 预制楼承板生产应符合下列规定：

①选择预制楼承板时，应对施工阶段工况进行强度和变形验算。

②压型金属板应采用成型机加工，成型后基板不应有裂纹。

③钢筋桁架板应采用专用设备加工。

④钢筋混凝土预制楼板加工应符合现行行业标准《装配式混凝土结构技术规程》(JGJ 1—2014)的规定。

(4) 钢结构焊接宜采用机械自动焊接，应按工艺评定的焊接工艺参数执行。焊缝的尺寸偏差、外观质量和内部质量，应按现行国家标准《钢结构工程施工质量验收标准》(GB 50205—2020)及《钢结构焊接规范》(GB 50661—2011)的有关规定进行检验。

(5) 钢构件连接节点的高强度螺栓孔宜使用数控钻床，也可采用画线钻孔的方法，采用画线钻孔时，孔中心和周边应打出五梅花冲印，以利钻孔和检验。

(6) 钢构件除锈应在室内进行，除锈等级应按设计文件的规定执行，当设计文件对除锈等级未规定时，宜选用喷砂或抛丸除锈方法，并应达到不低于Sa2.5级除锈等级。

(7) 钢构件防腐涂装应符合下列规定：

①应在室内进行防腐涂装。

②防腐涂装应按设计文件的规定执行，当设计文件未规定时，应依据建筑部位不同环境进行防腐涂装系统设计。

③涂装作业应按现行国家标准《钢结构工程施工规范》(GB 50755—2012)的规定执行。

(8) 现场焊接部位的焊缝坡口及两侧宜在工厂涂装不影响焊接质量的防腐涂料。

(9) 有特别规定时，钢构件应在出厂前进行预拼装，构件预拼装可采用实体预拼装和数字模拟预拼装方法。数字模拟预拼装用于安装时采用焊接连接的结构件。

(10) 钢结构应按现行国家标准《钢结构工程施工规范》(GB 50755—2012)的规定进行加工及过程质量控制。

5.2.3 运输

(1) 应制定预制部品和构件的运输专项方案，其内容应包括运输时间、次序、运输路线、固定要求及成品保护措施等。对于超高、超宽、形状特殊的大型构件的运输，应有专门的质量安全保护措施。

(2) 运输车辆应满足构件和部品的尺寸、载重等要求，装卸与运输时应符合下列规定：

①装卸时应采取保证车体平衡的措施。

②采取防止构件移动、倾倒、变形等的固定措施。

③运输时应采取防止构件和部品损坏的措施，对构件边角部或链索接触处宜设置保护衬垫。

(3) 墙板部品的运输与堆放应符合下列规定：

①当采用靠放架堆放或运输构件时，靠放架应具有足够的承载力和刚度，与地面倾斜角度宜大于80°；墙板宜对称靠放且外饰面朝外，构件上部宜采用木垫块隔离；运输时构件应采用固定措施。

②当采用插放架直立堆放或运输构件时，宜采取直立运输方式；插放架应有足够的承载力和刚度，并应保证支垫稳固。

③当采用叠层平放的方式堆放或运输构件时，应采取防止构件产生裂缝的措施。

5.2.4 堆放

(1) 应制定预制部品和构件的成品保护、堆放专项方案，其内容应包括堆放场地、运输路线、固定要求、堆放支垫及成品保护措施等。对于超高、超宽、形状特殊的大型构件的堆放，应有专门的质量安全保护措施。

(2) 预制部品和构件堆放应符合下列规定：

①堆放场地应平整、坚实，并应有排水措施。

②预埋吊件应朝上，标识宜朝向堆垛间的通道。

③构件支垫应坚实，垫块在构件下的位置宜与脱模、吊装时的起吊位置一致。

④重叠堆放构件时，每层构件间的垫块应上下对齐，堆垛层数应根据构件、垫块的承载力确定，并应根据需要采取防止堆垛倾覆的措施。

⑤堆放预应力构件时，应根据构件起拱值的大小和堆放时间采取相应措施。

(3) 施工现场卸载时,应注意轻拿轻放,部品堆放要平坦,高度不宜超过1.5 m,并做好防雨、防潮、防污染措施。

5.2.5 构件验收

(1) 预制钢构件的外观质量不应有严重缺陷,且不宜有一般缺陷。对已出现的一般缺陷,应按技术方案进行处理,并应重新检验。

(2) 预制构件的允许尺寸偏差及检验方法,除粗糙面外应符合《钢结构工程施工质量验收标准》(GB 50205—2020)的要求。

5.3 钢混组合结构生产

5.3.1 一般规定

(1) 构件的制作单位应具备相应的生产工艺设施,并应有完善的质量管理体系和必要的试验检测手段。

(2) 构件制作前,制作人员应熟悉施工详图、制作工艺,对其技术要求和质量标准进行技术交底,并应制定生产方案,制作用零部件的材质、规格、外观、尺寸、数量等均应符合设计要求,生产方案应包括生产工艺、模具方案、生产计划、技术质量控制措施、成品保护、堆放及运输方案等内容。

(3) 预制构件用混凝土的工作性能应根据产品类别和生产工艺要求确定,构件用混凝土原材料及配合比设计应符合国家现行标准《混凝土结构工程施工规范》(GB 50666—2011)、《普通混凝土配合比设计规程》(JGJ 55—2011)和《高强混凝土应用技术规程》(JGJ/T 281—2012)等的规定。

(4) 预制构件用成品板,钢材和钢筋的加工、连接与安装均应符合国家现行标准《混凝土结构工程施工质量验收规范》(GB 50204—2015)和《钢结构工程施工质量验收标准》(GB 50205—2020)等的有关规定。对于进口钢材应严格遵守先试验后使用的原则,并应具有质量证明和商检报告,且在进场时应进行机械性能和化学成分的复检。在构件制作的过程中,当需以屈服强度不同的钢材代替原设计中的主要钢材时,应经设计单位同意,并按规定办理设计变更手续。

(5) 钢构件的施工单位应根据设计要求对首次采用的钢材、焊接材料、焊接方法、焊后热处理等进行工艺评定,并根据评定报告确定焊接工艺或方案。施焊的焊工必须经考试合格并取得合格证书,且应在其合格项目及认可范围内施焊。

(6) 钢构件的防腐涂料涂装、防火涂料涂装及涂装前的表面除锈和涂底应符合设计文件和现行国家标准的规定。

(7) 钢构件在制作过程中,应综合考虑构件的运输及现场吊装条件对构件进行合理的分段,分段位置应经过相关设计单位的审核确认。

5.3.2 生产

1. 生产准备

(1) 预制构件模具除应满足承载力、刚度和整体稳定性要求外,还应符合下列规定:

①应满足预制构件质量、生产工艺、模具组装与拆卸、周转次数等要求。

②应满足预制构件预留孔洞、插筋、预埋件的安装定位要求。

(2) 预制构件模具尺寸的允许偏差和检验方法应符合表 5-1 的规定。当设计有要求时,模具尺寸的允许偏差应按设计要求确定。

表 5-1 预制构件模具尺寸的允许偏差和检验方法

项次	检查项目及内容		允许偏差(mm)	检验方法
1	长度	≤6 m	±1	用钢尺量平行构件高度方向,取其中偏差绝对值较大处
		>6 m 且≤12 m	±2	
		>12 m	±3	
2	截面尺寸	墙板	1,−2	用钢尺测量两端或中部,取其中偏差绝对值较大处
		其他构件	2,−3	
3	对角线差		2	用钢尺量纵、横两个方向对角线
4	侧向弯曲		l/3 000 且≤5	拉线,用钢尺量测侧向弯度最大处
5	翘曲		l/1 500	对角拉线测量交点距离值的 2 倍
6	底模表面平整度		1	用 2 m 靠尺和塞尺量
7	组装缝隙		1	用塞片或塞尺量
8	端模与侧模高低差		1	用钢尺量

注:l 为模具与混凝土接触面积中最长边的尺寸。

(3) 应选用不影响构件结构性能和装饰工程施工的隔离剂。

(4) 钢构件组装前,各零部件应经检查合格,组装的允许偏差应符合现行国家标准《钢结构工程施工质量验收标准》(GB 50205—2020)的规定。

(5) 构件中焊接封闭箍筋的加工宜采用闪光对焊、电阻焊或其他有质量保证的焊接工艺，质量检验和验收应符合现行国家标准《混凝土结构工程施工规范》(GB 50666—2011)的有关规定。

2. 构件制作

(1) 预制构件在混凝土浇筑前应进行隐蔽工程检查，检查项目应包括下列内容：

①钢筋的牌号、规格、数量、位置、间距等。

②纵向受力钢筋的连接方式、接头位置、接头质量、接头面积百分率、搭接长度等。

③箍筋、横向钢筋的牌号、规格、数量、位置、间距，箍筋弯钩的弯折角度平直段长度。

④预埋件、吊环、插筋的规格、数量、位置等。

⑤钢筋的混凝土保护层厚度。

⑥预埋管线、线盒的规格、数量、位置及固定措施。

⑦型钢的规格、弯曲度等。

(2) 应根据混凝土的品种、工作性能、预制构件的规格形状等因素，制定合理的振捣成型操作规程。混凝土应采用强制式搅拌机搅拌，并宜采用机械振捣。

(3) 预制构件采用洒水、覆盖等方式进行常温养护时，应符合现行国家标准《混凝土结构工程施工规范》(GB 50666—2011)的要求。

预制构件采用加热养护时，应制定养护制度对静停、升温、恒温和降温时间进行控制，宜在常温下静停 2～6 h，升温、降温速度不应超过 20 ℃/h，最高养护温度不宜超过 70 ℃。预制构件出池的表面温度与环境温度的差值不宜超过 25 ℃。

(4) 脱模起吊时，预制构件的混凝土立方体抗压强度应满足设计要求，且不应小于 15 kN/m^2。

(5) 采用后浇混凝土或砂浆、灌浆料连接的预制构件结合面，制作时应按设计要求进行粗糙面处理。设计无具体要求时，可采用化学处理、拉毛或凿毛等方法制作粗糙面。

(6) 钢构件应根据由施工图设计单位确认的施工详图进行放样。

(7) 半成品预制构件中需边缘加工的零件，宜采用精密切割；焊接坡口加工宜采用自动切割、半自动切割、坡口机、刨边机等方法进行，并应用样板控制坡口角度和尺寸。

(8) 钢构件的焊接(包括施工现场焊接)应严格按照工艺文件规定的焊接方法、工艺参数、施焊顺序进行，焊缝质量等级和检验应符合设计文件和《钢结构工程施工质量验收标准》(GB 50205—2020)的规定。

(9) 钢构件的除锈和涂装应在制作检验合格后进行。构件表面的除锈方法和除锈等级应符合设计文件规定,其质量要求应符合现行国家标准《涂覆涂料前钢材表面处理　表面清洁度的目视评定　第1部分:未涂覆过的钢材表面和全面清除原有涂层后的钢材表面的锈蚀等级和处理等级》(GB/T 8923.1—2011)的规定。

(10) 压型金属板成型后,其基板不应有裂纹,镀锌板面不能有锈点,涂层压型金属板的涂层不应有肉眼可见的裂纹、剥落和擦痕等缺陷。

(11) 钢构件制作完成后,应按照设计文件和现行国家标准《钢结构工程施工质量验收标准》(GB 50205—2020)的规定进行验收,其外形尺寸的允许偏差应符合上述规定。

(12) 焊钉(栓钉)施焊应采用专用的栓焊设备,施工单位对其采用的焊钉和钢材焊接应进行焊接工艺评定、外观检查、拉力试验和弯曲试验,其结果应符合设计要求和国家现行有关规范的规定。

(13) 半成品预制构件中箍筋笼采用带肋钢筋制作时,在符合设计要求的同时,还应符合下列规定:

①半成品预制构件中箍筋宜采用连续式螺旋箍筋形式。

②采用普通箍筋形式时,柱焊接箍筋笼应做成封闭式并在箍筋末端做成135°的弯钩,弯钩末端平直段长度不应小于5倍箍筋直径;当有抗震要求时,平直段长度不应小于10倍箍筋直径且不小于75 mm;箍筋笼长度根据柱高可采用一段或分成多段,并应根据焊网机和弯折机的工艺参数确定。

③采用普通箍筋形式时,梁焊接箍筋笼宜做成封闭式或开口形式。当考虑抗震要求时,箍筋笼应做成封闭式。箍筋的末端应做成135°弯钩,弯钩末端平直段长度不应小于10倍箍筋直径且不小于75 mm;对一般结构的梁平直段长度不应小于5倍箍筋直径,并在角部弯成稍大于90°的弯钩。

(14) 构件中的钢筋连接应根据设计要求并结合施工条件,采用机械连接、焊接连接或绑扎搭接等方式。机械连接接头和焊接接头的类型及质量应符合国家现行标准《钢筋机械连接技术规程》(JGJ 107—2016)、《钢筋焊接及验收规程》(JGJ 18—2012)和《混凝土结构工程施工规范》(GB 50666—2011)的有关规定。

5.3.3 运输

(1) 构件的运输车辆应满足构件尺寸和载重要求,装卸与运输时应符合下列规定:

①装卸构件时，应采取保证车体平衡的措施。

②运输构件时，应采取防止构件移动、倾倒、变形等的固定措施。

③运输构件时，应采取防止构件损坏的措施，对构件边角部或链索接触处的位置，宜设置保护衬垫。

（2）构件的运输应符合下列规定：

①当采用靠放架堆放或运输构件时，靠放架应具有足够的承载力和刚度，与地面倾斜角度宜大于80°，墙板宜对称靠放，构件上部宜采用木垫块隔离；运输时构件应采取固定措施。

②当采用插放架直立堆放或运输构件时，宜采取直立运输方式；插放架应有足够的承载力和刚度，并应支垫稳固。

③当采用叠层平放的方式堆放或运输构件时，应采取防止构件产生裂缝和变形的措施。

④半成品预制构件运输吊装过程中应保持牢固，并采取适当措施防止钢筋笼发生变形。

5.3.4 堆放

（1）应制定构件的运输、堆放方案，其内容应包括堆放场地、固定要求、堆放支垫及成品保护措施等。对于超高、超宽、形状特殊的大型构件的运输和堆放，应有专门的质量安全保证措施。

（2）构件堆放应符合下列规定：

①堆放场地应平整、坚实，并应有排水措施。

②预埋吊件应朝上，标识宜朝向堆垛间的通道。

③构件支垫应坚实，垫块在构件下的位置宜与脱模、吊装时的起吊位置一致。

④重叠堆放构件时，每层构件间的垫块应上下对齐，堆垛层数应根据构件、垫块的承载力确定，并应根据需要采取防止堆垛倾覆的措施。

⑤半成品预制构件应堆放整齐，具有防止受潮、锈蚀、污染和受压变形的措施。

5.3.5 构件检验

（1）预制构件的外观质量不应有严重缺陷，且不宜有一般缺陷。对已出现的一般缺陷，应按技术方案进行处理，并应重新检验。

（2）预制构件应按设计要求和现行国家标准《混凝土结构工程施工质量验

收规范》(GB 50204—2015)的有关规定进行结构性能检验。

(3) 预制构件检查合格后,应在构件上设置表面标识,标识内容宜包括构件编号、制作日期、合格状态、生产单位等信息。

(4) 预制构件在出厂前应全数检验,严格按照《混凝土结构工程施工质量验收规范》(GB 50204—2015)的相关规定。

(5) 半成品预制构件在出厂前应全数检验,严格按照《钢结构工程施工质量验收标准》(GB 50205—2020)的相关规定。

(6) 成品板作为钢构件保护材料时,其材质、规格、物理化学性能、燃烧性能应符合设计要求;胶黏剂、固定件的燃烧性能应符合设计要求;均需提供有相应法定资质检测机构的检验报告。

5.4 木竹结构生产

5.4.1 一般规定

装配式木竹结构建筑采用的木竹种类广泛,常见的适合制作木竹结构的木(竹)材包括松、杉、榆、桦、橡木、毛竹、楠竹等,选择木(竹)材时,需要考虑其重量、外观质量、密度、含水率以及许用强度等因素。木(竹)材的重量和密度直接影响结构的承载能力和稳定性,而外观质量则决定了建筑的美观和耐久性,木(竹)材的含水率和许用强度也需要符合相应的标准,以确保木竹结构的质量和安全性。

5.4.2 生产

生产装配式木竹结构建筑的木竹结构构件通常包括以下工艺步骤。首先是木(竹)材处理,对木(竹)材进行脱水、防腐等预处理,以确保木(竹)材的质量和稳定性;然后是切割,将木(竹)材按照设计要求进行切割和裁剪,得到需要的构件尺寸,随后根据构件的要求进行加工,如开槽、钻孔、榫卯加工等;最后是喷涂,对木(竹)材构件进行防腐、防水、涂装等表面处理,增加木(竹)材的耐久性和美观度。

5.4.3 运输

在运输过程中,需要保证构件的安全性和完整性,选择合适的运输工具。例如平板车或货车,需根据构件的尺寸和重量进行选择,以确保构件牢固地固定在运输工具上，防止在运输过程中发生移位或损坏。轻巧的构件可以采用绑带或者保护套进行保护。在运输过程中，要避免尖锐物品和其他可能引起损坏的物体接触构件，需要预先规划运输路线，避免遇到狭窄或拥挤的区域，以确保运输过程的顺利。一旦到达工地，预制木竹结构构件应进行妥善的卸载和存放，在卸载过程中，需要使用吊车或者起重机等设备，确保构件的安全降落，存放时要选择平坦坚实的地面，并考虑构件防潮、防晒等措施，以保护构件的质量。

5.4.4 堆放

(1) 采用叠层平放的方式堆放时，应采取防止组件变形的措施。

(2) 吊件应朝上，标志宜朝向堆垛间的通道。

(3) 支垫应坚实，垫块在组件下的位置宜与起吊位置一致。

(4) 重叠堆放组件时，每层组件间的垫块应上下对齐，堆垛层数应按组件、垫块的承载力确定，并应采取防止堆垛倾覆的措施。

(5) 采用靠放架堆放时，靠放架应具有足够的承载力和刚度，与地面倾斜角度宜大于 80°。

(6) 堆放曲线形组件时，应按组件形状采取相应的保护措施。

(7) 对现场不能及时进行安装的建筑模块，应采取保护措施。

5.4.5 构件检验

对于装配式木(竹)材结构建筑中使用的木(竹)结构构件，需要进行质量检验和控制，以确保其质量和安全性。制作过程的质量检验包括材料质量、接缝、规格以及处理、加工、喷涂工艺等方面。材料质量的检测包括木(竹)材的含水率、材料密度、含硅量等多方面的指标，而对于加工、喷涂等过程，主要检测其表面平整度、涂层厚度、颜色等工艺质量。

6

构件安装

6.1 混凝土结构安装

6.1.1 一般规定

(1) 装配式结构施工前应制定装配式结构施工专项施工方案。施工方案应结合结构深化设计、构件制作、运输和安装全过程各工况的验算,以及施工吊装与支撑体系的验算等进行策划与制定,充分反映装配式结构施工的特点和工艺流程的特殊要求。验算后应形成相应的计算书,具体验算应包括如下内容:

①预制墙、柱垫片下方混凝土的局部受压承载力验算;

②预制构件支撑体系的设计;

③预制构件安装吊点、吊具的设计;

④危险性较大的装配式工程,其专项施工方案应按规定要求组织专家论证。

(2) 吊装用吊具选用应按起重吊装工程的技术和安全要求执行。为提高施工效率,可以采用多功能专用吊具,以适应不同类型的构件吊装。

(3) 预制构件、安装用材料及配件等应符合设计要求及国家现行有关标准的规定。装配式结构的后浇混凝土部位在浇筑前应进行隐蔽工程验收,验收项目符合有关规定。

(4) 在装配式结构的施工全过程中,应采取防止预制构件及预制构件上的建筑附件、预埋件、预埋吊件等损伤或污染的保护措施。

(5) 未经设计允许不得对预制构件进行切割、开洞。

6.1.2 安装作业

(1) 预制构件安装顺序、校准定位及临时固定措施是装配式结构施工的关键,应在施工方案中明确规定并付诸实施。

(2) 装配式结构施工前,应做好安装准备工作,具体如下:

①应复核测量控制点,测量控制点闭合差应符合现行行业标准的有关规定;

②预制构件安装前应按设计要求在构件和相应的支承结构上标识中心线、标高等内容,并校核预埋件及连接钢筋的定位;

③预制构件安装就位后,应采取临时固定措施保证构件的稳定性,并应根据水准点和轴线进行校正;

④预制构件的吊装应满足下列要求：

a. 应采用半自动脱钩吊具或吊篮载人脱钩，减少作业人员登高次数。

b. 当临时支撑高度超过 3.5 m 时，可调顶撑应加设纵横向水平杆件。

(3) 预制柱、预制剪力墙的安装施工

①预制柱安装施工前应进行基础处理，并符合下列规定：

a. 当采用杯口基础时，在预制柱安装前应先以垫块垫至设计标高；

b. 当采用筏板式基础、桩基承台或预制结构转换时，预埋的柱主筋平面定位误差宜控制在 5 mm 以内，标高误差宜控制在 0～15 mm 以内；

c. 可采用定位架或格栅网等辅助措施，以确保预埋柱主筋定位误差符合规定。

②预制柱、预制剪力墙安装应符合如下规定：

a. 安装前应清洁预制柱、墙的结合面及预留钢筋，并确认套筒连接器内无异物；

b. 安装前应放样出边线以保证预制柱、墙就位准确；

c. 预制柱、墙安装的平面定位误差不得超过 10 mm，预制柱、墙就位后应立即用可调斜撑作临时固定；

d. 当预制柱、墙就位后，使用防风型垂直尺或其他仪器检测垂直度，并用可调斜撑调整至垂直，垂直度偏差应控制不大于 1/500 且顶部偏移不大于 5 mm，预制柱完成垂直度调整后，应在柱子四角加塞垫片以增加稳定性及安全性；

e. 套筒连接器内的灌浆料强度达到 35 MPa 后，方可拆除预制柱、墙的支撑。

③预制柱、墙底套筒灌浆施工应符合如下规定：

a. 施工前准备工作

• 柱、墙底周边封模可采用砂浆、钢材或木材材质，围封材料需能承受 1.5 MPa 的灌浆压力；

• 量测当日气温、水温及无收缩灌浆料温度。冬季施工，需选用低温型无收缩灌浆料；

• 施工前应检查套筒并清洁干净。应使用压力不小于 1.0 MPa 的灌浆机，且灌浆管内不应有水泥硬块。

b. 灌浆施工

• 无收缩灌浆料应按照生产厂家规定的用水量拌制；

• 无收缩灌浆料应在搅拌均匀后再持续搅拌 2 min；

• 灌浆时由柱底套筒下方灌浆口注入，待上方出浆口连续流出圆柱状浆液，再采用橡胶塞封堵。如出现无法出浆的情况，应立即停止灌浆作业，查明原因及时排除障碍；

• 冬季施工时，低温型无收缩灌浆料应用温水拌和，使搅拌后的灌浆料温度不低于 15 ℃且不高于 35 ℃。灌注后，连接处应采取保温措施，使连接处温度维持 10 ℃以上，不少于 7 天。

(4) 预制叠合梁、板的安装施工

①预制梁安装应符合如下规定：

a. 预制梁安装前应检查柱顶标高，当同一节点的预制框架梁梁底标高不一致时，应依据设计标高在柱顶安装梁底调整托座；

b. 预制框架梁安装时，预制梁伸入支座的长度不宜小于 20 mm；

c. 预制次梁安装时，搁置长度不应小于 30 mm，同时应满足本规程相关规定；

d. 压形钢板或预制楼板固定完成后，预制次梁与预制框架梁之间的凹槽应采用灌浆料填实。

②预制楼板安装应符合如下规定：

a. 安装预制楼板前应检查框架梁、次梁的梁面标高及支撑面的平整度，并检查结合面粗糙度是否符合设计要求；

b. 预制楼板之间的缝隙应满足设计要求；

c. 预制楼板吊装完后应有专人对板底接缝高差进行校核；如叠合楼板板底接缝高差不满足设计要求，应将构件重新起吊，通过可调托座进行调节。

③叠合梁、板等受弯构件的施工应符合下列规定：

a. 叠合构件的支撑应根据深化设计要求设置；

b. 施工荷载不应超过设计规定，并应避免单个预制楼板承受较大的集中荷载；

c. 未经设计允许不得对预制楼板进行切割、开洞；

d. 在混凝土浇筑前，应校正预制构件的外露钢筋。

④叠合梁、板应待现浇混凝土强度达到设计要求后，方可拆除临时支撑。

(5) 预制外挂墙板的安装施工

①外挂墙板的施工可按下列施工流程进行：

a. 测量及板块放样，测定垂直面控制线；

b. 应在吊装前统计墙体预埋件的埋设误差，若偏差过大则需与设计单位确认修改方案；

c. 进行角部板块安装与固定；

d. 依次进行其他板块的安装，并逐面逐层进行调整；

e. 节点连接固定；

f. 室内外接缝密封防水作业。

②板块的起吊翻转应根据深化设计的要求进行。大型板块吊装时，应使用平衡杆起吊及揽风绳，以免翻转。

③外墙板接缝防水施工应符合下列规定：

a. 防水施工前应将墙体接缝空腔清理干净；

b. 应按设计要求填塞背衬材料；

c. 密封材料填嵌应饱满、密实、均匀、顺直、表面光滑，厚度应满足设计要求。

（6）其他构件的安装施工

①梁柱节点的施工应符合下列规定：

a. 梁柱节点内钢筋绑扎完成后，应将节点内的杂物清理干净，经隐蔽验收合格后方可封模；

b. 二次浇筑面应洒水湿润后，方可浇筑节点混凝土；

c. 节点混凝土强度等级与楼面混凝土不同时，应设置钢丝网后方可浇筑节点混凝土；

d. 节点混凝土浇筑后，应及时采取养护措施；

e. 梁柱节点混凝土强度未达到设计要求时，不得安装本节点后续的预制构件。

②预制楼梯的施工应符合下列规定：

a. 预制楼梯安装前应检查楼梯构件平面定位及标高；

b. 预制楼梯就位后应立即调整并固定，避免因人员走动造成的偏差及危险；

c. 预制楼梯端部安装应考虑建筑标高与结构标高的差异，确保踏步高度一致。

③预制叠合阳台板、空调板的施工应符合下列规定：

a. 预制板安装前应检查梁混凝土面的标高；

b. 预制板吊装完后应有专人对板底接缝高差进行校核；如板底接缝高差不满足设计要求，应将构件重新起吊，通过可调托座进行调节；

c. 预制板应待现浇混凝土强度达到设计要求后，方可拆除临时支撑；

d. 预制板就位后应立即调整并固定，避免因振动造成的偏差及危险。

6.1.3 施工安全管理

(1) 预制结构施工过程中应采取安全措施，并应符合现行行业标准《建筑施工安全检查标准》(JGJ 59—2011)、《建筑施工高处作业安全技术规范》(JGJ 80—2016)、《建筑机械使用安全技术规程》(JGJ 33—2012)以及《施工现场临时用电安全技术规范》(JGJ 46—2005)等的有关规定。

(2) 作业人员应进行安全生产教育和培训，未经安全生产教育和培训合格的作业人员不得上岗作业。

(3) 施工现场高空作业、临时用电及周边环境各项安全措施经检查不合格的，不得进行施工。

(4) 吊装作业时应严格执行以上安全注意事项。当发生异常情况时，项目经理应立即下令停止作业，待障碍排除后方可继续施工。

(5) 应明确起吊前的准备工作及安装满足条件。预制构件、操作架、围挡在吊升时，应在吊装区域下方设置安全警示区域，安排专人监护，非作业人员严禁入内。

(6) 吊运预制构件时，构件下方禁止站人，应待吊物降落至离地 1 m 以内方准靠近，就位固定后方可脱钩。

(7) 起吊构件时，应采取避免预制混凝土构件变形及倾覆的措施。

(8) 构件起吊时应平稳，规格较大的预制梁、楼板、墙板等构件应采用专用多点吊架进行起吊。

(9) 外挂墙板等竖向构件吊装下降时，构件底部应系好揽风绳控制构件转动，保证构件就位平稳。竖向构件基本就位后，应立即利用斜向支撑将竖向构件与楼面临时固定，确保竖向构件稳定后方可摘除吊钩。斜向支撑应安装在竖向构件的同一侧面。

(10) 遇到雨、雾等恶劣天气，或者风力大于 6 级时，不得吊装预制构件。

(11) 当外挂式作业平台位于施工作业面以下时，应分别在作业平台外侧和施工作业面的外临边位置加设施工安全维护，安全维护应符合下列规定：

①禁止施工作业面高于外挂式作业平台 2 层；

②维护立杆间距不宜大于 3 m，转角位置必须设立杆，高度不应小于 1.2 m。

(12) 施工作业层不得超载，作业层四周应有可靠的安全防护措施。

(13) 高空操作人员必须佩戴安全帽，穿戴防滑鞋，系好安全带。在进行电、气焊作业时，必须有专人看守，并采取有效的防火措施。

6.2 钢结构安装

6.2.1 一般规定

（1）施工单位应有安全、质量和环境管理体系。装配式钢结构建筑的现场施工前，施工单位应针对建筑的实际情况，编制施工组织设计以及配套的专项施工方案等技术文件，并按有关规定报送监理工程师或业主。

（2）施工单位应针对装配式钢结构建筑部品构件的特点，采用适用的安装工法，制定合理的安装工序，尽量减少现场支模和脚手架搭建，提高现场安装效率。

（3）现场施工前应编制施工安全专项方案和安全应急预案，采取可靠的防火安全措施，实现安全文明施工。

（4）现场施工前应编制环境保护专项方案，应遵守国家有关环境保护的法规和标准，采取有效措施控制各种粉尘、废弃物、噪声等对周围环境造成的污染和危害。

（5）装配式钢结构建筑宜采用信息化技术进行结构构件、建筑部品和设备管线的虚拟拼装模拟、装配施工进度模拟，同时在工程管理、技术质量、物资物流、安全保卫等各方面和各环节充分利用信息化技术。

（6）装配式钢结构建筑的现场施工，应针对具体安装部品构件的特点，选用合理的安装机械及配套工具。施工机具应处于正常工作状态并应在性能参数范围内进行使用。制作、安装用的专用机具和工具，应满足施工要求，并应定期进行检验，保证质量合格。

（7）装配式钢结构建筑的现场施工人员应接受从事工作范围的专业技术实际操作培训。

（8）施工单位应建立现场施工的质量控制体系，覆盖部品构件的入场检查、存放、安装精度、成品保护等关键环节，按相关标准的要求，制定专项质量控制方案，并形成记录。

6.2.2 安装作业

（1）钢结构工程应根据工程特点进行施工阶段设计，进行施工阶段设计时，选用的设计指标应符合设计文件、现行国家标准《钢结构设计标准》(GB 50017—2017)等的有关规定。施工阶段结构分析的荷载效应组合和荷载分项系数取值，应符合现行国家标准《建筑结构荷载规范》(GB 50009—2012)等的有关规定。

(2) 钢结构施工过程中可采用焊条电弧焊接、气体保护电弧焊、埋弧焊、电渣焊接和栓钉焊接等工艺，具体焊接要求应符合现行国家标准《钢结构工程施工规范》(GB 50755—2012)和《钢结构焊接规范》(GB 50661—2011)的规定。

(3) 钢结构施工过程的紧固件连接可采用普通螺栓、高强度螺栓、铆钉、自攻钉或射钉的连接方式，具体连接要求应符合现行国家标准《钢结构工程施工规范》(GB 50755—2012)和现行行业标准《钢结构高强度螺栓连接技术规程》(JGJ 82—2011)的规定。

(4) 钢结构的安装应根据结构特点按照合理顺序进行，并应形成稳固的空间刚度单元，必要时应增加临时支撑结构或临时措施。

(5) 钢结构施工中的涂装应符合下列规定：

①构件在运输、存放和安装过程中损坏的涂层，以及安装连接部位应进行现场补漆；

②构件表面的涂装系统应相互兼容；

③防火涂料应符合设计文件和国家现行有关标准的规定，具有抗冲击能力和黏结强度，不应腐蚀钢材；

④现场防腐和防火涂装应符合现行国家标准《钢结构工程施工规范》(GB 50755—2012)的规定。

(6) 钢结构工程测量应符合下列规定：

①施工阶段的测量包括平面控制、高程控制和细部测量等；

②施工测量前，应根据设计施工图和钢结构安装要求，编制测量专项方案；

③钢结构安装前应设置施工控制网。

(7) 钢结构施工期间，应对结构变形、结构内力、环境量等内容进行过程监测，监测方法、监测内容及监测部位可根据具体情况选定。

6.2.3 施工安全管理

(1) 遇到雨、雪、大雾天气，或者风力大于 5 级时，不应进行吊装作业。

(2) 钢结构部品吊装时应符合下列规定：

①吊装围护部品时，起吊就位应垂直平稳，吊具绳与水平面夹角不宜小于 60°；

②吊装应采用专用吊装器具，吊装安全溜绳应不少于 2 根。

(3) 钢结构施工时，安全管理措施应满足要求。

6.3 钢混组合结构安装

6.3.1 一般规定

(1) 结构施工前应编制施工组织设计、施工方案;施工组织设计的内容应符合现行国家标准《建筑施工组织设计规范》(GB/T 50502—2009)的规定;施工方案的内容应包括构件安装及节点施工方案、构件安装的质量管理及安全措施等。

(2) 构件安装单位应具有相应的施工资质,施工单位应根据批准的设计图编制施工详图。当需要修改时,应按规定办理设计变更手续。

(3) 结构的后浇混凝土部位在浇筑前应进行隐蔽工程验收。验收项目应包括下列内容:

①钢筋的牌号、规格、数量、位置、间距等;

②纵向受力钢筋的连接方式、接头位置、接头数量、接头面积百分率、搭接长度等;

③纵向受力钢筋的锚固方式及长度;

④箍筋、横向钢筋的牌号、规格、数量、位置、间距,箍筋弯折的弯折角度及平直段长度;

⑤预埋件的规格、数量、位置;

⑥混凝土粗糙面的质量、键槽的规格、数量、位置;

⑦预留管线、线盒等的规格、数量、位置及固定措施。

(4) 构件的安装用材料及配件等应符合设计要求及国家现行有关标准的规定。

(5) 吊装用吊具应按国家现行有关标准的规定进行设计、验算或试验检验。

(6) 在装配式结构的施工全过程中,应采取防止构件及构件上的建筑附件、预埋件、预埋吊件等损伤或污染的保护措施。

(7) 未经设计允许不得对构件进行切割、开洞。

(8) 装配式结构施工过程中应采取安全措施,并应符合现行行业标准《建筑施工高处作业安全技术规范》(JGJ 80—2016)、《建筑机械使用安全技术规程》(JGJ 33—2012)、《施工现场临时用电安全技术规范》(JGJ 46—2005)等的有关规定。

(9) 钢构件的施工单位应根据设计要求对首次采用的钢材、焊接材料、焊接方法、焊后热处理等进行工艺评定,并根据评定报告确定焊接工艺或方案。施焊的焊工必须经考试合格并取得合格证书,且应在其合格项目及认可范围内施焊。

(10) 钢构件的防腐涂料涂装、防火涂料涂装及涂装前的表面除锈和涂底应符合设计文件和现行国家标准的规定。

(11) 压型金属板的尺寸允许偏差和施工现场制作允许偏差应按照设计文件和现行国家标准《钢结构工程施工质量验收标准》(GB 50205—2020)的规定进行检验。

6.3.2 安装作业

1. 安装准备

(1) 应合理规划构件运输通道和临时堆放场地,并应采取成品堆放保护措施。

(2) 安装施工前应检查半成品预制构件的成型质量,超出规定时,应采取调整措施,满足安装精度要求。

(3) 安装施工前应检查已施工完成结构的质量,并应进行测量放线、设置构件安装定位标志。

(4) 轴线与标高控制应符合下列要求:

①多层建筑宜采用"外控法"放线,在房屋的四角设置标准轴线控制桩,用经纬仪或全站仪根据坐标定出建筑物控制轴线,不得少于 2 条(纵横轴方向各 1 条),楼层上的控制轴线必须用经纬仪或全站仪由底层轴线直接向上引出;

②高层建筑或受场地条件环境限制的建筑物宜采用"内控法"放线,在房屋的首层根据坐标设置 4 条标准轴线(纵横轴方向各 2 条)控制桩,用经纬仪或全站仪定出建筑物的 4 条控制轴。

(5) 安装前,应对起吊设备钢丝绳及连接部位和索具设备进行检查,确保其完好,符合安全性。

(6) 半成品预制构件施工过程中,应保证其承载力、刚度与稳定性要求。

(7) 装配式结构施工前,应选择有代表性的单元进行预制构件试安装,并应根据试安装结果及时调整完善施工方案和施工工艺。

2. 构件安装与连接

(1) 构件吊装应注意以下事项:

①应设专人指挥,操作人员应位于安全可靠位置,不应有人员随构件一同起吊;

②构件吊装应采用慢起、快升、缓放的操作方式，保证构件平稳放置；

③构件吊装就位，可采用先粗略安装、再精细调整的作业方式；

④构件吊装时，起吊、回转、就位与调整各阶段应有可靠的操作与防护措施，以防构件发生碰撞扭转与变形；

⑤构件吊装就位后，应及时校准并采取临时固定措施。

条文说明：构件的安装顺序、校准定位及临时固定措施是装配式结构施工的关键，应在施工方案中明确规定并付诸实施。

(2) 应采取措施保证起重设备的主钩位置、吊具及构件重心在竖直方向上重合；吊索与构件水平夹角不宜小于 60°，不应小于 45°，吊运过程应平稳，不应有偏斜和大幅度摆动。

条文说明：吊索与构件水平夹角越小，吊索内力越大，允许的起吊能力越低。由于构件本身材质的不均匀性，吊索内力水平分力作用在构件上会产生附加弯矩。水平夹角过小还可能导致构件脱钩。

(3) 雷雨天、能见度小于吊装最大高度或小于 100 m、吊装最大高度处于 6 级以上大风天等恶劣天气时，应停止吊装作业。

条文说明：在雷雨天，塔吊因高度较高易遭雷击，所以此种情况下应停止作业。吊装时的能见度宜大于起吊高度且不小于 100 m，以便工人操作。当地气象局提供的是 10 m 高度处的风力，施工时通常需要计算起吊最高点的风力值，当该值小于 6 级风力值时吊装才安全。根据多次施工经验与计算结果，总结出风载荷对吊装的影响程度：

①风力 0～3 级，风速 0～6.5 m/s 基本无风，气候极为理想；

②风力 4 级，风速 6.5～7.5 m/s，130 m 以上风力大；中低层吊装根据构件迎风面积计算风载荷后，符合塔吊起重能力情况时可以进行吊装；此时，塔吊高度不得超过 100 m；

③风力 5 级，风速 7.5～9.5 m/s，100 m 以上风力大，中低层吊装根据构件迎风面积计算风载荷后，符合塔吊起重能力情况时可以进行吊装；此时，塔吊高度不得超过 100 m；

④风力 6 级，风速 9.5～10.5 m/s，60 m 以上风力大，塔吊高度低于 60 m，吊装高度低于 50 m，根据构件迎风面积计算风载荷后，符合塔吊起重能力情况时可以进行吊装；

⑤风力 7 级，风速 10.5～11.5 m/s，塔吊高度超过 30 m，严禁吊装。

(4) 受弯叠合构件的安装施工应符合下列规定：

①应根据设计要求或施工方案设置临时支撑；

②施工荷载宜均匀布置，并不应超过设计规定；

③在混凝土浇筑前，应检查及校正预制构件的外露钢筋；

④叠合构件应在后浇混凝土强度达到设计要求后，方可拆除临时支撑。

(5) 受弯叠合类构件的施工要考虑两阶段受力的特点，施工时要采取质量保证措施，避免构件产生裂缝。

(6) 半成品预制构件在吊装时应控制吊装荷载作用下的变形，吊点的设置应根据构件本身的承载力和稳定性，经验算后确定。必要时，应采取临时加固措施。

(7) 半成品预制构件吊装就位后，应立即进行校正，采取可靠的固定措施以保证构件的稳定性。

(8) 严禁超出起重设备的额定起重量进行吊装。

(9) 起重设备需要附着或支承在结构上时，应得到设计单位的同意，并进行结构安全验算。

(10) 钢构件防火保护工程的施工及安装质量应符合现行国家有关标准的规定。

(11) 钢构件的安装质量应符合现行国家标准《钢结构工程施工质量验收标准》(GB 50205—2020)的规定。

(12) 构件在拆分与拼接时应充分考虑连接方式，其连接应符合下列要求：

①焊接或螺栓连接的施工应符合国家现行标准《钢筋焊接及验收规程》(JGJ 18—2012)、《钢结构焊接规范》(GB 50661—2011)、《钢结构工程施工规范》(GB 50755—2012)、《钢结构工程施工质量验收标准》(GB 50205—2020)的有关规定。

②采用对接焊接连接时，应采取防止因连续施焊引起的连接部位混凝土开裂的措施。

③半成品预制构件的连接采取焊接或螺栓连接时，应做好质量检查和防护措施。连接焊接应采用窄间隙焊，其工艺要求较高。焊机要采用保护焊机，并采用焊丝施焊。

(13) 钢构件采用普通螺栓或高强螺栓连接时，螺栓应符合设计文件及有关现行国家标准的要求，并按现行国家标准《钢结构工程施工质量验收标准》(GB 50205—2020)的规定进行检查和检验。采用高强度螺栓连接时，应对构件摩擦面进行加工处理，并按《钢结构工程施工质量验收标准》(GB 50205—2020)的规定进行摩擦面的抗滑移系数试验和复验。处理后的摩擦面应采取防油污和损伤的保护措施。

(14) 外挂墙板的连接节点及接缝构造应符合设计要求;墙板安装完成后,应及时移除临时支承支座、墙板接缝内的传力垫块。

条文说明:外挂墙板是自承重构件,不能通过板缝进行传力,施工时要保证板的四周空腔不得混入硬质杂物;对施工中设置的临时支座和垫块应在验收前及时拆除。

(15) 外墙板接缝防水施工应符合下列规定:

①防水施工前,应将墙板接缝的侧面内腔清理干净;

②应按设计要求填塞背衬材料;

③密封材料嵌填应饱满、密实、均匀、顺直、表面平滑,其厚度应符合设计要求。

(16) 压型金属板的连接、搭接、锚固支承长度与箱形梁的连接应符合设计文件及有关现行国家标准的要求。

3. 混凝土浇筑

(1) 在浇筑混凝土前应洒水润湿结合面,混凝土应分层浇筑、振捣密实。

(2) 当夏季天气炎热时,混凝土拌合物入模温度不应高于 35 ℃,宜选择晚间或夜间浇筑混凝土;现场温度高于 35 ℃时,宜对钢构件进行浇水降温,但不得留有积水。

(3) 当冬季施工时,混凝土拌合物入模温度不应低于 5 ℃,并应有保温措施。

(4) 在浇筑过程中,应有效控制混凝土的均匀性、密实性和整体性。

(5) 混凝土输送泵的泵压应与混凝土拌合物特性和泵送高度相匹配;泵送混凝土的输送管道应支撑稳定,不漏浆,冬季应有保温措施,夏季施工现场最高气温超过 40 ℃时,应有隔热措施。

(6) 不同配合比或不同强度等级泵送混凝土在同一时间段交替浇筑时,输送管道中的混凝土不得混入其他不同配合比或不同强度等级的混凝土。

(7) 当混凝土自由倾落高度大于 3.0 m 时,宜采用串筒、溜管或振动溜管等辅助设备。

(8) 自密实混凝土浇筑布料点应结合拌合物特性选择适宜的间距,必要时可以通过试验确定混凝土布料点、下料间距。

(9) 应根据混凝土拌合物特性、混凝土结构,以及构件或制品的制作方式选择适当的振捣方式和振捣时间。

(10) 混凝土振捣宜选用机械振捣。当施工无特殊振捣要求时,可采用振捣棒进行捣实,插入间距不应大于振捣棒振动作用半径的一倍,连续多层浇筑时，振捣棒应插入下层拌合物约 50 mm 进行振捣；当浇筑厚度不大于 200 mm 且表面积较大的平面结构或构件时，宜采用表面振动成型。

(11) 振捣时间宜按拌合物稠度和振捣部位等不同情况，控制在 10～30 s 内，当混凝土拌合物表面出现泛浆，基本无气泡溢出时，可视为捣实。

6.3.3 施工安全管理

(1) 装配式结构建筑施工安全应参照国家现行建筑施工安全技术规范执行。

(2) 施工外围护脚手架宜根据工程特点选择普通钢管落地式脚手架、整体提升式脚手架等，并应编制详细的验算书。

6.4 木竹结构安装

6.4.1 一般规定

(1) 组件吊装就位后，应及时校准并应采取临时固定措施。

(2) 组件吊装就位过程中，应监测组件的吊装状态，当吊装出现偏差时，应立即停止吊装并调整偏差。

(3) 组件为平面结构时，吊装时应采取保证其平面外稳定的措施，安装就位后，应设置防止发生失稳或倾覆的临时支撑。

(4) 预制墙体、柱组件的安装应先调整组件标高、平面位置，再调整组件垂直度。组件的标高、平面位置、垂直偏差应符合设计要求。调整组件垂直度的缆风绳或支撑夹板应在组件起吊前绑扎牢固。

(5) 安装柱与柱之间的梁时，应监测柱的垂直度。除监测梁两端柱的垂直度变化外，还应监测相邻各柱因梁连接影响而产生的垂直度变化。

6.4.2 安装作业

在工厂生产并成型大量木竹结构建筑物的结构部件，然后在现场进行组装。结构零件和主连接器的建造、生产和安装可以随时进行。

1. 基础准备

在进行装配式建筑施工木结构的安装前，需要进行基础准备工作。这包括清理施工现场、标定基坑位置和尺寸，并按照设计要求进行地基加固和浇筑混凝土基座。

2. 梁柱安装

安装梁、柱等主体结构构件。根据设计要求,进行精确定位,并采用合适的连接方式进行固定。在安装过程中,需要密切配合施工人员和设备,确保每个构件的安全吊装和准确对位。

3. 墙板屋面安装

随着主体结构的完成,可以开始进行墙板和屋面的安装。墙板可以采用钢框架或混凝土预制板等材料,并进行精确定位和连接。屋面部分则需要选取防水、耐候性好的材料,并确保接缝紧密、排水顺畅。

6.4.3 施工安全管理

木竹结构装配式建筑在施工过程中涉及大量人员操作和机械设备使用,因此安全管理至关重要。

1. 建立安全制度和培训体系

在施工现场需要建立相应的安全制度,并且定期对相关人员进行严格的培训,确保其熟知操作规范和安全措施。

2. 定期检查与隐患排查

定期检查施工场地,包括设备、建筑结构等,以发现和解决潜在的安全隐患。同时需要开展现场隐患排查,在发现问题之后及时采取措施进行整改。

6.5 机电安装

6.5.1 一般规定

(1) 建筑设备管线施工前按设计图纸核对设备及管线相应参数,同时应对预制结构构件的预埋套管、预留孔洞及开槽的尺寸、定位进行校核后方可施工。

(2) 建筑设备管线需要与预制结构构件连接时,宜采用预留埋件的安装方式。当采用其他安装固定法时,不得影响钢结构构件的完整性与结构的安全性。

(3) 当建筑设备管线与构件采用预埋件固定时,应可靠连接,管卡应固定在构件允许范围内,安装建筑设备的墙体应满足承重要求。

(4) 构件中预埋管线、预埋件、预留沟(槽、孔、洞)的位置应准确,不应在围护系统安装后凿剔。楼地面内的管道与墙体内的管道有连接时,应与构件安装协调一致,保证位置准确。

(5) 预留套管应按设计图纸中管道的定位、标高同时结合装饰、主体结构，绘制预留套管图。预留预埋应在预制构件厂内完成，并进行质量验收。

6.5.2 安装作业

(1) 室内给水系统工程施工安装应符合下列规定：

①生活给水系统所用材料应达到饮用水卫生标准；

②当采用给水分水器时，给水分水器与用水点之间的管道应一对一连接，中间不应有接口；

③管道所用管材、配件宜使用同一品牌产品；

④在架空地板内敷设给水管道时应设置管道支(托)架，并与结构可靠连接。

(2) 消火栓箱应于预制构件上预留安装孔洞，孔洞尺寸各边大于箱体尺寸20 mm。箱体与孔洞之间的间隙应采用防火材料封堵。同时应考虑消火栓所接管道的预留做法。

(3) 管道波纹补偿器、法兰及焊接接口不应设置在预制结构，如钢梁或钢柱的预留孔。

(4) 在具有防火保护层的钢结构上安装管道或设备支吊架时，通常应采用非焊接方法固定；当必须采用焊接方法时，应与结构专业协调，被破坏的防火保护层应进行修补。

(5) 沿叠合楼板、预制墙体预埋的电气灯头盒、接线盒及其管路与现浇相应电气管路连接时，墙面预埋盒下(上)宜预留接线空间，便于施工接管操作。

(6) 室内排水系统工程施工安装应符合下列规定：

①室内架空地板内排水管道支(托)架及管座(墩)的安装应按排水坡度排列整齐，支(托)架与管道接触紧密，非金属排水管道采用金属支架时，应在与管外径接触处设置橡胶垫片；

②架空层地板施工前，架空层内排水管道应进行灌水试验；

③排水管道应做通球试验，球径不小于排水管道管径的 2/3，通球率必须达到 100%。

(7) 通风空调系统工程施工安装应符合下列规定：

①住宅厨房、卫生间宜采用金属软管与竖井排风系统连接；

②空调风管及冷热水管道与支、吊架之间，应有绝热衬垫，其厚度不应小于绝热层厚度，宽度应大于支、吊架支承面的宽度；

③通风工程施工完毕后应对系统进行调试，并做好记录。

(8) 智能化系统工程施工安装应符合下列规定：

①电视、电话、网络等应单独布管，与强电线路的间距应大于 100 mm，交叉设置间距大于 50 mm；

②防盗报警控制器与中心报警控制主机应通过专线或其他方式联网。

(9) 管线施工完成后应做好成品保护。成品保护措施有：

①装配式整体建筑设备及管道的零部件应放置在干燥环境下；

②装配式整体建筑设备及管道的零部件堆放场地应做好防碰撞措施。

6.5.3 施工安全管理

(1) 在运输过程中，应采取适当的包装方式保护机电设备免受损坏。对于易碎物品或高灵敏度设备，应选择合适的运输工具，并妥善固定好设备。同时，在存储时需注意避免湿气和污染物的侵入，保持设备的安全。

(2) 在机电设备的安装过程中，安全防护措施是至关重要的。工作人员应佩戴个人防护装备，如安全帽、防护眼镜和手套等。同时，需要设置警示标志并划定安全通道，确保工作区域的安全。

7

装配式建筑工程招投标与造价管理

7.1 装配式建筑招投标

7.1.1 承发包形式

装配式建筑原则上应采用以设计施工(生产采购)一体化为核心的工程总承包模式,促进设计、生产、施工深度融合。

1. 工程总承包与施工总承包

工程总承包是一种国际上通行的工程建设项目组织管理形式,是指从事工程总承包的企业按照与建设单位签订的合同,对工程设计、采购、施工或者设计、施工阶段实行总承包,并对工程的质量、安全、工期和造价等全面负责的承包方式。

施工总承包是我国当前较普遍采用的一种工程组织形式,一般包括土建、安装等工程,原则上工程施工部分只有一个总承包单位,装饰、安装部分可以在法律条件允许下分包给第三方施工单位。在建筑工程中,一般来说,土建施工单位即是法律意义上的施工总承包单位。

工程总承包负责的内容比施工总承包多,主要是多了对工程设计的承包内容,这是借鉴了工业生产组织的经验,实现建设生产过程的组织集成化,从而在一定程度上克服了设计与施工分离导致的投资增加、管理不协调、影响建设进度和工程质量等弊病。

2. 装配式建筑与工程总承包

我国建设工程存在不少返工、工期延误及资源浪费现象。造成这些问题的因素很多,一个重要因素是参建各方责任主体间的信息不能共享、交流不畅,导致不能高效协同。

与现浇混凝土建筑相比,装配式建筑对设计、施工、部品部件制作的相互协调提出了更高的要求,需要建设全过程各个环节高效协同。装配式混凝土建筑在设计时要充分考虑制作、安装甚至后期管理环节的要求和可能出现的问题,一个预制构件可能涉及的预埋件就达到十几种,如果各个专业和各个环节协同不够,就可能遗漏,导致在制作好的构件上砸墙凿洞,带来结构安全隐患。

实行工程总承包有利于促进设计、制作和施工各个环节的协同,克服由于设计、制作、施工分离导致的责任分散、成本增加、工期延长、技术衔接不好、质量管控难等弊病;有利于装配式混凝土建筑成本控制,在设计时即可从更有利于降低施工和生产成本方面提出优化方案,从整体上进行成本控制。可以认为,工程总承包方式特别适合装配式混凝土建筑工程。

7.1.2 承发包形式的审批、核准和备案程序

招标人应当在发包前完成项目审批、核准或者备案程序。企业投资的装配式建筑项目,应当在核准或者备案后进行工程总承包项目发包。政府投资的装配式建筑项目,原则上应当在初步设计审批完成后进行工程总承包项目发包(在建设规模、建设标准、投资限额、工程质量和进度要求已确定的条件下,允许没有详细工程量清单的项目带方案招标);其中,按照国家有关规定简化报批文件和审批程序的政府投资项目,应当在完成相应的投资决策审批后进行工程总承包项目发包。

《中华人民共和国招标投标法》第九条规定:招标项目按照国家有关规定需要履行项目审批手续的,应当先履行审批手续,取得批准。招标人应当有进行招标项目的相应资金或者资金来源已经落实,并应当在招标文件中如实载明。

故办理审批手续和落实资金来源是提出招标项目前必须完成的两项工作。按照国家有关规定需要履行项目审批、核准手续的依法必须进行招标的项目,其招标范围、招标方式、招标组织形式应当报项目审批、核准部门审批、核准。项目资金来源于财政资金、自有资金、贷款等,不得由工程总承包单位或者分包单位垫资建设,政府投资项目建设投资原则上不得超过经核定的投资概算。资金落实关系到项目履行状况和总承包单位切身利益,必须在招标文件中如实载明。

1. 企业投资项目

企业投资项目需要核准、备案的项目范围:根据《企业投资项目核准和备案管理条例》(国务院令第673号)对关系国家安全、涉及全国重大生产力布局、战略性资源开发和重大公共利益等项目,实行核准管理,具体项目范围以及核准机关、核准权限依照政府核准的投资项目目录执行。对除此以外的项目,实行备案管理。

需核准的企业投资项目核准机关为国务院及其相关部门和各级政府。而对于备案项目,除国务院另有规定的,一般按照属地原则备案,备案机关及其权限由省、自治区、直辖市和计划单列市人民政府规定。

核准、备案的申报流程,根据《企业投资项目核准和备案管理条例》规定,项目核准、备案均通过项目在线监管平台(以下简称"在线平台")办理。核准机关、备案机关以及其他有关部门统一使用在线平台生成的项目代码办理相关手续,即项目单位须通过网络在线平台进行项目登记,先获取项目代码,再申请并

提交备案、核准的相应材料，但应当注意中央项目和地方项目的区别。《全国投资项目在线审批监管平台运行管理暂行办法》（国家发展改革委等 18 部门 2017 年第 3 号令）中规定，中央项目是指由国务院及其相关部门审批、核准和备案的项目。地方项目是指地方各级政府及其相关部门审批、核准和备案的项目。中央项目应当通过中央平台进行申报，可登录“全国投资项目在线审批监管平台”网上申报；地方项目通过地方平台进行申报。

2. 政府投资项目

政府投资项目的审批范围：《政府投资条例》（国务院令第 712 号）第九条规定，政府采取直接投资方式、资本金注入方式投资的项目，项目单位应当编制项目建议书、可行性研究报告、初步设计，按照政府投资管理权限和规定的程序，报投资主管部门或者其他有关部门审批。即属于使用政府预算资金进行的新建、扩建、改建技术改造等固定资产投资建设活动的项目，都应当经过审批手续。

审批的权限机关，交通、水利、能源等领域的重大工程，油气长输管线、民爆仓库等重大危险源项目和保密工程需要上报省和国家审批。其余政府投资项目，由市发展改革部门负责在线平台的赋码和项目建议书、可行性研究报告的审批。

审批的申报流程和企业投资项目相同，政府投资项目的审批也通过统一在线平台进行，先由发展改革部门进行赋码，再提交审批所需的相关文件。

审批的结果，政府投资项目建议书、可行性研究报告审批均属其他行政权力事项，审批通过后发展和改革委员会将会出具批复文件或复函。

3. 装配式建筑工程总承包发包阶段选择

《住房城乡建设部关于进一步推进工程总承包发展的若干意见》（建市〔2016〕93 号）中规定：建设单位可以根据项目特点，在可行性研究、方案设计或者初步设计完成后，按照确定的建设规模、建设标准、投资限额、工程质量和进度要求等进行工程总承包项目发包。即现阶段工程总承包项目建设单位可选择在三个阶段进行发包：可行性研究报告完成后方案设计完成前、方案设计完成后初步设计完成前、初步设计完成后施工图完成前。

（1）可行性研究报告完成后方案设计完成前发包。可行性研究报告完成后方案设计完成前是指项目已完成可行性研究报告并批复，已有投资估算，但没有具体的方案设计。在该阶段，项目以可研批复的投资限额、建设规模及建设标准为依据进行工程总承包发包，总承包商的工作内容包括方案设计、初步设计、施工图设计及全部施工工作。

在该阶段进行工程总承包发包的优点分析：①确保了项目的方案设计、初步设计以及施工图设计交由同一设计团队完成，可最大程度实现建筑设计的完整实施，避免出现由于前后设计单位或团队不一致而造成的设计脱节、责任推卸、建筑创作走样等不利情况；②节约了前期工作时间，加快项目推进，同时也减少了建设单位的工作量，降低了项目前期工作难度；③可研阶段后进行招标，设计、施工、采购的同步统筹工作开展得早，更有利于项目进行进度控制；④可从方案阶段进行项目设计优化，从源头把控和实现投资控制。

在该阶段进行工程总承包发包的缺点分析：因为没有方案设计，可研阶段的投资概算一般较粗，不能精确地计量项目工程造价。随着设计工作的不断深入，可研阶段所确定的发包价与后期的初步设计概算、施工图预算以及竣工结算等会存在一定的差距，且往往初步设计概算与施工图预算会超可研估算，超出比例一般会达到10%～20%，导致工程总承包商的投资控制风险加大，如工程总承包商控制不利，造成项目成本超发包价，可能造成项目烂尾等建设风险。

(2) 方案设计完成后初步设计完成前发包。方案设计完成后初步设计完成前是指项目已完成可研批复、方案设计批复，未进行初步设计。在该阶段，项目以可研批复的投资限额、方案设计确定的建设规模及建设标准为依据进行工程总承包发包，工程总承包商的工作内容包括初步设计、施工图设计及全部施工工作。

(3) 初步设计完成后施工图完成前发包。初步设计完成后施工图完成前是指项目已完成初步设计及概算，未完成施工图。在该阶段，项目以初步设计批复的投资限额、建设规模及建设标准为依据进行工程总承包发包，总承包商的工作内容仅包括施工图设计及全部施工工作。

7.1.3 招标资料及相关要求

(1) 立项批复(备案)、地质勘察资料、方案设计、初步设计(如有)等基础资料；

(2) 设计、采购和施工的内容及范围、工期、质量、安全、环保、智能、建设标准、技术标准、主要设备参数、材料品牌等；

(3) 招标人与中标人的责任和权利范围；

(4) 最高投标限价或者最高投标限价的计算方法；

(5) 工程分包的规定和要求，以及工程允许分包的专业及范围；

(6) 建筑信息模型(BIM)技术应用范围、应用深度、交付标准等技术指标；

(7) 工程样板房、技术创新、绿建星级、一体化装修等方面要求；

(8) 项目单体装配率指标。装配率应符合《装配式建筑评价标准》(GB/T 51129—2017),装配率计算规则应参照行业或地方规章,如重庆市住房和城乡建设委员会发布的《重庆市装配式建筑装配率计算细则》。

7.1.4 最高投标限价

招标人应当根据不同阶段的设计文件,参考工程造价指标、概算定额等设定最高投标限价。招标人设置最高投标限价时,可根据项目特点同时设置勘察设计、设备采购和施工的分项最高投标限价。最高投标限价不得高于投资估算、初步设计概算,确需调整的,应当在调整前报经原项目审批部门批准。

(1) 在完成项目核准或备案程序后进行工程总承包招标的,以项目核准或备案确认的估算投资额对应的工程设计费、建筑安装工程费、预备费、场地准备和临时设施费、技术应用费等属于招标范围内的费用作为最高投标限价。

在该阶段发包的,建议采取固定总价合同,建设单位在明确方案设计(或初步设计)、建设规模和建设标准后,编制招标估算工程量清单和最高投标限价。总承包单位按招标估算工程量清单填报竞价,总承包合同明确约定投标竞价作为最终结算依据。除发生依法应当由招标人承担的风险,或相关文件规定可以另行约定调价原则和方法外,工程总承包合同价格不予调整。

(2) 在取得初步设计及概算批复后进行工程总承包招标的,以经评审的概算投资额对应的工程设计费(施工图设计)、建安工程费、预备费、场地准备和临时设施费等属于招标范围内的费用作为最高投标限价。

在该阶段发包的,适宜采取固定总价合同,建设单位在明确初步设计方案、建设规模、建设标准和最高投标限价后,由总承包单位自行编制估算工程量清单进行竞价。除合同约定可以调整的情形外(如材料、人工费用调价原则和方式),合同总价一般不予调整。

7.1.5 招标时间及工期

(1) 装配式建筑工程总承包项目招标应合理确定招标时间,确保投标人有足够时间对招标文件进行仔细研究,核查招标人需求,进行必要的深化设计、风险评估和估算。一般项目自招标文件发出之日起至投标人提交投标文件截止之日,不宜少于 25 日。技术特别复杂、功能要求特殊的大型建设项目应当合理延长投标文件编制时间,一般不宜少于 40 日。

(2) 装配式建筑工程总承包项目招标文件不得设置不合理工期,不得任意压缩合理工期。

基础及地下室施工(施工至±0.000,含桩基工程):有一层地下室的,合理工期80天;有两层地下室的,合理工期160天;有三层地下室的,合理工期250天。主体结构施工:现浇混凝土结构,合理工期为7天/层;预制部分为“叠合板+预制楼梯”的,合理工期为8天/层;预制部分为“叠合板+预制楼梯+预制墙板”的,合理工期为10天/层。上文未描述的工程内容,合理工期一般应不低于《建筑安装工程工期定额》(建标〔2016〕161号)规定工期的70%。

7.1.6 投标人资质要求

住房和城乡建设部、国家发展改革委《房屋建筑和市政基础设施项目工程总承包管理办法》(建市规〔2019〕12号)第十条规定:工程总承包单位应当同时具有与工程规模相适应的工程设计资质和施工资质,或者由具有相应资质的设计单位和施工单位组成联合体……设计单位和施工单位组成联合体的,应当根据项目的特点和复杂程度,合理确定牵头单位,并在联合体协议中明确联合体成员单位的责任和权利。联合体各方应当共同与建设单位签订工程总承包合同,就工程总承包项目承担连带责任。第十一条规定:工程总承包单位不得是工程总承包项目的代建单位、项目管理单位、监理单位、造价咨询单位、招标代理单位。政府投资项目的项目建议书、可行性研究报告、初步设计文件编制单位及其评估单位,一般不得成为该项目的工程总承包单位。政府投资项目招标人公开已经完成的项目建议书、可行性研究报告、初步设计文件的,上述单位可以参与该工程总承包项目的投标,经依法评标、定标,成为工程总承包单位。

《房屋建筑和市政基础设施项目工程总承包管理办法》第十二条规定,鼓励设计单位申请取得施工资质,已取得工程设计综合资质、行业甲级资质、建筑工程专业甲级资质的单位,可以直接申请相应类别施工总承包一级资质。鼓励施工单位申请取得工程设计资质,具有一级及以上施工总承包资质的单位可以直接申请相应类别的工程设计甲级资质。完成的相应规模工程总承包业绩可以作为设计、施工业绩申报。

7.1.7 招标方式、评标方式

(1) 装配式建筑属于国有资金控股或者占主导地位的依法必须进行招标的项目,应当公开招标,但有下列情形之一的,可以邀请招标:

①技术复杂、有特殊要求或者受自然环境限制,只有少量潜在投标人可供选择;

②采用公开招标方式的费用占项目合同金额的比例过大;

③不适宜公开招标的重点项目。

符合上述第①项规定的项目，招标人应当在项目审批、核准或者备案前取得行业主管部门认定意见，再由同级项目审批、核准或者备案部门在审批、核准或者备案项目时进行确认；符合上述第②项规定的项目，属于应当审核招标方案的，由项目审批、核准部门在审批、核准项目时作出认定；符合上述第③项规定的项目，应当经政府常务会议讨论决定。邀请招标流程图如图 7-1 所示。

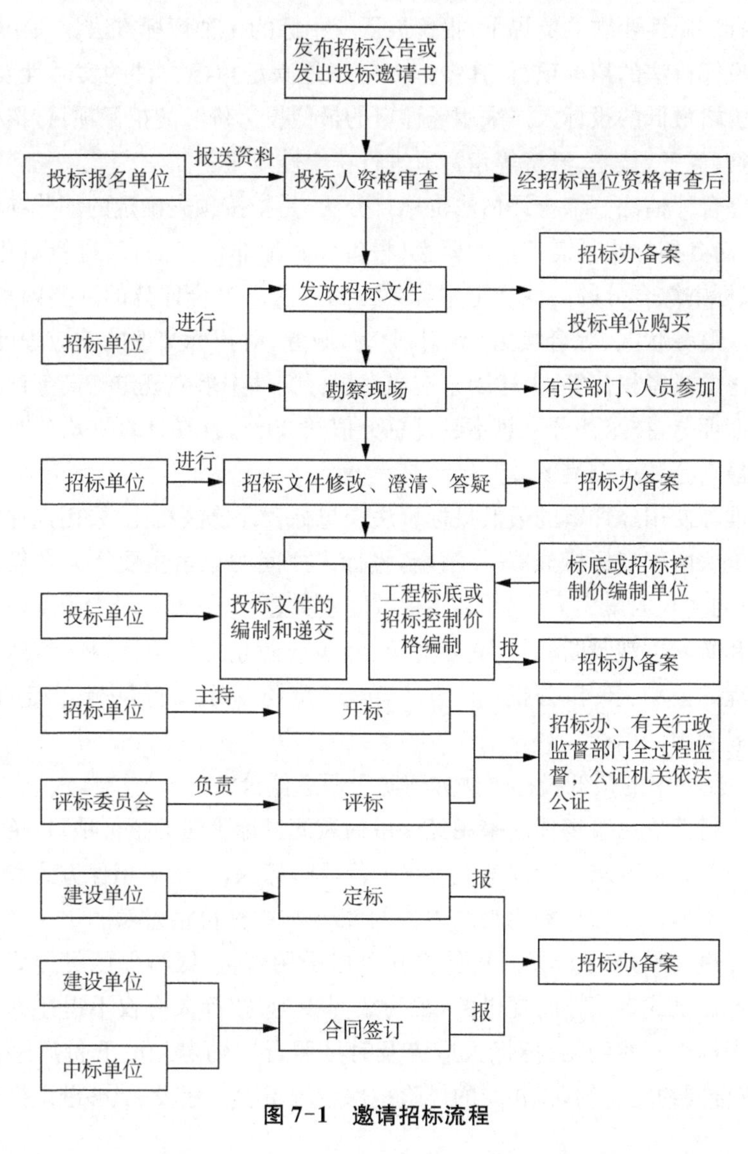

图 7-1　邀请招标流程

(2) 依法必须招标工程项目应根据项目情况合理选择资格审查方式，如项目所在地有规定的从其规定。如重庆市发布的《重庆市工程建设项目招标投标监督管理暂行办法》第十四条，依法必须进行招标的项目，应当采取资格后审方式对投标人进行资格审查，但技术复杂或者专业性强的项目，经行业主管部门同意可以采取资格预审方式。

(3) 评标方法常用的有最低评标价法和综合评估法。

①经评审的最低投标价法。经评审的最低投标价法指在符合招标文件规定的所有实质性要求的前提下，报价最低者中标的一种评标方法。采用经评审的最低投标价法的招标项目，其中标人应当是满足招标文件的实质性要求，并且投标价格最低的投标人。采用经评审的最低投标价法的招标项目，招标文件中的资格、商务、技术、经济等指标只进行符合性审查。

②综合评估法。综合评估法也称打分法，是指按预先确定的评分项目和分值权重，对各招标文件需评审的要素（报价和其他非价格因素）进行量化、评审记分，以标书综合分的高低确定中标单位的方法。综合评分的主要因素是：价格、技术、财务状况、综合实力、信用、业绩、服务、对招标文件的响应程度，以及相应的比重或者权值等，上述因素应当在招标文件中事先规定。商务评分应当是客观性评分，技术评分一般不超过总分值的30%，且在计算平均分时应当去掉1个最高分和1个最低分。

③推荐使用经评审的最低投标价法。与综合评价法相比，采用经评审的最低投标价法由于定标标准单一、清晰，投标人之间的竞争主要体现在投标报价上，评审的主观因素大大减少，客观评审因素突显，这就可以最大限度地减少外界干扰和专家主观臆断，引入有效竞争，减少或防止虚假招标，杜绝腐败，保证招标过程的公平、公开、公正。该方法有利于市场在资源配置中起决定性作用，有利于遏制围标串标。

(4) 经评审的最低投标价法如何防止恶意低价？

①实行低价风险担保。采用经评审的最低投标价法的招标项目，招标人应当在招标文件中要求中标候选人提供低价风险担保，并明确担保方式和扣减担保金额的情形。担保金额为最高限价的85%与中标价格差额的1～3倍，且最高不超过最高限价的85%。担保方式可以采用现金、银行保函等方式。拟中标人拒不提供或者不按时提供的，视为放弃中标，招标人有权不退还其投标保证金。中标人不履约的，招标人应当及时按照合同约定扣减低价风险担保金额，并按合同约定解约，将扣减的风险担保金用于项目建设，能够继续推进项目实施。

②严格落实信用管理。拟中标人拒不提供或者不按时提供低价风险担保

的，纳入重点关注名单，进行相应惩戒；中标人不履约的，对不良行为记分，并进行相应惩戒。

③规范合同变更管理。政府投资项目的合同变更必须要有充分的理由，并履行严格的程序，否则行业主管部门、项目法人和乙方均要承担相应责任。投标人企图低价抢标后再来变更合同，将无法轻易实现。

7.1.8 保证金缴纳

装配式建筑项目的投标保证金、履约保证金、低价风险担保金、农民工工资保证金、质量保证金，允许采用工程保函、担保或保证保险的方式缴纳，具体缴纳及退还方式由招标单位在招标文件中规定。缴纳方式可为在中国境内注册并经招标人认可的银行出具的银行保函，或具有担保资格和能力的专业担保公司出具的担保书，或保险公司出具的工程保证金保险单。

7.2 项目建设各阶段的造价管理

7.2.1 决策阶段造价管理

决策阶段的工程造价管理对整个工程造价的影响是很大的，是控制造价管理的前提和关键阶段。工程造价的计价与控制贯穿于建设工程项目的全过程，但投资决策阶段各项技术经济分析与判断，对该项目的工程造价有重大影响，特别是建设标准的确定、建设地点的选择、技术工艺的评选、生产设备的选用等，直接关系到工程造价的高低。在建设工程项目的全过程中，项目决策阶段对工程造价的影响程度很高，因此，项目投资决策阶段是决定工程造价的基础阶段，直接影响着之后的各个建设阶段工程造价的计价与控制。

项目决策阶段对工程造价的估算即投资估算结果的高低，是投资方案选择的重要依据之一，同时也是决定投资项目是否可行及主管部门进行项目审批的参考依据。

1. 工程项目策划

建设工程项目策划的正确性是工程造价管理的前提，策划正确，意味着对项目建设做出了科学的决策，优选出最佳投资方案，达到资源的合理配置。这样才能合理确定工程造价，并且在实施最优投资方案的过程中有效地控制工程造价。建设工程项目投资决策失误，主要体现在对项目建设地点的错误选择，或者投资方案的确定不合理等。诸如此类的决策失误，会造成不必要的人力、物力及财力的浪费，甚至造成不可弥补的损失。因此，项目策划的前提是事先保证项目决策的正确性，避免决策失误。工程造价是由建设项目投资决策的内容决定的。工程造价控制始终贯穿于项目建设的全过程中，而投资决策阶段各项技术经济的分析和判断，会极大地影响项目的工程造价，尤其是建设标准的确定、建设地点的选择、技术工艺的评选以及设备的选用等方面，都会直接影响工程造价的高低。

2. 工程项目策划的主要内容

重点在设计阶段进行工程造价控制可以使造价构成更合理，提高资金利用效率，提高投资控制效率。要有效地控制工程造价，就要坚决把控制重点放在前期阶段，尤其应抓住设计这个关键阶段，从一开始就将控制投资的思想植根于设计人员的头脑中，以保证选择恰当的设计标准和合理的功能水平，使设计更经济，控制工程造价效果更显著。从组织上采取措施，包括明确项目结构，明确造价控制者及其任务，明确管理职能分工；从技术上采取措施，包括重视设计多方案的选择，严格审查监督初步设计、技术设计、施工图设计，深入技术领域研究节约投资的可能；从经济上采取措施，包括动态地比较造价的计划值和实际值，严格审查各项费用支出，采取对节约投资的奖励措施等。最终使技术与经济相结合，是工程建设项目工程造价管理的目标。

在编制项目建议书和可行性研究阶段，确定和控制建设项目全过程各项投资支出的技术经济指标，是对前期工作阶段投资需要量进行估算的一项不可缺少的组成内容，是投资决策、筹资和控制造价的主要依据。项目投资决策阶段的造价管理工程造价的确定与控制贯穿于项目建设的全过程，但决策阶段的各项技术经济指标，对该项目的工程造价有着重大影响。在项目投资决策阶段，工程造价管理的重点是积极参与项目决策前的准备工作，切实做好可行性研究，根据市场需要及发展前景，合理确定建设规模、建设标准水平以及厂址的选择、设备的选用。在建设标准水平方面，避免一些项目建设标准水平定得太高而造成烂尾工程；在厂址选择方面要充分考虑燃料、原料供应的方便，交通运输的合理保证，地质水质条件及自然灾害情况的正常状态等方面；在设备选用方面，在考虑设备的经济性、安全性、可靠性、地域性及可维修性等方面的基础上，合理地利用各类设备。在实际的项目投资决策阶段应综合考虑各方面的因素，减少因决策失误而带来的损失。

3. 多方案比选

工程设计对工程造价控制起着决定性的作用，设计越细致、越规范，就越能较好地控制造价。在这一阶段，工程造价的管理主要体现在技术与经济结合上，对工程造价的影响占 80%以上，由于设计规模的合理程度、使用材料和设备的选择直接影响到工程造价，在设计过程中，设计人员应加强与造价控制人员进行沟通，使工程设计方案的确定更经济合理。对图纸技术上的合理性、施工上的可行性、工程造价上的经济性进行全面的审核。这种审核工作应穿插于整个设计过程中，力求将工程变更的发生控制在施工之前。例如，限额设计便是将设计与造价相结合的最直接的手段，也是到目前为止比较可行的一种方法。

设计人员还需深入勘察、熟悉现场，对设计方案进行比选、经济分析，熟悉新技术、新材料、新工艺，并应注重设计方案经济上的合理性，尽量杜绝施工过程中出现过多设计变更，造成工程投资的追加，使投资控制工作变得被动。对经济资源进行优化配置的最重要、最直接的手段就是对建设项目进行合理的选择，我国的工程建设有投资膨胀现象发生，这样不仅造成工期越拖越长，而且工程造价也越来越高，原因是缺乏建设项目前期确定工程造价的有效依据。为了合理使用有限的建设投资，在项目可行性研究过程中，对各项主要经济和技术决策（如建设规模、产品方案、工艺流程和主要设备选型、原材料和燃料供应方式、项目地址选择、布置以及资金筹措等）均应根据实际情况提出各种可能的方案，对可行的方案，通过经济计算，结合投资情况详细论证、比较、优化，做出选择。

方案比较可以按各个方案所含的全部因素（相同因素和不同因素），计算各个方案的全部经济效益，进行全面对比；也可按不同因素（不计算相同因素）计算相对经济效益，进行局部对比。比较时应注意保持各个方案的可比性。

4. 工程项目经济评价

建设项目经济评价是项目可行性研究的有机组成部分和重要内容，是项目决策科学化的重要手段。在项目经济评价过程中考虑资金的时间价值，引入项目经济评价方法与参数体系。把软科学引入决策程序，计算项目投资的费用和产生的效益，对拟建项目的合理性和经济可行性进行分析、论证，作出全面、科学的经济评价。项目经济评价的目的在于最大限度地提高投资效益，将风险减少到最低程度。

项目经济评价是在国民经济发展战略和行业、地区发展规划指导下进行的，因此有利于引导投资方向，控制投资规模，又能使项目、方案经过步步深入的比选、分析，达到优化。这样可减少由于依据不足、方法不当、盲目决策等所导致的失误，把有限的资源用于经济效益和社会效益真正好的建设项目。

项目经济评价主要内容、深度及计算指标，应能满足审批项目建议书、可行性研究报告的要求。在可行性研究阶段，必须做出全面、详细、完整的经济评价。

项目经济评价中不确定性分析：因所采用的数据，大部分来自预测和估算，有一定程度的不确定性。为了分析不确定因素对经济评价指标的影响，就需要进行不确定性分析，以预测项目可能承担的风险，确定项目在财务、经济上的可靠性。不确定性分析主要包括盈亏平衡分析、敏感性分析和概率分析。

汇集、整理有关基础数据，如建设总投资、分年投资支出和资金筹措来源、生产期间的各年产品成本、生产期间的各年产品销售量和销售收入、生产期间的利润分配和贷款偿还计划，综合以上数据编制整个项目计算期内的现今流量表等。

综合分析与评价的主要任务是通过对建设项目企业经济效益与国民经济效益的综合分析，提出投资决策的经济依据，确定最佳投资方案。

7.2.2 设计阶段造价管理

设计阶段是分析处理工程技术与经济关系的关键环节，也是有效控制工程造价的重要阶段。在工程设计阶段，工程造价管理人员需要密切配合设计人员进行限额设计，处理好工程技术先进性与经济合理性之间的关系。在初步设计阶段，要按照可行性研究报告及投资估算进行多方案的技术经济分析比较，确定初步设计方案，编制并审查工程概算；在施工图设计阶段，要按照审批的初步设计内容、范围和概算进行技术经济评价与分析，提出设计优化建议，确定施工图设计方案，审查施工图预算。

设计阶段工程造价管理的主要方法是通过多方案技术经济分析，优化设计方案，选用适宜方法编制并审查工程概预算；同时，通过推行限额设计和标准化设计，有效控制工程造价。

1. 限额设计

限额设计是指按照批准的可行性研究报告中的投资限额进行初步设计、按照批准的初步设计概算进行施工图设计、按照施工图预算造价编制施工图设计中各个专业设计文件的过程。

在限额设计中，工程使用功能不能减少，技术标准不能降低，工程规模也不能削减。因此，限额设计需要在投资额度不变的情况下，实现使用功能和建设规模的最大化。限额设计是工程造价控制系统中的一个重要环节，是设计阶段进行技术经济分析、实施工程造价控制的一项重要措施。

(1) 限额设计工作内容

①合理确定设计限额目标。投资决策阶段是限额设计的关键。对政府工

程而言，投资决策阶段的可行性研究报告是政府部门核准投资总额的主要依据，而批准的投资总额则是进行限额设计的重要依据。为此，应在多方案技术经济分析和评价后确定最终方案，提高投资估算准确度，合理确定设计限额目标。

②确定合理的初步设计方案。初步设计阶段需要依据最终确定的可行性研究方案和投资估算，对影响投资的因素按照专业进行分解，并将规定的投资限额下达到各专业设计人员。设计人员应用价值工程基本原理，通过多方案技术经济比选，拟定价值较高、技术经济性较为合理的初步设计方案，并将设计概算控制在批准的投资估算内。

③在概算范围内进行施工图设计。施工图是设计单位的最终成果文件，应按照批准的初步设计方案进行限额设计，施工图预算需控制在批准的设计概算范围内。

(2) 限额设计实施程序。限额设计强调技术与经济的统一，需要工程设计人员和工程造价管理专业人员密切合作。工程设计人员进行设计时，应基于建设工程全寿命周期，充分考虑工程造价的影响因素，对方案进行比较，优化设计；工程造价管理专业人员要及时进行投资估算，在设计过程中协助工程设计人员进行技术经济分析和论证，从而达到有效控制工程造价的目的。

限额设计的实施是建设工程造价目标的动态反馈和管理过程，可分为目标制定、目标分解、目标推进和成果评价四个阶段。

①目标制定。限额设计目标包括：造价目标、质量目标、进度目标、安全目标及环保目标。各个目标之间既相互关联又相互制约，因此，在分析论证限额设计目标时，应统筹兼顾，全面考虑，追求技术经济合理的最佳整体目标。

②目标分解。分解工程造价目标是实行限额设计的一个有效途径和主要方法。首先，将上一阶段确定的投资额分解到建筑、结构、电气、给排水和暖通等设计部门的各个专业。其次，将投资限额再分解到各个单项工程、单位工程、分部工程及分项工程。在目标分解过程中，要对设计方案进行综合分析与评价。最后，将各细化的目标明确到相应设计人员，制定明确的限额设计方案。通过层层目标分解和限额设计，实现对投资限额的有效控制。

③目标推进。目标推进通常包括限额初步设计和限额施工图设计两个阶段。

④成果评价。成果评价是目标管理的总结阶段。通过对设计成果的评价，总结经验和教训，作为指导和开展后续工作的重要依据。

值得指出的是，当考虑建设工程全寿命周期成本时，按照限额要求设计的方案未必具有最佳经济性，此时亦可考虑突破原有限额，重新选择设计方案。

2. 设计方案评价与优化

设计方案评价与优化是设计过程的重要环节，它是指通过技术比较、经济分析和效益评价，正确处理技术先进与经济合理之间的关系，力求达到技术先进与经济合理的和谐统一。

设计方案评价与优化通常采用技术经济分析法，即将技术与经济相结合，按照建设工程经济效果，针对不同的设计方案，分析其技术经济指标，从中选出经济效果最优的方案。设计方案不同，其功能、造价、工期和设备、材料、人工消耗等标准均存在差异，因此，技术经济分析法不仅要考察工程技术方案，更要关注工程费用。

(1) 基本程序。设计方案评价与优化的基本程序如下：

①按照使用功能、技术标准、投资限额的要求，结合工程所在地实际情况，探讨和建立可能的设计方案。

②从所有可能的设计方案中初步筛选出各方面都较为满意的方案作为比选方案。

③根据设计方案的评价目的，明确评价的任务和范围。

④确定能反映方案特征并能达到评价目的的指标体系。

⑤根据设计方案计算各项指标及对比参数。

⑥根据方案评价的目的，将方案的分析评价指标分为基本指标和主要指标，通过评价指标的分析计算，排出方案的优劣次序，并提出推荐方案。

⑦综合分析，进行方案选择或提出技术优化建议。

⑧对技术优化建议进行组合搭配，确定优化方案。

⑨实施优化方案并总结备案。

在设计方案评价与优化过程中，建立合理的指标体系，并采取有效的评价方法进行方案优化是最基本和最重要的工作内容。

(2) 评价指标体系。设计方案的评价指标是方案评价与优化的衡量标准，对于技术经济分析的准确性和科学性具有重要作用。内容严谨、标准明确的指标体系，是对设计方案进行评价与优化的基础。

评价指标应能充分反映工程项目满足社会需求的程度，以及为取得使用价值所需投入的社会必要劳动和社会必要消耗量。因此，指标体系应包括以下内容：

①使用价值指标，即工程项目满足需要程度(功能)的指标；

②消耗量指标，即反映创造使用价值所消耗的资金、材料、劳动量等资源的

指标；

③其他指标。

对建立的指标体系，可按指标的重要程度设置主要指标和辅助指标，并选择主要指标进行分析比较。

(3) 评价方法。设计方案的评价方法主要有多指标法、单指标法以及多因素评分优选法。

①多指标法。多指标法就是采用多个指标，将各个对比方案的相应指标值逐一进行分析比较，按照各种指标数值的高低对其作出评价。

②单指标法。单指标法是以单一指标为基础对建设工程技术方案进行综合分析与评价的方法。

③多因素评分优选法。多因素评分优选法是多指标法与单指标法相结合的一种方法。对需要进行分析评价的设计方案设定若干个评价指标，按其重要程度分配，然后按照评价标准给各指标打分，将各项指标所得分数与其权重采用综合方法整合，得出各设计方案的评价总分，以获总分最高者为最佳方案。多因素评分优选法综合了定量分析评价与定性分析评价的优点，可靠性高，应用较广泛。

(4) 方案优化。方案优化是使设计质量不断提高的有效途径，可在设计招标或设计方案竞赛的基础上，将各设计方案的可取之处进行重新组合，吸收众多设计方案的优点，使设计更加完美。而对于具体方案，则应综合考虑工程质量、造价、工期、安全和环保五大目标，基于全要素造价管理进行优化。

工程项目五大目标之间的整体相关性，决定了设计方案优化必须考虑工程质量、造价、工期、安全和环保五大目标之间的最佳匹配，力求达到整体目标最优，而不能孤立、片面地考虑某一目标或强调某一目标而忽略其他目标。在保证工程质量和安全、保护环境的基础上，追求全寿命周期成本最低的设计方案。

3. 设计概预算

设计概预算文件是确定建设工程造价的文件，是工程建设全过程造价控制、考核工程项目经济合理性的重要依据。

(1) 设计概算

①设计概算的含义。设计概算是以初步设计文件为依据，按照规定的程序、方法和依据，对建设项目总投资及其构成进行的概略计算。具体而言，设计概算是在投资估算的控制下根据初步设计或扩大初步设计的图纸及说明，利用国家或地区颁发的概算指标、概算定额、综合指标预算定额、各项费用定额或取费标准（指标），建设地区自然、技术经济条件和设备、材料预算价格等资料，按

照设计要求，对建设项目从筹建至竣工交付使用所需全部费用进行的预估。设计概算的成果文件称作设计概算书，也简称设计概算。设计概算书的编制工作相对简略，无须达到施工图预算的准确程度。采用两阶段设计的建设项目，初步设计阶段必须编制设计概算；采用三阶段设计的，扩大初步设计阶段必须编制修正概算。

设计概算的编制内容包括静态投资和动态投资两个层次。静态投资作为考核工程设计和施工图预算的依据；动态投资作为项目筹措、供应和控制资金使用的限额。

政府投资项目的设计概算经批准后，一般不得调整。各级政府投资管理部门对概算的管理都有相应规定。项目初步设计及概算批复核定后，应当严格执行，不得擅自增加建设内容、扩大建设规模、提高建设标准或改变设计方案。确需调整且将会突破投资概算的，必须事前向原概算批复部门申报；未经批准的，不得擅自调整实施。因项目建设期价格大幅上涨、政策调整、地质条件发生重大变化和自然灾害等不可抗力因素导致原核定概算不能满足工程实际需要的，可以向原概算批复部门申请调整概算。概算调增幅度超过原批复概算 10%的，概算核定部门原则上先申请审计机关进行审计，并依据审计结论进行概算调整。一个工程只允许调整一次概算。

②设计概算的编制内容。按照《建设项目设计概算编审规程》(CECA/GC 2—2015)的相关规定，设计概算文件的编制应采用单位工程概算、单项工程综合概算、建设项目总概算三级概算编制形式。当建设项目为一个单项工程时，可采用单位工程概算、总概算两级概算编制形式。

③设计概算的编制要求

a. 设计概算应按编制时项目所在地的价格水平编制，总投资应完整地反映编制时建设项目实际投资。

b. 设计概算应考虑建设项目施工条件等因素对投资的影响。

c. 设计概算应按项目合理建设期限预测建设期价格水平，以及资产租赁和贷款的时间价值等动态因素对投资的影响。

④设计概算审查。设计概算审查是确定建设工程造价的一个重要环节。通过审查，能使概算更加完整、准确，促进工程设计的技术先进性和经济合理性。

(2) 施工图预算

①施工图预算的含义

施工图预算是以施工图设计文件为依据，按照规定的程序、方法和依据，在工程施工前对工程项目的工程费用进行的预测与计算。施工图预算的成果文件称作施工图预算书,也简称施工图预算,它是在施工图设计阶段对工程建设所需资金做出较精确计算的设计文件。

施工图预算价格既可以是按照政府统一规定的预算单价、取费标准、计价程序计算而得到的属于计划或预期性质的施工图预算价格,也可以是通过招标投标法定程序后施工企业根据自身的实力即企业定额、资源市场单价以及市场供求及竞争状况计算得到的反映市场性质的施工图预算价格。

②施工图预算的编制内容

a. 施工图预算文件的组成。施工图预算由建设项目总预算、单项工程综合预算和单位工程预算组成。建设项目总预算由单项工程综合预算汇总而成,单项工程综合预算由组成本单项工程的各单位工程预算汇总而成,单位工程预算包括建筑工程预算和设备及安装工程预算。

施工图预算根据建设项目实际情况可采用三级预算编制或二级预算编制形式。当建设项目有多个单项工程时,应采用三级预算编制形式,三级预算编制形式由建设项目总预算、单项工程综合预算、单位工程预算组成。当建设项目只有一个单项工程时,应采用二级预算编制形式,二级预算编制形式由建设项目总预算和单位工程预算组成。

采用三级预算编制形式的工程预算文件包括:封面、签署页及目录、编制说明,总预算表、综合预算表、单位工程预算表、附件等内容。采用二级预算编制形式的工程预算文件包括:封面、签署页及目录、编制说明,总预算表、单位工程预算表、附件等内容。

b. 施工图预算的内容。按照预算文件的不同,施工图预算的内容有所不同。建设项目总预算是反映施工图设计阶段建设项目投资总额的造价文件,是施工图预算文件的主要组成部分,由组成该建设项目的各个单项工程综合预算和相关费用组成,具体包括:建筑安装工程费、设备及工器具购置费、工程建设其他费用、预备费、建设期利息及铺底流动资金。施工图总预算应控制在已批准的设计总概算投资范围以内。

单项工程综合预算是反映施工图设计阶段一个单项工程(设计单元)造价的文件,是总预算的组成部分,由构成该单项工程的各个单位工程施工图预算组成。其编制的费用项目是各单项工程的建筑安装工程费和设备及工器具购置费总和。

单位工程预算是依据单位工程施工图设计文件、现行预算定额以及人工、材料和施工机具台班价格等,按照规定的计价方法编制的工程造价文件,包括单位建筑工程预算和单位设备及安装工程预算。单位建筑工程预算是建筑工程各专业单位工程施工图预算的总称,按其工程性质分为一般土建工程预算,给排水工程预算,采暖通风工程预算,煤气工程预算,电气照明工程预算,弱电工程预算,特殊构筑物如烟囱、水塔等工程预算以及工业管道工程预算等。安装工程预算是安装工程各专业单位工程预算的总称,安装工程预算按其工程性质分为机械设备安装工程预算、电气设备安装工程预算、工业管道工程预算和热力设备安装工程预算等。

③施工图预算的编制原则

a. 施工图预算的编制应保证编制依据的合法性、全面性和有效性,以及预算编制成果文件的准确性、完整性。

b. 完整、准确地反映设计内容的原则。编制施工图预算时,要认真了解设计意图,根据设计文件和图纸准确计算工程量,避免重复和漏算。

c. 坚持结合拟建工程的实际,反映工程所在地当时价格水平的原则。编制施工图预算时,要实事求是地对工程所在地的建设条件、可能影响造价的各种因素进行认真的调查研究。在此基础上,正确使用定额、费率和价格等各项编制依据,按照现行工程造价的构成,根据有关部门发布的价格信息及价格调整指数,考虑建设期的价格变化因素,使施工图预算尽可能地反映设计内容、实际施工条件和实际价格。

总之,设计概预算作为设计阶段造价管理的重要组成部分,需要有关各方积极配合,强化管理,从而实现基于建设工程全寿命周期的全要素集成管理。

7.2.3 施工阶段造价管理

1. 资金使用计划的编制

(1) 资金使用计划

①作用:资金使用计划的编制与控制对工程造价水平有着重要影响。建设单位通过科学的编制资金使用计划,可以合理确定工程造价的总目标值和各阶段目标值,使工程造价控制有据可依。

②编制计划:资金使用计划的编制是在工程项目结构分解的基础上,将工程造价的总目标值逐层分解到各个工作单元,形成各分目标值及各详细目标值。

③偏差分析及纠偏:定期地将工程项目中各个目标实际支出额与目标值进行比较,以便及时发现偏差,找出偏差原因并及时采取纠正措施,将工程造价偏差控制在一定范围内。

(2) 资金使用计划编制方法

①按工程造价构成编制:按工程造价构成编制的资金使用计划也分为建筑安装工程费使用计划、设备工器具费用计划和工程建设其他费使用计划。这种编制方法比较适合有大量经验数据的工程项目。

②工程项目组成编制:大中型工程项目一般由多个单项工程组成,每个单项工程又可细分为不同的单位工程,进而分解为各个分项工程。一般来说,将工程造价目标分解到各单项工程、单位工程比较容易,结果也比较合理可靠。按这种方式分解时,不仅要分解建筑安装工程费,而且要分解设备及工器具购置费以及工程建设其他费、预备费、建设期贷款利息等。

③按工程进度编制:投入工程项目的资金是分阶段、分期支出的,资金使用是否合理与施工进度安排紧密相关。为了编制资金使用计划,并据此筹集资金,尽可能减少资金占用和利息支付,有必要将工程项目的资金使用计划按进度进行分解,以确定各施工阶段的具体目标值。

2. 工程变更与索赔管理

(1) 工程变更与索赔管理概念。工程变更是指在合同实施过程中,当合同状态改变时,为保证工程顺利实施所采取的对原合同文件的修改与补充,相应调整合同价格和工期的一种措施。

索赔管理是指在施工过程中,承包人对并非自己的过错造成的损失,或承担了合同规定之外的工作所付出的额外支出,承包人依据合同和法律,向发包人提出在时间上和经济上要求补偿的权利。

(2) 变更程序。

提出变更:如果认为原设计图纸或技术规范不适应工程实际情况时,可向监理提出变更要求或建议。

工程变更建议审查:监理对变更建议书进行审查,并与参建单位进行协商,对变更项目的单价和总价进行估算,分析因此而引起的该项目工程费用增加或减少的数额。

工程变更的批准:监理权力范围之内在规定时间内作出决定或给予审批。

工程变更估价:监理审核工程变更设计文件和图纸后,要求承包人就工程变更进行估价,由承包人提出工程变更的单价或价格,报监理审查,发包人批准。

(3) 索赔程序。

索赔的提出:承包人如要对某一事件提出索赔,应在索赔事件发生后,将索赔意向书提交给发包人和监理。

索赔的处理：监理收到承包人提交的索赔意向书后，应及时核查承包人的当时记录，承包人提供进一步的支持文件和继续做好延续记录以备核查。

索赔的支付：发包人和承包人应在收到监理的索赔处理决定后，将其是否同意索赔处理决定的意见通知监理并将确定的索赔金额列入当月付款证书中予以支付。

提请争议调解组进行评审：若双方或其中任一方不接受监理的索赔处理决定，则双方均可提请争议调解组评审解决。

3. 工程费用动态监控

费用偏差及其表示方法。

偏差表示方法。对费用偏差和进度偏差的分析可以利用如下参数：拟完工程计划费用(BCWS)；已完工程实际费用(ACWP)；已完工程计划费用(BCWP)。

费用偏差(CV)：费用偏差(CV)＝已完工程计划费用($BCWP$)－已完工程实际费用($ACWP$)。

当$CV>0$时，说明工程费用节约；当$CV<0$时，说明工程费用超支。

进度偏差(SV)：进度偏差(SV)＝已完工程计划费用($BCWP$)－拟完工程计划费用($BCWS$)。

当$SV>0$时，说明工程进度超前；当$SV<0$时，说明工程进度拖后。

局部偏差与累计偏差：对于整个工程项目而言，局部偏差指各单项工程、单位工程和分部分项工程的偏差；相对于工程项目实施的时间而言，局部偏差指每一控制周期所发生的偏差。累计偏差是指在工程项目已经实施的时间内累计发生的偏差。累计偏差的分析必须以局部偏差分析为基础。但累计偏差分析不是对局部偏差分析的简单汇总，需要对局部偏差分析结果进行综合分析，其结果更能显示代表性和规律性，对费用控制工作在较大范围内具有指导作用。

绝对偏差与相对偏差：绝对偏差是指实际值与计划值比较所得到的差额。相对偏差则是指偏差的相对数或比例数，通常是用绝对偏差与费用计划值的比值来表示。

4. 工程价款结算

工程价款结算阶段是装配式建筑工程项目施工的最后阶段，是最终确定装配式建筑工程项目总体造价的环节。在装配式建筑工程造价管理中，竣工结算普遍超出施工图预算，该问题亟须解决。装配式建筑工程项目的竣工阶段，既是对装配式建筑工程项目的竣工验收，又是对装配式建筑工程项目投入正常运营和后期维护的保证。因此，在装配式建筑工程项目的竣工阶段，要严格对装配式建筑工程项目的各项施工合同的相关条款进行细致核对校验，对工程量清单进行逐条审核查验，确保全部相关资料都满足相关法律法规和工程合同的要求，尤其要对装配式建筑的构件生产以及现场施工过程中增加的各项条款进行重点审核，确保其满足相关法律法规和工程合同的要求。

(1) 工程竣工结算的编制和审核。单位工程竣工结算由承包人编制，发包人审查；实行总承包的工程，由具体承包人编制，在总承包人审查的基础上，发包人审查。单项工程竣工结算或建设项目竣工总结算由总承包人编制，发包人可直接进行审查，也可以委托具有相应资质的工程造价咨询机构进行审查。政府投资项目，由同级财政部门审查。单项工程竣工结算或建设项目竣工总结算经发承包人签字盖章后有效。承包人应在合同约定期限内完成项目竣工结算编制工作，未在规定期限内完成的并且无正当理由延期的，责任自负。

(2) 竣工结算款的支付。工程竣工结算文件经发承包双方签字确认的，应当作为工程结算的依据，未经对方同意，另一方不得就已生效的竣工结算文件委托工程造价咨询企业重复审核。发包人应当按照竣工结算文件及时支付竣工结算款。竣工结算文件应当由发包人报工程所在地县级以上地方人民政府住房和城乡建设主管部门备案。

(3) 合同解除的价款结算与支付。发承包双方协商一致解除合同的，按照达成的协议办理结算和支付合同价款。

5. 质量保证金的扣留与返还

(1) 质量保证金的含义。根据《建设工程质量保证金管理办法》(建质〔2016〕295 号)的规定，建设工程质量保证金是指发包人与承包人在建设工程承包合同中约定，从应付的工程款中预留，用以保证承包人在缺陷责任期内对建设工程出现的缺陷进行维修的资金。

(2) 质量保证金预留及管理

①质量保证金的预留。发包人应按照合同约定方式预留质量保证金，质量保证金总预留比例不得高于工程价款结算总额的 5%，合同约定由承包人以银行保函替代预留质量保证金的，保函金额不得高于工程价款结算总额的 5%。在工程项目竣工前，已经缴纳履约保证金的，发包人不得同时预留工程质量保证金。采用工程质量保证担保、工程质量保险等其他方式的，发包人不得再预留质量保证金。

②缺陷责任期内，实行国库集中支付的政府投资项目，质量保证金的管理应按照国库集中支付的有关规定执行。其他政府投资项目，质量保证金可以预留在财政部门或发包方。缺陷责任期内，如发包方被撤销，质量保证金随交付使用资产一并移交使用单位，由使用单位代行发包人职责。社会投资项目采用预留质量

保证金方式的，发承包双方可以约定将质量保证金交由金融机构托管。

③质量保证金的使用。缺陷责任期内，由承包人原因造成的缺陷，承包人应负责维修，并承担鉴定及维修费用。如承包人不维修也不承担费用，发包人可按合同约定从质量保证金或银行保函中扣除，费用超出质量保证金额的，发包人可按合同约定向承包人进行索赔，承包人维修并承担相应费用后，不免除对工程的损失赔偿责任，由他人及不可抗力原因造成的缺陷，发包人负责组织维修，承包人不承担费用，且发包人不得从质量保证金中扣除费用。发承包双方就缺陷责任有争议时，可以请有资质的单位进行鉴定，责任方承担鉴定费用并承担维修费用。

(3) 质量保证金的返还。缺陷责任期内，承包人认真履行合同约定的责任，到期后，承包人向发包人申请返还质量保证金。

发包人在接到承包人返还质量保证金申请后，应于 14 天内会同承包人按照合同约定的内容进行核实。如无异议，发包人应当按照约定将质量保证金返还给承包人。对返还期限没有约定或者约定不明确的，发包人应当在核实后 14 天内将质量保证金返还承包人，逾期未返还的，依法承担违约责任，发包人在接到承包人返还质量保证金申请后 14 天内不予答复，经催告后 14 天内仍不予答复，视同认可承包人的返还保证金申请。

7.2.4 项目后评价造价管理

项目后评价造价管理是对前期决策阶段、设计阶段、施工阶段、结算阶段的造价管理经验及教训进行总结，对需要加强及完善的方面进行调整，使造价管理向更好的方向发展。

对于装配式建筑单位而言，要想在日益激烈的市场竞争中占据一席之地，相关建设单位就要从加强其造价管理工作入手，积极采用清单计价模式，这样才能准确地计算出实际工程量，为其成本控制和施工效益的提升创造良好的条件，进而提高其市场竞争力。

7.3 装配式建筑造价管理

7.3.1 装配式建筑造价管理的特点

装配式建筑工程建设中的很多子项目造价成本要低于一般现浇建筑工程，然而在构件的生产和安装方面，造价成本远高于一般的现浇建筑，因此总体的造价要偏高于一般的建筑工程，主要在土建工程部分体现。

装配式建筑主要有建筑设计标准化、部品生产工厂化、现场施工装配化、过程管理信息化、建筑装修一体化等特点。装配式建筑与以往现浇建筑相比将大量的生产环节从施工现场转移到预制工厂进行，建筑产品的生产方式发生了较大的转变，因此各阶段相应的造价管理重点也要发生相应的转变，主要有设计阶段造价管理、PC 构件生产和运输阶段造价管理、招投标阶段的造价管理、施工阶段的造价管理。

1. 装配式建筑设计阶段的造价管理特点

装配式建筑生产对设计提出更高要求，要采用标准化模数设计，减少构件的种类。装配式建筑深化设计需要与构件厂共同完成构件加工图设计，洞口、管线需要精确定位，还要考虑现场运输、安装时的吊装、临时固定安装孔的预埋留设。装配式建筑要求设计人员要懂设计，同时现场施工更要兼顾生产与安装，在满足规范要求前提下，方便生产与安装施工。

2. PC 构件生产和运输阶段的造价管理特点

装配式建筑比传统现浇建筑成本高的一大主因是目前装配式建筑的产业链不完善、不成熟，PC 构件设计没有标准化、PC 构件预制前期投入大。生产方式和工艺流程同样影响预制构件企业生产力水平，影响构件生产成本。应该通过项目的特点合理选择生产方式，提高生产效率和设备利用率，并且加强生产管理，提高模具周转次数，降低成本。

3. 招投标阶段的造价管理特点

由于装配式建筑对设计与施工以及后续的装修协同化要求更高，因此更适合采取“设计-施工”总承包模式，目前的实际状况可以采用设计加施工企业组成联合体进行投标，在条件成熟时推行“设计-采购-施工”总承包，将设计、施工、生产采购企业整合起来，进一步简化不同企业之间的合同管理程序，降低沟通成本以及随之带来的后续施工返工成本，从而实现降低工程总造价。

4. 装配式建筑施工阶段的造价管理特点

装配式与传统现浇建筑相比，减少了混凝土、钢筋材料的现场消耗以及模板、脚手架安拆所需的大量人工消耗，可以与其他施工环节同步施工，节约工期，但也增加了预制构件的安装环节。在实际施工中应组织好多个工序和流水的同步施工，确保吊装时各机械都在合理的工作范围内，根据塔吊的参数性能、位置、堆放位置、预制构件的质量等分析，尽可能选择低费用吊装机械，避免二次搬运损伤预制构件，防止因延长工期造成重型吊装设备闲置引起的安装成本增加。在安装前利用 BIM 技术模拟施工现场的工序作业以及管理情况，找出潜在的问题,优化施工,提高安装质量的同时降低成本。构件安装施工与现浇结构施工有很多不同之处,由于装配式建筑推广时间较短,工人的相关施工经验比较欠缺,因此应该做好相应作业人员的培训工作,定期举行培训和经验交流活动并实行持证上岗制度,提高操作水平,避免因人为因素造成的质量问题而返工,提高劳动效率,降低安装成本。

7.3.2 装配式建筑造价管理的重点

施工阶段在装配式建筑工程项目中占据着核心地位,将装配式建筑工程图纸转化为装配式建筑工程实体。施工阶段,装配式建筑工程项目的总体造价已基本上确定下来。在这一阶段,要严格按照装配式建筑工程施工图纸和施工计划开展具体施工,同时,加大对造价管理的控制力度,避免各项施工资源的浪费,避免装配式建筑工程的造价增加。

同时,要深入分析掌握装配式建筑工程的特点,采取有针对性的措施加强对造价管理的有效控制。要深入了解和掌握工程量清单的各项具体内容,避免多项、漏项等情况发生;对于新型的施工工艺和施工方法,要及时进行详细的说明。对于装配式建筑工程项目的各类构件,要慎重选择专业技术较强且具有丰富生产经验的厂家进行量化生产,加强业主对于装配式建筑工程造价管理的宏观掌控,并有效保障构件的质量。

7.3.3 装配式建筑造价管理的方法与措施

1. 决策阶段的造价管理方法与措施

在项目决策阶段应加大市场调研力度,尤其是产品定位、优惠政策等,根据定位选择合适的造型和建筑形态设计,预制构件的拆分能够实现标准化,从而使得模具周转率增加,减少开模费用、提高施工效率,降低施工难度、降低工程造价。同时要充分了解政府的优惠政策,比如装配率奖励或容积率奖励,在满足限高、日照和规划指标等要求情况下,合理地规划奖励指标,使项目利润最大化。

2. 装配式建筑设计阶段的造价管理方法与措施

在设计过程中充分利用 BIM 建模,提前模拟预制构件预留钢筋位置是否与现浇部位相匹配,把实际施工过程中可能产生的碰撞和错位提前到设计阶段解决,大大减少返工和资源浪费,控制工程成本。

3. PC 构件生产和运输阶段的造价管理方法与措施

目前的生产中,需要各种样式的模具加工基本大小、规格都不同的预制构件,模具大多是专为一个工程使用的专用模具,不能在不同的工程上重复利用,因此需要提高模具标准化水平，提升模具使用率。

目前，装配式建筑推行时间还不长，预制构件生产企业没有形成规模化、产业化。普遍的问题是构件厂距离施工现场较远，预制构件由于体积大，运输难度较大，造成运输成本较高。因此，应该合理布局预制构件生产厂家的生产区域，对于产业发展成熟、需求量大的地区适当增大布置密度，进一步形成产业集群，降低运输成本。

混凝土构件规模化生产的过程中，生产厂家可以随时接收使用构件单位的相关意见，在后续加工中融入优化设计方案，降低构件生产失误，构件规格、尺寸更加精准，这类优质的构件运输到施工现场后，安装更加方便，完成安装后节省了大部分的装饰修补环节，从而有效节省了部分开支。

4. 招投标阶段的造价管理方法与措施

国家关于装配式建筑发展要求中明确规定，装配式建筑应该采用总承包模式，预制构件和部品部件的价格应该在招标阶段加以确定。装配式建筑工程设计一般需要进行二次深化，在编制招标书时，对于某些设计不够明确的分项目或者信息不全面的新型材料，可以采用暂定价的方式，暂定价时必须综合考虑市场询价结果，然后在后续的商定中确定最终的材料价格。

根据设计图纸、技术标准和施工工艺等要求全面编制工程量清单，项目特征描述应详细，比如预制构件运输时，除了运距的描述外，还应描述构件防开裂和预留钢筋防变形等保护措施。措施项目应合理列项，比如预制构件堆放的架子与吊具、预制构件堆放场所、塔吊的型号、临时施工便道、剪力墙临时支撑架、预制楼梯吊具等，合理论证装配式建筑的施工方案，避免出现漏项现象。其他项目清单表述应清晰明确，比如涉及结构安全的预制构件和材料应按照规定做检测，产生的费用可以列入暂列金项目，检测费用应写入合同内容。

开展充分的市场询价，做好招标文件编制工作，招标控制价应合理。优先选择 EPC 工程承包模式，采取技术标与商务标的投标方式，公开招标时，采用综合评标法来选择最优投标人，邀请招标时，则采用经评审合理低价中标法。技术标评定时，应重点检查施工组织设计的合理性，比如现场平面布置合理性、塔吊选型与预制构件重量的匹配性、地下室顶板加固措施安全性、吊装方案合理性、支撑体系安全性、灌浆质量可靠性和施工进度计划合理性等。商务标评定时，检查清单项目产生的费用的合理性。评估预制构件生产厂家的供应能力和运输方案，确保预制构件的出厂质量，从而实现工程造价的可控性。

5. 装配式建筑施工阶段的造价管理方法与措施

随着建筑事业的不断发展，应用到装配式建筑工程中的部件种类越来越多，这些新型部件的应用也给造价控制部门的工作提出了更高要求。针对预制构件、部件的价格，预算编制部门可以成立询价小组。加强材料价格控制，首先应做好材料询价定价工作，在装配式建筑工程中，预制构件、部品部件是非常重要和关键的部分，所以这两部分的价格控制也是整个装配式建筑工程造价管控工作的重点，做好材料询价定价工作是主要针对预制构件和部品部件来说的。

6. 装配式建筑竣工结算阶段的造价管理方法与措施

在竣工结算阶段，工程造价结算审核人员应认真细致地收集现场签证单、设计变更单、施工合同、索赔报告、过程洽商记录、施工方案和预制构件交接验收记录等相关造价资料，审核工程量清单项目的真实性与完整性，对于无法确定的项目应实地考察，结算审核过程中应加强与施工单位的沟通与交流，确保结算资料的合理性与真实性，从而维护各方的经济利益，使得工程结算审核工作顺利开展。

造价管理人员需根据项目的实际盈亏情况及时复盘，从而提取相关的造价指标，优化现有的工程造价管理制度，为未来类似项目提供一定的参考。

7.4 主体工程成本控制

影响装配式建筑造价成本的因素很多，有原材料成本、人工成本、物流成本、施工技术水平等。控制装配式建筑主体工程的造价，主要可以从控制构件成本和运输成本，提高施工现场管理水平、减少施工现场材料浪费等方面着手。

7.4.1 主体构件成本控制

装配整体式混凝土结构是由预制混凝土构件通过可靠的方式进行连接并与现场后浇混凝土、水泥基灌浆料形成整体的装配式混凝土结构，即 PC(Precast Concrete)与现浇共存的结构。PC 构件种类主要有：外墙板、内墙板、叠合板、阳台、空调板、楼梯、预制梁、预制柱。可以从以下几方面控制装配式建筑的构件成本：

1. 优化设计，提高预制率和构件重复率

预制率是指装配式混凝土建筑室外地坪以上主体结构和围护结构中预制构件部分的材料用量占对应构件材料总用量的体积比。预制率是单体建筑的预制指标，如某栋房子预制率 15%，是指预制构件体积 150 m^3 占总混凝土量 1 000 m^3 的比率。我国目前装配式建筑预制率较为低下，因而构件场内和现场施工成本均居高。因此，控制装配式建筑造价的关键是要提高预制率，发挥吊车使用效率，最大限度避免水平构件现浇，减少满堂模板和脚手架的使用。

另外，由于装配式建筑在我国发展时间不长，装配式建筑应用并不普及，导致了装配式建筑的模板重复利用率低。所以，应在满足建筑使用功能的前提下，使PC构件标准化、模数化。

设计和生产标准化构配件，使其能在装配式建筑中通用，只有这样才能降低构件成本。设计优化的措施主要有：

(1) 装配式结构采用高强混凝土、高强钢筋。

(2) 采用主体结构、装修和设备管线的装配化集成技术。设备管线应进行综合设计，减少平面交叉，采用同层排水设计；厨房和卫生间的平面尺寸满足标准化整体橱柜及整体卫浴的要求。

(3) 建筑的围护结构以及楼梯、阳台、隔墙、空调板、管道井等配套构件采用标准化产品；室内装修材料采用工业化、标准化产品；门窗采用标准化部件。

(4) 外墙饰面采用耐久、不易污染的材料，采用反向一次成型的外墙饰面材料；外墙保温改成内保温，喷涂发泡胶。

(5) 适当提高构件重复率。通过技术改进，提高构件重复率，尽量减少模具种类、提高周转次数，从而大幅降低成本。

2. 降低构件的运输成本

装配式建筑的物流成本是影响工程造价的重要因素，降低物流成本的方法有：就近生产、就近运输，缩短从产地到工地的距离；化整为零，大批量采购。

7.4.2 施工与施工管理成本控制

装配式建筑工程采用预制装配式柱、剪力墙及楼板底模，减少了现场混凝土浇筑量、砌筑量和部分抹灰。因此，在桩与地基基础工程、砌筑工程、现浇钢筋混凝土(含模板工程)屋面及防水工程、保温隔热工程、楼地面工程，建筑物超高人工、机械降效、措施费及塔吊基础等分项工程及其他等方面投入的成本明显减少。施工阶段的成本控制措施主要有：

(1) 改进PC构件制造工艺，降低摊销费用。

(2) 改进安装施工工艺，降低机械、人工消耗。

(3) 室内装修减少施工现场的湿作业。

(4) 提高连接的技术和效率。连接是装配式建筑施工的难点和重点：一是预制构件之间的连接；二是预制构件与新浇筑混凝土之间的连接。解决了连接的技术难题和效率问题，装配式的应用瓶颈等问题就迎刃而解。

7.5 给排水工程成本控制

装配式建筑的给排水工程造价控制是指建筑企业对在给排水工程中发生的各项直接支出和间接支出费用的控制，包括直接工资、直接材料、材料进价以及其他直接支出。装配式建筑的给排水工程造价控制的工作，贯穿给排水项目建设的全过程，必须重视和加强对给排水施工项目的设计、施工准备、工程施工、竣工验收等各个阶段的成本控制，强化全过程控制。

7.5.1 给排水工程材料成本控制

装配式建筑的给排水工程中材料费所占的比重达到了70%，有较大的节约潜力，因此，能否节约材料的成本成为降低工程成本的关键。材料节约要严格控制给排水材料消耗量，即执行限额领料制度。首先，相关部门需要根据工程的进度严格执行限额领料制度，控制给排水材料的消耗量，超过定额用量并核实为施工队未按时完工造成的，就需要在工程结算时从施工队的工程款中扣出；其次，要加强施工现场的管理，减少仓储、搬运和摊销的损耗，并坚持对各种材料的余料进行回收，将材料的损耗率降到最低水平；最后，要密切关注材料市场的行情，根据材料价格的变动合理确定材料采购时间，尽可能避免因价格上涨而造成项目成本的增加。

7.5.2 给排水工程施工与施工管理成本控制

装配式建筑的给排水工程在施工阶段分为施工前和施工两个阶段。因此在这两个阶段，进行造价控制与管理是最为关键的。施工前，必须编制施工计划，划分施工任务，会审施工图纸，编制质量计划，编制施工组织设计，从而来保证工程的顺利开展。

对于施工阶段的造价控制，比较有效的方法是将工程造价的控制节点前移，对施工承发包的行为进行控制，避免施工过程留下隐患或者产生造价失控的现象。

由于工程设计及招投标阶段已完成，工程量基本完全具体化，在工程施工阶段影响工程造价的可能性相对要少些。但往往在这个阶段里，特别是给排水管道工程项目，由于工程建设工期拖延、涉及经济及法律关系复杂、受自然条件和客观因素的影响，常导致项目的实际情况与招投标时的工程情况会有些变化，所以在形成工程实体的施工阶段，应通过以下4个环节来加强造价控制，否则可能会引起造价失控。

(1) 要建立设计变更管理制度,严格将工程变更纳入控制范围。施工前,要组织施工人员到现场踏勘,并对图纸进行会审和技术交底,尽可能把设计变更提前。一般无特殊情况坚决不做变更,对必须发生的设计变更,设计方应出具设计变更通知,填报规定格式的签证单,明确签证项目的工程数量和金额,经监理单位、发包人、承包人三方现场代表签字或加盖公章认可。若设计变更增加投资累计达到批准项目预算的 3%,发包人应当事先报项目审批部门及预算审批部门备案;增加累计达到 5%,应重新审批,否则不得实施。

(2) 要严格现场签证管理,实时掌握工程造价变化。给排水管道工程项目建设,一是地下隐蔽工程多,二是现场情况复杂,因此要充分理解招投标文件及有关会议记录内容,分析其所直接或间接包含的工程内容,恰当处理工程现场签证。现场变更一旦发生,就要求施工、监理及时计算增减的费用,量化签证内容。对填报的签证,一定要严格按合同原则及项目的有关规定办理,与监理人员一起到现场进行丈量,认真核准其真实性。施工单位往往只填写增加的子项,而不填写减少的子项。如在管槽开挖中,施工队往往只填写增加的开挖量、回填量、抽水台班,而不核减未进行支护的措施和抽水机未进行工作的时间。

(3) 要加强现场协调管理和工程进度款支付的控制。给排水管道工程项目建设往往涉及部门多,应定期召开现场协调会,统一施工顺序、时间节点,明确责任。同时要求建设方代表在沟槽开挖和管道埋设时在现场,并审核监理单位审核后的实际完成有效工程量的真实性,为按合同付款提供正确依据,并随时检查进度款的运用情况,保证工程正常推进。

(4) 要把好结算审查关和抓紧做好项目竣工决算工作。目前,给排水管道项目结算大多采用工程量清单计价,因此在结算时应重点做好工程量审查。结算的工程量应以招投标文件和承包合同中的工程量为依据,在熟悉图纸和工程量计算规则的情况下,特别要对施工签证单的符合性和合理性进行详细审查,而建设方的造价控制人员应与审核单位进行这方面的交底,工程结算造价才能有合理定价。由于给排水管道项目大多为政府工程,在完成结算后,要抓紧做好工程结算送审和建设项目竣工决算工作,为考核资产投资效果和今后办理交付使用资产提供依据。

7.6 电气与设备工程成本控制

电气与设备工程成本控制与其他成本控制不同,其安装种类繁多、过程复杂,具有自己独有的特点,只有了解设备安装工程成本控制的特点才能为下一步成本控制做好准备。

相关数据调查显示，当前设备安装控制成本降低措施中设计影响能够达到75％，所以电气与设备设计阶段的控制能够有效地实现设备安装成本降低。电气与设备工程材料品种多、数量大，所以招标控制是电气与设备安装工程成本控制的主要环节。在实际招标过程中，一方面要将设备价格、安装技术作为成本控制的重点来对待；另一方面还要将电气与设备安装之后的维修作为成本控制的重中之重。电气与设备安装工程中的供应方式也是成本管理的一个重要环节，所以应该加强材料供应方与安装方的协调工作。根据《中华人民共和国营业税暂行条例实施细则》规定，由建设方提供设备价款的不用缴纳营业税，由于设备供应价通常较高，营业税的免除也成为电气与设备安装工程成本控制中不可忽略的一部分。

7.6.1 电气工程成本控制

随着科技进步，建筑的信息化、自动化程度越来越高，这对装配式建筑安装施工技术提出了严峻的挑战，大大提高了建筑电气安装造价。装配式建筑电气工程安装造价的控制管理是装配式建筑施工项目中的一个重要环节，电气工程的成本控制是决定电气安装企业市场竞争力的关键，是工程项目管理的中心内容，需要把握好以下几个方面：

(1) 建立一套科学、合理、规范的安装造价控制体系，并在规范化的体系中运行。在做好建筑安装造价控制的基础上做好质量控制，抓质量监督与检测，提高建筑质量。

(2) 提高电气安装施工管理人员的素质，做好培训工作。从管理能力与技术两方面出发，做好电气安装工程造价管理。

(3) 做好施工工艺、施工方案的组织审核工作。严把施工方案的科学合理关，避免施工方案、施工工艺不合理导致返工所带来的成本增加；在安装过程中，对施工工艺及施工方案采用合理化建议，让高层建筑的电气安装能够以合理的施工工艺或方案施行，优化施工过程，降低成本，提高利润率。

(4) 把好设备、材料质量关。在建筑电气安装工程中，设备及材料的费用占到整个工程造价的60％～70％，由于施工过程中所需要的设备、材料的数量庞大、规格种类繁多，增加了材料采购的难度。对电气安装过程中所使用的设备、材料的用量要根据施工方案规划进行采购，同时对所使用的设备及材料的价格进行合理的确认，实现电气安装工程造价的控制。电气安装工程电气设备及装置主要有以下几种：

①变压器、成套高低压配电柜、控制操作用的直流柜以及UPS、功率因素电容补偿柜、备用发电设备、照明和事故照明配电箱等，这些设备种类较多，且在进行采购的过程中采用不同厂家的产品会产生不同的电气安装工程造价，做好造价控制就需要及时摸清市场中的各电气设备的价格及品质，确定所需采购设备型号以及价格，确定的过程中做好设备质量及利润之间的平衡。

②建筑中的设备安装，主要有电动机、电光源等用电设备。在设备进场过程中要根据施工方案及现场施工量进行数量的确定，并在设备订货前依据实际情况严格把握设备数量及质量控制。

③建筑电气安装中电线及外保护用的导管，线路用的桥架和线槽、低压封闭式插接母线以及用于线缆固定、支撑的材料。进行建筑电气安装时，需依照设计图纸进行严格的安装，对所使用的材料用量进行准确的计算，减少浪费。在进行材料采购的过程中，根据施工方案对工程中所使用的材料进行数量汇总并统一采购，采用不同的渠道对质量、价格、服务进行比较，与优质的供货商建立长期供货关系。对超出安装造价的部分及时对比分析，找出原因并采取应对措施。应建立规范的材料用量控制制度。在以往工程中发现，电气安装工程存在着多领、冒领现象，不利于安装造价的控制，在使用过程中应对比施工方案材料使用的预算，对严重超出的用量进行原因分析，杜绝浪费。

(5) 做好协调沟通，应对措施得当。在装配式建筑电气安装的过程中，会面临由于业主、设计对施工图纸进行变更而造成的成本增加，在图纸审核及施工方案制订的前期需与业主、设计单位等做好沟通，对设计变更做到早变更、早规划，控制安装工程的造价和质量。工程变更的资料应由专人保管，在结算时应做到实事求是。对于施工中由于气候、物价变化、施工图纸变更等所引起的安装造价变化问题，应及时采取应对措施。

7.6.2 设备工程施工与施工管理成本控制

目前国内机电设备安装工程项目的竞争日益激烈，对安装企业管理的要求也越来越高，完善合理的成本控制制度是保证成本费用的前提，是完成成本控制目标的根本保证。控制规律要求的控制目标实际值和控制目标值之间出现偏差时，必须要采取相应的控制手段来减小这种偏差，采取的控制措施主要依据就是各种控制制度。只有构建合理的控制制度，在成本控制工作中才能够把成本控制与技术管理、经营管理等各方面有机结合起来，出现成本偏差时才能找出项目成本发生偏差的原因所在，做出有效、合理的控制决策和纠正措施来减小偏差。而且依靠制度的规范，才能够在发现问题并解决问题的基础上，总结成本控制过程中的各种经验和教训。在这样的情况下,就要通过构建完善的成本控制分析制度、成本评价制度、预算制度以及超预算审批制度,完善保障成本控制目标的制度。

1. 以设计为源头做好成本控制的基础

(1) 在初步设计阶段,紧盯可研阶段确定的质量标准及成本估算两大目标,详细了解设计方案。设计方案质量标准不能低于可研阶段确定的质量标准,但又不能过高,过高则不利于成本控制。因此,大型设备选型应注意以下几点:

①要求设计人员做好潜在设备的不同方案,为招标采购设备提供灵活性,有利于招标竞价。同时要求做好限额设计,把好“初设概算不能超出可研估算”这道关,做好设计优化。

②掌握设备的质量及使用状况。了解设备的潜在供应商,尽量采用国产通用设备,避免采用独家供应商的设备,独家供应的设备不利于预算控制。

(2) 在施工图设计阶段要加强设计过程的监督管理,注意以下几点:

①材料设备高性价比控制:根据项目业态定位,选用相应的材料设备品牌,并关注环保节能要求。

②充分了解地方法规及习惯,避免重复施工或返工,对图纸外可能发生的费用做到心中有数。

③充分了解项目的各项使用功能,熟悉不同设计单位的图纸,避免功能重复或功能漏项。

2. 做好招标采购工作中的成本控制

(1) 招标(采购)计划中的成本估算额,与该项目的目标成本比较,若有较大超支时,应考虑从优化设计上研究解决措施;所有招标(采购)项目必须达到发标的技术条件方可进行招标文件会审,技术条件必须写入招标文件中,在工程量清单中,项目特征应尽量描述准确。

(2) 注意入围单位应在同一水平线上,具有可比性和竞争性。

(3) 采取措施,防止“合理”提高工程款,控制不平衡报价。对清单上各项目单价设立指导价,标底和标函采用相同的计价方式。招标单位可以在招标文件中规定,指导价为投标单位对各项目报价的最高限价;也可以由投标单位自由报价,但规定在总报价低于标底时,各项目报价均不得高于指导价,从而将不平衡报价限制在合理的范围内。指导价的确定要合理,尽量做到同市场价格基本一致,杜绝暴利,同时又包括合理的成本、费用、利润。指导价的确定务必由具有相应资质的造价咨询单位负责造价的工程师确定。同时,还必须把前期工作做足,深化设计,在设计图纸和招标文件上将各项目的工作内容和范围详细说明，将价格差距较大的各项贵重材料的品牌、规格、质量等级明确。对于某些确实无法事先详细说明的项目，可考虑先以暂定价统一口径计入，日后按实调整，从而堵死漏洞。

3. 做好施工过程的成本动态管理

在施工过程中做好动态成本管理，建立工程成本台账（包括合同及无合同费用台账、设计变更台账、现场签证台账和成本超支报警台账）；对施工过程中发生的现场签证及设计变更，一单一估算，一单一确认，并及时检查现场施工情况，尽量避免先施工，后预算。每季度进行项目成本核算和经济活动分析，对目标成本的执行情况进行阶段性检查和总结，分析成本发生的增减动态和趋势，并通过分析成本细项超支发生的原因，及时制定控制成本的措施。对费用较大的项目进行现场复核或追踪。

4. 加强工程变更后的成本控制

虽然成本计划指标是成本控制的依据，但由于在设备安装项目实际过程中会遇到这样或那样的问题，使得项目成本计划发生变动。在项目施工过程中，工程变更现象是普遍存在的，大多数情况下，在进行工程变更操作时，设备安装的工程施工工艺或者具体的施工方案也会发生相应的变化，这些变化可能对成本变化产生比较大的影响，因此，在项目变更的实施过程中，必须认真核实需要变更的各个环节，一定要充分论证变更是否有足够的依据和合理的变更理由。当相关单位提出工程变更要求时，各有关单位必须到施工现场勘察，论证工程变更是否确实需要，是否符合国家相关规定和合同条款的要求，并且各方要共同、全面论证变更方案，变更完成后要及时形成变更索赔资料，并按规定报送到有关各方，以便对工程实施计划做出最合理的调整，确保变更在尽可能保证成本规划的基础上顺利实施。

7.7 装饰工程成本控制

装配式建筑装饰工程成本由抹灰工程、楼地面工程、油漆和涂料工程、门窗工程组成。因装配式建筑构件已包含部分抹灰，导致抹灰量减少，已计入土建工程，故装饰工程不再计算。所以，装配式建筑工程的装饰成本比现浇式要低。

7.7.1 装饰工程材料成本控制

项目成本控制，指在项目成本的形成过程中，对生产经营所消耗的人力资源、物质资源和费用开支，进行指导、监督、调节和限制，把各项生产费用控制在计划成本的范围之内，保证成本目标的实现。在装配式建筑的装饰工程实施阶段的材料成本控制是装饰企业材料成本控制管理工作的关键，对整个工程成本的控制有着举足轻重的影响。目前，施工现场材料管理比较薄弱，主要表现在以下几方面：

第一，在对材料工作的认识上普遍存在着“重供应、轻管理”的观念，只管完成任务，单纯抓进度、质量、产量，不重视材料的合理使用和经济实效，而且现场材料管理人员配备力量较弱，现场还处于粗放式管理水平。

第二，在施工现场可能存在着如下问题：现场材料堆放混乱，管理不利，余料不能得到充分利用；材料计量不齐不准，造成用料上的不合理；材料质量不稳定，无法按材料原有功能使用；技术操作水平差，施工管理不善，造成返工浪费严重。

第三，在基层材料人员队伍建设上，存在着队伍不稳定、人员文化水平偏低、懂生产技术和材料管理的人员偏少的状况，造成现场材料管理水平比较薄弱。

为了提高现场材料管理水平，强化现场管理的科学性，达到节约材料的目的，针对以上现状，主要应加强以下几方面的管理。

1. 材料的计划管理

(1) 应加强材料的计划性与准确性，材料计划的准确与否，将直接影响工程成本控制的好坏。材料消耗量估算之前，现场技术人员应通过仔细研读投标报价书、施工图、排版图，依据企业的材料消耗定额，准确计算出相应材料的需用量，形成材料需用计划或加工计划。估算是否准确合理，可以运用材料ABC分类法进行材料消耗量估算审核。根据装饰工程材料的特点，对需用量大、占用资金多、专用材料或备料难度大的A类材料，必须严格按照设计施工图或排版图，逐项进行认真仔细的审核，做到规格、型号、数量完全准确。对资金占用少、需用量小、比较次要的C类材料，可采用较为简便的系数调整办法加以控制。对处于中间状态的常用主材、资金占用属中等的辅材等B类材料，材料消耗量估算审核时，一般按企业日常管理中积累的材料消耗定额确定，从而将材料损耗控制在可能的最低限，以降低工程成本。

(2) 项目部物资部门要依据施工技术部门提供的所承担工程项目各种物资用量计划，在核减库存的基础上，及时编制物资采购计划，并经项目部主管和上级物资部门审批后，组织市场采购。当一项工程确定后，应立即组织技术、材料人员编制用料计划。采购计划的制订要非常准确，该进的料不按时进会造成停工待料；太早采购又会囤积物料，造成资金的积压、场地的浪费、物料的变质，所以有效地制订采购计划是十分必要的。正确及时地编制物资采购计划，可以有效地保证物资采购的计划性，杜绝盲目采购，避免物资的超出和积压，降低采购成本。

2. 材料的采购管理

在材料的采购管理中，科学的采购方式、合理的采购分工、健全的采购管理制度是降低采购成本的根本保障。因此，采取必要措施，加强材料采购管理是非常重要，也是非常必要的。

(1) 实行归口管理和采购分工是材料采购的基本原则。装饰企业尽管有点多、线长、不便管理的特点，但归口管理的原则必须坚持。材料采购只有归口材料部门，才能为实现集中批量采购打下基础。反之，若不实行归口管理，会造成多头采购，必然形成管理混乱、成本失控的局面。又由于装饰企业消耗的物资品种繁多，消耗量差别很大。如何根据消耗物资的数量规模和对工程质量的影响程度，科学划分采购管理分工，非常必要。因此，科学的采购分工是实现批量采购、降低成本的基础。

(2) 集中批量采购是市场经济发展的必然趋势，是实现降低采购价格的前提。材料部门对施工生产起着基础保障作用，这个作用是通过控制大宗、主要材料的采购供应来实现的。要实现控制，首先就要集中采购，只有集中才可能形成批量，才可能在市场采购中处于有利的位置，才可能争取到生产企业优先、优惠的服务。实行集中批量采购，企业内部与流通环节接触的人少，便于管理。所以，实行归口管理、集中批量采购是物资采购管理的基本原则和关键所在，是企业发展的需要，是降低采购成本的前提。

(3) 要考虑资金的时间价值，减少资金占用，合理确定进货批量与批次，对部分材料实时采购，实现零库存，降低材料储存成本，从而降低材料费支出。

3. 材料的使用过程管理

在材料使用过程中，在做好技术质量交底的同时要做好用料交底，执行限额领料。由于工程建设的性质、用途不同，对于施工项目的技术质量要求、材料的使用也有所区别。因此，施工技术管理人员除了研读施工图纸，理解设计理念并按规程规范向施工作业班组进行技术质量交底外，还必须将自己的材料消耗量估算传达给班组，以排版图的形式做好用料交底，防止班组下料时长料短用、整料零用、优料劣用，应做到物尽其用，杜绝浪费，减少边角料，把材料消耗降到最低限度。同时，要严格执行限额领料，在下达施工任务书中，附上完成该项施工任务的限额领料单，作为发料部门的控制依据，防止错发、滥发等无计划用料，从源头上做到材料的“有的放矢”。

4. 材料施工管理

要加强施工管理，减少材料浪费。主要措施有：

(1) 提高施工水平,加强质量意识,按施工规范及规程施工,避免出现质量事故,造成返工。

(2) 强化施工现场保卫工作,在施工现场要有切实可行的保卫防盗工作,各施工点施工完毕后,小型机具及材料应及时退料入库。

(3) 做好文明施工和班组操作“落手清”,材料堆放合理,成条成垛,散落砂浆、混凝土断砖做到随用随清。这样一方面节约材料,提高了企业的经济效益,另一方面也有利于施工现场面貌的改观,有利于安全施工。

(4) 实行限额供料制度,加强现场材料消耗管理。材料消耗定额是材料消耗的标准,也是考核材料节超的标准。节约意味着利润的增加,超耗意味着利润的减少。

(5) 制定合理的回收利用制度,开展“修旧利废”工作。在建筑施工过程中,可以回收利用的料较多,比如:散落的砂浆、砖块等材料在操作中应及时予以收集利用。另外,“修旧利废”的项目更多,比如:通过利用水暖电器、劳保用品、工具等均可以开展“修旧利废”工作。总之,要发扬勤俭节约的精神,制定合理的回收利用制度和奖罚办法,促进这项工作持久、深入地开展。

(6) 加强材料周转,节约材料资金。缩短周转料的周转时间,就等于节约了材料和资金。

7.7.2 装饰工程施工与施工管理成本控制

装配式建筑的装饰工程施工管理应以项目经理负责制为基础,以实现责任目标为目的,以项目责任制为核心,以合同管理为主要手段,对工程项目进行有效的组织、计划、协调和控制,并组织高效益的施工,合理配置,保证施工生产的均衡性,利用科学的管理技术和手段,以高效益地实现项目目标和使企业获得良好的综合效益。

1. 工程施工管理

施工项目管理是为使项目实现所要求的质量、所规定的时限、所批准的费用预算所进行的全过程、全方位的规划,组织,控制与协调。项目管理的目标就是项目的目标,项目的目标界定了项目管理的主要内容是“三控制、二管理、一协调”,即进度控制、质量控制、费用控制,合同管理、信息管理和组织协调。

(1) 组织优秀的项目管理部。项目经理在工程施工的过程中起着重要作用,是施工项目实施过程中所有工作的总负责人,起着协调各方面关系、沟通技术、信息等方面的纽带作用,在工程施工的全过程中处于十分重要的地位。因此,项目经理在工程实施的进程中不仅要利用自己掌握的知识,灵活自如地处理发生的各种情况，还要集中大家的力量，多谋善断、灵活机变、大胆爱才、大公无私、任人唯贤、科学管理。技术人员已越来越被企业所重视，人才专业结构的合理组合已成为企业人才发展规划的侧重点。就装饰企业而言，设计与施工是两个重要的一线部门，所以对技术人员的要求相对较高，专业设置既要全面又要有所侧重，要有计划、有侧重地逐步招聘人才，培养和合理使用人才。

(2) 编制施工组织设计。装饰工程施工组织设计是按照装饰工程的施工步骤、施工工艺要求和经营管理规定而制定科学合理的组织方案、施工方案，合理安排施工顺序和进度计划，有效利用施工场地，科学地使用人力、物力、资金、技术等生产要素，协调各方面的工作，能够保证施工质量、进度，同时保证施工安全、文明，取得良好的经济效益和社会效益。装饰工程施工组织设计是规划、指导工程投标，签订承包合同、施工准备和施工全过程的全局性的技术经济文件。在市场经济条件下，特别应当发挥施工组织设计在投标和签订承包合同中的作用，使装饰工程施工组织设计不但在管理中发挥作用，而且要在经营中发挥作用。

(3) 施工过程管理及质量控制。施工过程的质量监控是现场质量管理的重要环节，有力的质量监控能使工程质量做到防患于未然，能控制工程质量达到预期的目标，有利于促进工程质量不断提高，有利于降低工程成本。施工过程中技术资料是否齐备、工程质量是否达标，是衡量企业和项目经理管理水平高下的关键，是质检部门评定质量的依据。因此，对于施工中技术资料和工程质量的检查十分必要，通过经常性的检查而得到监督和修订，从而保证施工顺利开展，质量得到保证。各人自检、班组互检，下道工序检查上道工序，验收合格后进入下道工序的检验模式与班组长、质检员、项目经理和公司品管员的检验模式相结合，做到及时发现问题，及时制定措施解决问题，直到不合格方面得到纠正。明确装修工程质量控制目标，严格按合同要求的质量，从每个工序的质量控制入手，组织建立质量控制小组来组织开展工程质量的各项管理工作。尤其对质量通病要认真加以研究，制定出切实可行的质量通病防治办法，切实做到预防为主。对隐蔽工程、工序间交接检查验收，对重点部位执行旁站监理制度，保证在整个施工过程中控制好重点关键部位的施工。对材料的质量评价，必须通过见证抽样、见证抽检取得数据后进行，不允许仅凭经验、目测或感官评价其质量。

2. 施工项目成本控制

(1) 成本控制原则。施工项目成本控制原则是企业成本管理的基础和核心，施工项目经理部在对项目施工过程进行成本控制时，必须遵循以下基本原则。施工前必须进行全面的工程量核算，必须进行全面的市场价格询价，详细编制现场经费计划，要求计划有详细的量化指标，并有分析说明；所有措施费的投入都应有详细的施工方案并有经济合理性分析报告；材料采购必须凭采购计划进行，材料计划必须首先经商务经理确认价格后，再经项目经理最终确认，方可实施；每月进行物资消耗盘点，进行成本分析；除零星材料可以直接采购外，主要材料采购必须通过货比三家才能购买；按照人员本地化的原则，除重要岗位外，应尽量从当地招聘员工，方可降低成本。

(2) 成本控制措施。降低施工项目成本的途径，应该是既开源又节流，或者说既增收又节支。只开源不节流，或者只节流不开源，都不可能达到降低成本的目的。项目经理是项目成本管理的第一责任人，全面组织项目部的成本管理工作，应及时掌握和分析盈亏状况，并迅速采取有效措施；工程技术部应在保证质量、按期完成任务的前提下尽可能采取先进技术，以降低工程成本；经济部应注重加强合同预算管理，增加工程预算收入；财务部主管工程项目的财务工作，应随时分析项目的财务收支情况，合理调度资金。

制定先进的经济合理的施工方案，以达到缩短工期、提高质量、降低成本的目的；严把质量关，杜绝返工现象，缩短验收时间，节省费用开支；控制人工费、材料费、机械费及其他间接费用。随着建筑市场竞争的加剧，工程的单价越来越低，现场管理费越来越高。这就要求项目管理人员用更科学、更严谨的方法管理工程。管理部门也要合理地分析地区经济差别，防止在投入上“一刀切”。

8

工程监理

8.1 基本规定

1. 预制构件生产单位的规定

生产单位应具备保证产品质量要求的生产工艺设施、试验检测条件，建立完善的质量管理体系和制度，对预制构件生产宜建立首件验收制度和质量可追溯的信息化管理系统。

2. 预埋件、连接件等材料质量的规定

(1) 预埋吊件进厂检验：同一厂家、同一类别、同一规格预埋吊件不超过10 000 件为一批，进行外观尺寸、材料性能、抗拉拔性能等试验，检验结果应合格。

(2) 内外叶墙体拉结件进厂检验：同一厂家、同一类别、同一规格产品不超过10 000 件为一批，进行外观尺寸、材料性能、力学性能检验，检验结果应合格。

(3) 灌浆套筒和灌浆料进厂检验，应符合现行行业标准《钢筋套筒灌浆连接应用技术规程》(JGJ 355—2015)的有关规定。

(4) 钢筋浆锚连接用镀锌金属波纹管进厂应全数检查外观质量，且同一钢带厂生产的同一批钢带所制造的波纹管每 50 000 m 为一批，进行径向刚度和抗渗漏性能检验，检验结果应合格。

3. 制作预制构件所用模具的规定

(1) 预制构件生产应根据生产工艺、产品类型等制定模具方案，应建立健全模具验收、使用制度。

(2) 模具应具有足够的强度、刚度和整体稳固性，并应符合下列规定：

①模具应装拆方便，并应满足预制构件质量、生产工艺和周转次数等要求。

②结构造型复杂、外形有特殊要求的模具应制作样板，经检验合格后方可批量制作。

③模具各部件之间应连接牢固，接缝应紧密，附带的埋件或工装应定位准确，安装牢固。

④用作底模的台座、胎模、地坪及铺设的底板等应平整光洁，不得有下沉、裂缝、起砂和起鼓现象。

⑤模具应保持清洁，涂刷脱模剂、表面缓凝剂时应均匀、无漏刷、无堆积，且不得沾污钢筋，不得影响预制构件外观效果。

⑥应定期检查侧模、预埋件和预留孔洞定位措施的有效性；应采取防止模具变形和锈蚀的措施；重新启用的模具应检验合格后方可使用。

⑦模具与平模台间的螺栓、定位销、磁盒等固定方式应可靠，防止混凝土振捣成型时造成模具偏移和漏浆。

(3) 预制构件上的预埋件和预留孔洞宜通过模具进行定位，并安装牢固，其安装偏差应符合规定。

(4) 预制构件中预埋门窗框时，应在模具上设置定位装置进行固定，并应逐件检验。

4. 预制构件制作中所用的钢筋及预埋件制作、安装的规定

(1) 钢筋宜采用自动化机械设备加工，并应符合现行国家标准《混凝土结构工程施工规范》(GB 50666—2011)的有关规定。

(2) 钢筋连接除应符合现行国家标准《混凝土结构工程施工规范》(GB 50666—2011)的有关规定外，还应符合下列规定：

①钢筋接头的方式、位置、同一截面受力钢筋的接头百分率、钢筋的搭接长度及锚固长度等应符合设计要求或国家现行有关标准的规定。

②钢筋焊接接头、机械连接接头和套筒灌浆连接接头均应进行工艺检验，试验结果合格后方可进行预制构件生产。

③螺纹接头和半灌浆套筒连接接头应使用专用扭力扳手拧紧至规定扭力值。

④钢筋焊接接头和机械连接接头应全数检查外观质量。

⑤焊接接头、钢筋机械连接接头、钢筋套筒灌浆连接接头力学性能应符合现行行业标准《钢筋焊接及验收规程》(JGJ 18—2012)、《钢筋机械连接技术规程》(JGJ 107—2016)和《钢筋套筒灌浆连接应用技术规程》(JGJ 355—2015)的有关规定。

(3) 钢筋半成品、钢筋网片、钢筋骨架和钢筋桁架应检查合格后方可进行安装，并应符合下列规定：

①钢筋表面不得有油污，不应严重锈蚀。

②钢筋网片和钢筋骨架宜采用专用吊架进行吊运。

③混凝土保护层厚度应满足设计要求。保护层垫块宜与钢筋骨架或网片绑扎牢固，按梅花状布置，间距应满足钢筋限位及控制变形要求，钢筋绑扎丝甩扣应弯向构件内侧。

5. 预制预应力构件的规定

(1) 预制预应力构件生产应编制专项方案，预应力张拉台座应进行专项施工设计，并应具有足够的承载力、刚度及整体稳固性。

(2) 预应力筋下料应使用砂轮锯或切断机等机械切断，不得采用电弧或气

焊切断。

(3) 钢丝镶头的头型直径不宜小于钢丝直径的 1.5 倍,高度不宜小于钢丝直径,镶头不应出现横向裂纹。

(4) 当钢丝束两端均采用镶头锚具时,同一束中各根钢丝长度的极差不应大于钢丝长度的 1/5 000,且不应大于 5 mm;当成组钢丝张拉长度不大于 10 m 时,同组钢丝长度的极差不得大于 2 mm。

(5) 预应力筋的安装、定位和保护层厚度应符合设计要求。

(6) 预应力筋张拉设备及压力表应配套标定和使用,标定期限不应超过半年;当使用过程中出现反常现象或张拉设备检修后,应重新标定。

(7) 预应力筋的张拉控制应力应符合设计及专项方案的要求。

(8) 当采用应力控制方法张拉时,最大张拉力下预应力筋实测伸长值与计算伸长值的偏差应控制在±6%之内。

(9) 预应力筋的张拉应符合设计要求,并应符合下列规定:

①宜采用多根预应力筋整体张拉;单根张拉时应采取对称和分级方式,按照校准的张拉力控制张拉精度,以预应力筋的伸长值作为校核。

②对预制屋架等平卧叠浇构件,应从上而下逐步张拉。

③预应力筋张拉时,应从零拉力加载至初拉力后,量测伸长值初读数,再以均匀速率加载至张拉控制力。

④预应力筋张拉锚固后,应对实际建立的预应力值与设计给定值的偏差进行控制;应以每工作班为一批,抽查预应力筋总数的 1%,且不少于 3 根。

(10) 预应力筋放张时,混凝土强度应符合设计要求,且同条件养护的混凝土立方体抗压强度不应低于设计混凝土强度等级值的 75%;采用消除应力钢丝或钢绞线作为预应力筋的先张法构件,抗压强度不应低于 30 MPa。

6. 预制构件成型、养护及脱模的规定

(1) 浇筑混凝土前应进行钢筋、预应力的隐蔽工程检查。隐蔽工程检查项目应包括以下几方面内容:

①钢筋的牌号、规格、数量、位置和间距。

②纵向受力钢筋的连接方式、接头位置、接头质量、接头面积百分率、搭接长度、锚固方式及锚固长度。

③箍筋弯钩的弯折角度及平直段长度。

④钢筋的混凝土保护层厚度。

⑤预埋件、吊环、插筋、灌浆套筒、预留孔洞、金属波纹管的规格、数量、位置及固定措施。

⑥埋线盒和管线的规格、数量、位置及固定措施。

⑦夹心外墙板的保温层位置和厚度，拉结件的规格、数量和位置。

⑧预应力筋及其锚具、连接器和锚垫板的品种、规格、数量、位置。

⑨预留孔道的规格、数量、位置，灌浆孔、排气孔、锚固区局部加强构造。

(2) 混凝土应采用有自动计量装置的强制式搅拌机搅拌，且其应具有生产数据逐盘记录和实时查询功能。混凝土应按照混凝土配合比通知单进行生产，原材料每盘称量的允许偏差应符合规定。

(3) 混凝土应进行抗压强度检验，混凝土检验试件应在浇筑地点取样制作，每拌制 100 盘且不超过 100 m^2 时的同一配合比混凝土或每工作班拌制的同一配合比的混凝土不足 100 盘为一批，每批制作强度检验试块不少于 3 组、随机抽取 1 组进行同条件标准养护后进行强度检验，其余作为同条件试件在预制构件脱模和出厂时控制其混凝土强度。

(4) 蒸汽养护的预制构件，其强度评定混凝土试块应随同预制构件蒸养后，再转入标准条件养护。构件脱模起吊、预应力张拉或放张的混凝土同条件试块，其养护条件应与构件生产中采用的养护条件相同。

(5) 除设计有要求外，预制构件出厂时的混凝土强度不宜低于设计混凝土强度等级值的 75%。

(6) 带面砖或石材饰面的预制构件宜采用反打一次成型工艺制作。

(7) 带保温材料的预制构件宜采用水平浇筑方式成型，在上层混凝土浇筑完成之前，下层混凝土不得初凝。

(8) 混凝土浇筑应符合下列规定：

①混凝土浇筑前，预埋件及预留钢筋的外露部分宜采取防止污染的措施。

②混凝土浇筑应连续进行，混凝土从出机到浇筑完毕的延续时间，气温高于 25 ℃时不宜超过 60 min，气温不高于 20 ℃时不宜超过 90 min。

(9) 混凝土宜采用机械振捣方式成型，当采用振捣棒时，混凝土振捣过程中不应碰触钢筋骨架、面砖和预埋件。

(10) 预制构件粗糙面成型可采用模板面预涂缓凝剂工艺，脱模后采用高压水冲洗露出骨料；叠合面粗糙面可在混凝土初凝前进行拉毛处理。

(11) 预制构件养护应符合下列规定：

①混凝土浇筑完毕或压面工序完成后应及时覆盖保湿，脱模前不得揭开。

②加热养护可选择蒸汽加热、电加热或模具加热等方式，加热养护宜采用自动温湿度控制装置，在常温下宜预养护 2～4 h，升、降温速度不宜超过 20 ℃/h，最高养护温度不宜超过 70 ℃。预制构件脱模时的表面温度与环境温度的差值

不宜超过 25 ℃。

③夹心保温外墙板最高养护温度不宜大于 60 ℃。

(12) 预制构件脱模起吊时的混凝土强度应符合设计要求,且不宜小于 15 MPa。

(13) 预制构件吊运吊索水平夹角不宜小于 60°,不应小于 45°,吊运过程中,应保持稳定,不得偏斜、摇摆和扭转,严禁吊装构件长时间悬停在空中。

(14) 吊装大型构件、薄壁构件或形状复杂的构件时,应使用分配梁或分配桁架类吊具,并应采取避免构件变形和损伤的临时加固措施。

7. 预制构件检验的规定

(1) 预制构件生产时应采取措施避免出现外观质量缺陷。根据其影响结构性能、安装和使用功能的严重程度,可将外观质量缺陷划分为严重缺陷和一般缺陷。

(2) 预制构件尺寸偏差及预留孔、预留洞、预埋件、预留插筋、键槽的位置和检验方法应符合规定。预制构件有粗糙面时,与预制构件粗糙面相关的尺寸允许偏差可放宽 1.5 倍。

(3) 预制构件采用钢筋套筒灌浆连接时,在构件生产前应检查套筒型式检验报告是否合格,应进行钢筋套筒灌浆连接接头的抗拉强度试验,并应符合现行行业标准《钢筋套筒灌浆连接应用技术规程》(JGJ 355—2015)的有关规定。

(4) 夹心外墙板的内外叶墙板之间的拉结件类别、数量、使用位置及性能应符合设计要求。夹心保温外墙板用的保温材料类别、厚度、位置及性能应满足设计要求。

8. 预制构件存放的规定

(1) 预制构件存放场地应平整、坚实,并应有排水措施;存放库区宜实行分区管理和信息化台账管理。

(2) 预制构件存放应满足下列要求:

①应按照产品品种、规格型号、检验状态分类存放,产品标识应明确、耐久,预埋吊件应朝上,标识应向外。

②应合理设置垫块支点位置,确保预制构件存放稳定,支点宜与起吊点位置一致,预制构件多层叠放时,每层构件间的垫块应上下对齐。

③与清水混凝土面接触的垫块应采取防污染措施。

(3) 预制构件成品保护应符合下列规定:

①预制构件成品外露保温板应采取防止开裂措施,外露钢筋应采取防弯折措施,外露预埋件和拉结件等外露金属件应按不同环境类别进行防护或防腐、

防锈。

②宜采取保证吊装前预埋螺栓孔清洁的措施。

③钢筋连接套筒、预埋孔洞应采取防止堵塞的临时封堵措施。

9. 预制构件运输的规定

(1) 预制构件在运输过程中应设置柔性垫片，避免预制构件边角部位或链索接触处的混凝土损伤。

(2) 带外饰面的构件，用塑料薄膜包裹垫块避免预制构件外观污染。

(3) 墙板门窗框、装饰表面和棱角采用塑料贴膜或其他措施防护。

(4) 采用靠放架立式运输时，构件与地面倾斜角度宜大于 80°，构件应对称靠放，每侧不大于 2 层，构件层间上部采用木垫块隔离。

(5) 采用插放架直立运输时，应采取防止构件倾倒措施，构件之间应设置隔离垫块。

(6) 水平运输时，预制梁、柱构件叠放不宜超过 3 层，板类构件叠放不宜超过 6 层。

8.2 项目监理机构、人员及设施

8.2.1 项目监理机构

(1) 监理组织框图(图 8-1)。

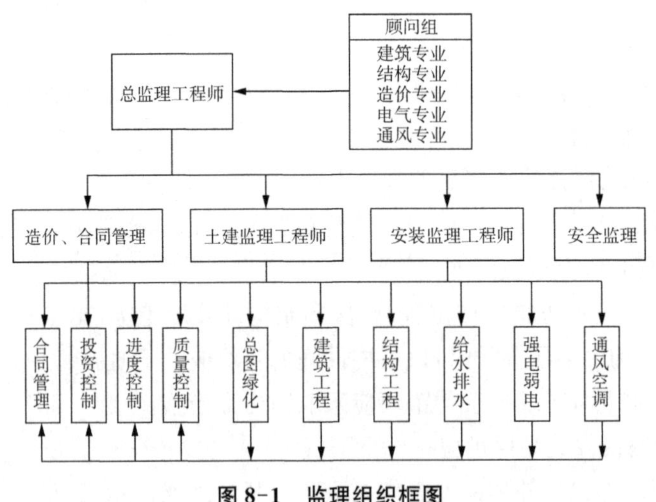

图 8-1 监理组织框图

(2) 监理机构人员的岗位职责:根据监理规范编制总监理工程师的职责、总监理工程师代表的职责、专业监理工程师的职责、监理员的职责、资料员的职责。

(3) 监理所需设备设施来源:建设单位提供设施、监理自备设施。

8.2.2 监理工作守则与制度

1. 监理工作守则

(1) 坚守国家的利益和监理工作者的荣誉,按照“守法、诚信、公正、科学”的准则执业。

(2) 有关工程建设的法律、法规、标准规范和制度。

(3) 勤奋敬业、刻苦工作,切实履行监理合同规定的职责。

(4) 努力学习专业技术和工程监理知识,不断提高业务水平和监理水平。

(5) 恪守职业道德,不以任何方式谋取非正当利益,包括:

①不以个人名义承揽与项目监理相关的业务;

②不为所监理项目指定承建商、建筑构配件、设备和材料;

③不收受被监理单位的任何礼金;

④不泄漏所监理工程各方认为需要保密的事项。

2. 监理公司工作制度

(1) 项目监理部受公司委派,代表公司履行委托监理合同。

(2) 项目监理部实行总监理工程师负责制。

(3) 总监理工程师须经公司总经理书面授权,全面负责履行委托监理合同,主持项目监理部工作。

(4) 公司对项目部进行定期检查与考核。

3. 项目监理部内部工作制度

项目监理部为规范日常运作,建立以下内部管理制度并颁布张贴:监理工作守则、监理工作质量目标、内部会议制度、考勤制度、对外联系制度、资料管理制度。

8.2.3 监理人员

装配式建筑监理人员包括总监、驻厂监理和施工现场监理,这些监理人员不仅应掌握监理基础业务知识和传统现浇建筑的相关知识,还应按管理范围掌握相应的装配式建筑知识。

1. 各级监理人员都应当掌握的装配式建筑基本知识

(1) 装配式建筑的基本知识。

(2) 装配式建筑国家标准《装配式混凝土建筑技术标准》(GB/T 51231—2016)、行业标准《装配式混凝土结构技术规程》(JGJ 1—2014)、《钢筋连接用灌浆套筒》(JG/T 398—2019)、《钢筋连接用套筒灌浆料》(JG/T 408—2019)和其他标准中关于材料、制作和施工的规定。

(3) 装配式混凝土建筑的预制构件及适用结构体系。

(4) 装配式建筑构件连接的基本知识,特别是套筒灌浆基本原理和监理要点等。

(5) 装配式建筑图样会审和技术交底的要点。

(6) 对于质量和安全方面的违章或者不合格作业有基本的判断能力并熟悉处理流程。

(7) 对吊索、吊具以及吊装作业的基本知识。

2. 驻厂监理应掌握的构件制作知识

(1) 构件制作工艺基本知识。

(2) 构件制作方案审核的主要内容。

(3) 驻厂监理的工作内容与重点。

(4) 构件制作原材料和部件基本知识以及监理要点。

(5) 相关试验的规定与套筒灌浆试验方法。

(6) 模具基本知识和监理要点。

(7) 预制构件装饰一体化基本知识和监理要点。

(8) 钢筋加工基本知识和监理要点。

(9) 钢筋、套筒、金属波纹管、预埋件、内模等入模固定的基本知识与监理要点。

(10) 吊点的锚固、局部加强加固等基本知识。

(11) 预制构件制作隐蔽工程验收要点。

(12) 预制构件混凝土浇筑基本知识和监理要点。

(13) 预制构件混凝土取样试验监理要点。

(14) 预制构件养护基本知识和监理要点。

(15) 预制构件脱模、翻转基本知识和监理要点。

(16) 预制构件存放、运输基本知识和监理要点。

(17) 预制构件检查验收的规定。

(18) 预制构件档案与出厂证明文件的要求等。

3. 驻工地现场监理应掌握的装配式混凝土建筑施工知识

(1) 装配式混凝土建筑施工监理项目与重点。

(2) 装配式建筑施工方案审核的主要内容。

(3) 装配式建筑施工质量体系要点。

(4) 预制构件进场检查方法与要点。

(5) 施工用材料、配件基本知识和监理要点。

(6) 集成化部品基本知识和进场验收要点。

(7) 构件在工地临时存放、场内运输的基本知识和监理要点。

(8) 构件吊装知识与监理要点。

(9) 装配式混凝土构件连接基本知识。

(10) 构件临时支撑基本知识与监理要点。

(11) 灌浆作业旁站监理要点。

(12) 后浇混凝土隐蔽工程监理要点。

(13) 后浇混凝土浇筑监理要点。

(14) 防雷引下线基本知识与监理要点。

(15) 构件接缝基本知识与监理要点。

(16) 内装施工监理要点。

(17) 成品保护监理要点。

(18) 工程验收的规定。

(19) 工程档案的规定。

4. 总监应掌握的知识

总监除掌握以上知识外，还应掌握装配式建筑及其监理的全面知识和能力，具体包括以下几方面内容：

(1) 装配式建筑国家标准、行业标准关于设计的规定，熟悉连接节点设计要求。

(2) 熟悉装配式建筑专用材料基本性能，特别是物理和力学性能。

(3) 熟悉吊具、吊索、构件支撑的设计计算方法，有审核设计的能力。

(4) 对装配式建筑构件制作与施工出现的一般性安全、质量问题有解决能力。

(5) 出现重大问题时有组织设计、制作、施工各方共同解决的能力。

8.2.4 项目监理设施

建设单位应提供建设工程监理合同约定的满足监理工作需要的办公、交通、通信、生活等设施，以方便项目监理机构进行监理活动。对于建设单位提供的设施，项目监理机构应登记造册，建设工程监理工作结束或建设工程监理合同终止后归还建设单位。

1. 办公与生活设施

由于监理工作的特殊性质，要求监理机构的办公与生活设施必须靠近工程项目地点。办公设施应满足监理人员的日常工作、监理资料的存放、监理人员的会议等需要。同时，为满足监理工作的计算机辅助管理需要，应明确有必要的计算机设备。

生活设施包括监理人员的住宿、饮食等设施。在工程项目的施工中，施工单位为满足连续施工的需要，经常实行三班制工作，特别是在大体积混凝土浇筑时，监理必须在现场实施监理活动。因此，住宿设施是必不可少的。

监理的办公与生活设施可利用建设单位的原有房屋，也可委托施工单位在建设临时设施时统一建设。

项目监理机构应妥善保管和使用建设单位提供的设施，并应按建设工程监理合同约定的时间移交建设单位。

2. 检测设备和工具

工程监理单位应根据工程项目类别、规模、技术复杂程度、工程项目所在地的环境条件，按照建设工程监理合同的约定，配备满足监理工作需要的检测设备和工器具。

8.3 监理规划与实施细则

8.3.1 监理规划

1. 工程概况

(1) 工程名称、项目建设单位、建设地址、净用地面积、工程项目的组成及规模等。

(2) 主体承包单位主要包括主体设计单位、施工总承包单位、地质勘察单位、常规检测单位、对比检测单位等。

(3) 政府主管部门主要包括质量监督单位、安全监督单位等。

2. 监理工作依据

(1) 建设工程委托监理合同。

(2) 工程承包合同及协议、工程勘察报告、设计文件(包括图纸、变更通知等)。

(3) 国家、行业和省、市现行的技术规范、规程和标准。

(4) 质量评定标准及验收规范。

(5) 现行有关定额和取费标准。

(6) 国家及地方有关法规、制度等规范性文件。

(7) 建设工程监理规范。

(8) 现行国家工程质量验收标准及工程质量验收规范清单。

3. 监理工作目标、范围和内容

(1) 监理工作目标。工期目标控制实际工期不超过计划工期;质量目标确保优良工程;投资目标确保工程投资额不超过业主确认的总投资;安全目标确保在整个工程建设期不出现重大安全事故;监理服务按照“科学公正、诚信守法、勤奋敬业、服务一流”的质量目标,制定完整并具有可操作性的监理实施细则,使每一项监理工作都有章可循。根据监理工作的需要,确保各专业监理工程师按期到位,并认真履行职责,100%实现承诺,100%履行合同,争取业主投诉为零,真正做到让业主满意。

(2) 监理工作范围。根据委托监理合同确定。

(3) 监理工作内容。监理工作内容主要包括投资控制、质量控制、进度控制,安全管理、合同管理、信息管理,现场协调,即“三控三管一协调”。在此只介绍质量控制,具体内容如下:

①材料、设备供应的监理工作内容

a. 根据工程进度,要求承包单位制定材料、设备供应计划和相应的资金需求计划;

b. 通过质量、价格、供货期、维修服务、厂家的质量保证体系和生产条件的分析和比较,协助业主确定材料、设备的供应厂家,并形成会议纪要;

c. 材料、设备见证取样送检;

d. 材料、设备进场检查验收。

②现场质量控制的监理工作内容

a. 进行工程质量动态控制,进行巡回监控,对重点部位和关键操作实行旁站监理;

b. 复验、确认施工测量放线成果;

c. 组织隐蔽工程检查验收;

d. 核签施工实验报告和质量检查记录等;

e. 组织分项、分部工程质量检查和验收;

f. 参与单位和单项工程质量检查和验收;

g. 组织工程质量事故的调查与处理;

h. 督促承包单位建立质量安全生产制度,防止违章作业;

i. 组织工程质量评定;

j. 组织工程中间交接;

k. 试车时审查单机联动试车方案,进行跟踪控制;

l. 配合建设单位进行试车;

m. 审核竣工图及其技术文件资料;

n. 组织整个工程项目的竣工预验收,参与分户验收、竣工验收。

4. 质量控制主要监理措施

(1) 质量控制的组织措施

①建立健全监理组织,完善职责分工,责任到人。

②要求承包商管理人员具有相应资质,持证上岗并落实到位,责任到人。

(2) 质量控制的技术措施

①严格控制原材料的进场。

②严格控制隐蔽工程的验收。

③严格控制工序交接。

④严格控制中间验收与竣工验收。

(3) 质量控制的经济和合同措施

①严格质检与验收,符合质量要求并经验收后方可支付工程款。

②不符合质量要求则拒付工程款。

③对发生严重质量事故者给予罚款。

8.3.2 实施细则

1. 土建专业监理实施细则

(1) 工程概况。工程概况包括工程名称、项目建设单位、建设地址、占地面积、工程项目的组成及规模等。

(2) 工程质量监控的依据

①承包合同文件及监理合同。

②工程质量的有关法律、法规。

③工程设计及变更文件。

④工程各项质检评定标准。

⑤施工的工艺标准。

⑥工程材料、设备的检测技术要求及规定。

(3) 工程特点。装配式建筑工程定义为等效框架-剪力墙结构,地下部分采用传统结构,地上部分采用叠合板、叠合梁、内外墙板预制与现浇相结合的结构形式。

(4) 质量监理实施方案

①坚持质量第一,严格掌握质量标准,一切用数据说话,坚持以事前控制(预防)为主。根据《建设工程监理规范》(GB/T 50319—2013),通过见证取样、旁站、巡视、平行检验等手段对工程的施工质量进行全过程监理。要求施工单位推行全面质量管理,建立健全质量保证体系,做到开工有报告,施工有措施,技术有交底,定位有复查,材料、设备有试验,隐蔽工程有记录,质量有自检、专检,交工有资料。

②质量控制措施:在监理质量控制过程中,坚持事前控制为主,经常地、有目的地对承包单位的施工过程进行巡视检查、检测。对施工过程中出现的质量问题和质量隐患,监理工程师采用照相、摄影等手段予以记录。对于隐蔽工程,施工单位完工后经检查合格方可进行下道工序施工,必要时须会同业主、设计、质监等部门一起检查,对于隐蔽工程的隐蔽过程、下道工序完工后难以检查的重点部位,如混凝土浇筑过程,有专业的监理人员旁站监理;对于施工过程中出现的质量缺陷,专业监理工程师及时通知承包单位整改,并检查整改结果,必要时进行现场监督整改。监理人员发现施工中存在重大质量隐患,可能造成质量事故或已经造成质量事故时,应通过总监理工程师下达工程暂停令,要求承包单位停工整改,整改完毕并经监理人员复查,符合规定要求后,总监理工程师应及时签署工程复工报审表。

2. 装配式构件监理实施细则

(1) 工程概况。工程概况包括工程名称、项目建设单位、建设地址、占地面积、工程项目的组成及规模等。

(2) 监理工作方法、措施。PC 构件属于新型设计、新型结构,为更好地保证工程质量,分别从设计阶段、生产阶段、吊装阶段进行控制。

①设计阶段。要求 PC 构件生产厂家根据经审查的施工图,编制 PC 构件生产加工图,并要求 PC 构件生产厂家将生产加工图分别提供给施工单位、建设单位、监理单位进行审核,审核的要点如下:

a. 受力钢筋的布设是否满足原施工图要求;

b. 线管、箱体、插座、灯具、开关底盒预埋图是否满足原施工图要求;

c. 烟道、管井、上下水管、煤气等预留洞口或预埋套管是否满足原施工图要求;

d. 预留、预埋处钢筋加强是否满足规范要求；

e. PC构件的几何尺寸是否满足原施工图要求。

②生产阶段。PC构件在厂家生产，为保证质量，派监理人员驻工厂现场监造，控制要点如下：

a. 原材料质量控制：检查钢筋、水泥、预埋线管是否符合合同规定品牌；钢筋、水泥、砂、石按批量进行见证取样送检；复核检验报告，合格材料才允许使用；

b. 隐蔽工程质量控制：根据审核后的生产加工图检查PC构件的几何尺寸、钢筋制作绑扎、预留预埋是否到位，验收合格后签署隐蔽工程报验单、混凝土浇灌令；

c. 混凝土质量控制：检查混凝土配比是否与每块构件要求的混凝土强度相符，混凝土浇捣是否密实，混凝土养护是否到位，混凝土试块是否按规范留置，混凝土试块见证取样送检，复核检验报告；

d. PC构件出厂检验：每块PC构件按栋号、按楼层、按部位编号，检验合格后贴标签堆放，不合格构件不准出厂。

③吊装阶段。为确保吊装质量，重点控制如下环节：

a. 要求不合格的PC构件严禁起吊、使用；

b. 在吊装过程中，要求塔式起重机指挥分别在起吊点、安放点同时到位；

c. 叠合板吊装，要求按编号，从一个端部向另一个端部顺序吊装，便于安装临边防护栏杆；

d. 每一块叠合板在下部支撑到位后才能取吊钩；

e. 临边叠合板吊装完成后，临边防护栏杆必须及时跟进；

f. 外挂板吊装，要求按编号，沿周边顺序吊装，便于安装阳台临边防护栏杆；

g. 每一块外挂板在斜撑到位后才能取吊钩；

h. 外挂板吊装就位后，阳台临边防护栏杆必须及时跟进；

i. 内墙板吊装前必须先画线定位，吊装时必须座浆，斜撑到位后才能取吊钩；

j. 叠合梁吊装在下部支撑到位后才能取吊钩；

k. 对板与板之间、梁与柱之间、梁与板之间、板与柱之间的节点处理须加强控制。

(3) 装配式构件叠合结构的监理难点与建议

①工程特点与难点

a. PC构件叠合结构为等效框架-剪力墙结构，无外架施工；

b. 叠合梁、外挂板、叠合板、阳台板、空调板、内隔墙板均在工地以外的工厂内生产；

c. PC构件吊装使用的塔式起重机均为65 m以上的塔式起重机，传统房建项目使用较少；

d. PC构件吊装对剪力墙钢筋容易产生偏位；

e. 无外架施工可减少外架的日常维护管理，但吊装过程中临边防护大大增加监管难度；

f. PC构件叠合结构减少砌体与抹灰工程，但板与板之间的缝隙处理难度加大；

g. PC构件叠合结构可减少现场施工人员，但对施工人员的素质要求较高，在项目前期，因作业人员不熟练、各工序交接不顺畅，20多天才完成一层，后续工程6～7天完成一层。

②监理工作要点

a. 设计方面存在缺陷，节点设计在设计阶段与施工过程中存在或多或少的问题，及时与设计院、PC构件工艺设计方沟通，不断完善；

b. 驻厂监造：因PC构件在工地以外的工厂生产，钢筋隐蔽、混凝土配比、水电预留预埋派监理人员常驻工厂监理；

c. PC构件验收：PC构件在生产和运输过程中有可能出现质量问题，现场监理工程师加强验收，叠合板、阳台板、空调板吊装完成后逐一组织验收(因板在运输车上堆叠，不便验收)，外挂板、内隔墙板吊装完成后逐一验收(因板在运输车上竖叠，不便验收)；

d. 钢筋隐蔽验收：因叠合梁吊装时预留钢筋与剪力墙柱水平环箍相冲突，要求施工单位水平环箍先扎至梁底，叠合梁吊装完成后再扎上面几道环箍；因叠合板吊装时预留钢筋与剪力墙竖向钢筋相冲突，要求施工单位在绑扎楼面钢筋前整改剪力墙钢筋并验收；

e. 机械设备监理：PC构件吊装选用的都是大型塔式起重机，重点检查塔式起重机安拆方案、塔式起重机基础、塔式起重机安拆单位与人员资质，塔式起重机附着处墙柱加强筋重点验收，加强日常巡视，检查钢丝绳、塔式起重机司机与司索人员持证上岗情况；

f. 临边防护监理：PC构件叠合结构无外架施工，临边防护尤为重要。在叠合楼板吊装过程中要求水平防护栏杆及时跟进，在外挂板吊装时才能拆除防护栏杆，外挂板吊装人员必须系安全带与安全绳，在建筑四周设置安全隔区。

③建议

a. 人员培训：PC构件叠合为新型结构模式，产业工人与现场管理都面临挑战，产业工人的熟练程度直接关系到质量、进度、安全。现场管理人员的熟练程度关系到项目关键工序与关键部位的把控程度。建议组织相关的培训工作；

b. 裂缝控制：板与板之间的拼缝在装饰装修阶段易产生裂缝，给住宅交房带来困难，建议开发保证不开裂的填缝材料与填缝工艺；

c. 安全控制：PC构件叠合结构没有完善的安全规范规程，而吊装过程存在较大的安全风险，建议出台详细的安全操作规程。

3. 安装专业监理实施细则

（1）工程概况。工程概况包括工程名称、项目建设单位、建设地址、占地面积、工程项目的组成及规模等。

（2）工程质量监控的依据

①承包合同文件及监理合同。

②工程质量的有关法律、法规。

③工程设计及变更文件。

④工程各项质检评定标准。

⑤施工的工艺标准。

⑥工程材料、设备的检测技术要求及规定。

（3）工程的特点。由于装配式工程预制构件精度高，质量要求也高，工作内容及施工中专业众多，而各专业系统间也是相互交叉、相融的，所以各专业间的配合显得尤其重要。如果不进行专业的施工配合，难免存在在安装空间上、时间上相互抢工的情况。针对装配式工程的特点，为确保安装分项工程质量控制目标达到预期效果，特制定安装监理实施细则。

（4）监理工作方法、措施及控制要点。安装工程的监理要实现工程质量、工程进度、工程投资的合理控制，必须加强工程质量的监控和管理，以此来保证工程进度的正常进行，减少工程的不合格率及返工现象，才能使工程投资控制得以实现。工程质量监控的依据：有关承包合同文件及监理合同，有关安装专业工程质量的法律、法规，专业工程设计及变更文件，专业安装工程各项质检评定标准，专业安装施工的工艺标准，专业安装的工程材料、设备的检测技术要求及规定。

监理工程师正确运用上述文件，切实认真地做好安装专业的质量控制工作。安装施工阶段是设计蓝图变为实物的具体阶段，每一步都与工程质量息息相关，监理工程师在此阶段应着重把控以下环节：

①施工准备阶段

a. 设计交底

• 收到建设单位转交的施工图后，在总监理工程师的组织下对安装各专业施工图进行预审，提出意见和建议，由总监理工程师汇总以“监理工作联系单”提交建设单位，为正式会审做准备。

• 参与建设单位组织的图纸会审与设计交底，做好记录，并由承包单位编写“施工图纸会审与设计交底会议纪要”，将设计图纸上的错、漏、碰、缺在交底纪要上予以明确，若有重大变更，应由设计院尽快做出修改设计。

b. 进一步熟悉图纸，配合承包单位解决各专业的配合问题。监理工程师在进一步熟悉专业施工图纸的情况下，在安装施工阶段积极配合承建单位，克服施工通病，合理解决各专业施工中有相互影响和工序矛盾的配合问题。给水排水专业的消防系统、给水排水系统，电气安装专业的防雷接地、变配电、电缆敷设以及照明动力联动控制系统，以及弱电、智能网络系统等，在各专业施工准备阶段，监理工程师应会同承包单位对施工图各系统进行仔细核对，特别是位置、标高、管、线的暗敷交底等，要求承包单位针对各专业的特点，画出综合布管、配线的施工作业图，否则，会引起安装过程中往返用工，既耽误工期又增加投资，甚至会影响安装质量。另外，监理工程师还应会同承包单位核对各专业安装图与土建预留、预埋图，避免凿墙打洞，造成漏水情况。

c. 审查施工组织设计。施工准备阶段，监理工程师还应督促承包单位编制详细的施工组织设计，监理工程师及时审查，在报审表上写出审查意见，并经总监理工程师审定后，报建设单位核批实施。施工组织设计是承包单位施工指导文件，也是监理工程师检查施工与日后结算的依据之一。监理工程师在审批施工组织设计时，要特别注意施工方案是否可行、是否符合规范要求、是否会增加投资。

②原材料采购与进场验收阶段

a. 用于工程上的原材料质量是工程质量的重要保证，工程所需的材料、器件与设备，应由监理进行质量认定，对重要材料、器件及设备的生产工艺、质量控制、检测手段、管理水平，必要时应到生产厂家实地考察，以便货比三家从而确定订货单位。对不符合质量要求的材料、器件和设备，监理单位有权要求生产或供应单位退货。目前由于供货厂家繁多，同类产品的质量参差不齐，监理工程师应协助业主或督促承建单位，严格把关，并形成会议纪要。

b. 工程材料进场应仔细核对是否符合设计规定和合同要求，其要求验查的检验报告及质量证明文件是否齐全，型号、规格、产品的出厂证、合格证及认证标志是否符合，若是消防产品还需消防主管部门的备案资料。不合格产品一律不准进场，合格材料要求承包单位填写工程材料/构配件/设备报审表，监理工程师审查签字。

c. 工程材料按规范要求应做抽样送检,用于室内外给水阀门使用前应做强度试验与严密性试验,每批阀门应在同牌号、同规格、同型号数量中抽查10%,且不少于1个,如有漏裂再抽20%,仍不合格的,则逐个试验,在主管上起切断作用的闭路阀门应逐个试验,检验报告附于工程材料/构配件/设备报审表后。

③隐蔽工程验收阶段。隐蔽工程是整个安装施工过程中关键的工序部分,质量的好坏直接影响安装工程的安全和使用期限,应严格把关。

④安装过程的质量控制。在专业安装施工中进行安装质量的跟踪监控,对安装各工序间的交接进行严格检查,同时建立安装质量的跟踪档案,这一过程周期长、工作量大,因此监理工程师应经常巡视现场,发现问题及时指出并督促承包单位整改。

⑤成品保护。在施工阶段,队伍较多,人员也很复杂,成品保护显得尤为重要,监理工程师应提醒承包单位,任何设施和设备未经竣工验收均由承包单位负责,促使承包单位对安装成品的保护工作加大力度。

⑥系统调试及试运行阶段。系统调试是检验安装质量与材料设备质量的关键,为竣工验收创造条件。给水排水专业的调试包括水压试验、试车、灌水试验、通水试验、清洗与消毒等。电气安装的调试及试运行,包括变配电装置的通电试运行,电气照明及动力的运行试验,防雷接地及电气接地电阻的遥测,弱电系统的调试等。在此阶段监理工程师应旁站监督并签认试验记录。

⑦给排水专业的调试阶段

a. 水压试验:水压试验包括系统的强度试验和严密性试验,水压试验若设计无要求,试验压力为系统的工作压力。试压合格后,要求承包单位填写"管道(设备)试验记录",监理工程师与建设方代表签字。

b. 试车:系统管网通过水压试验后即可试车,试车前,监理工程师应组织安装单位与设备厂家仔细检查电气设备是否正常,管道支吊架是否到位,水池是否有水,吸水管上阀门是否开启,系统管网是否有泄压出水点。做好准备后首先应点动水泵,检查水泵是否反转、是否卡堵、是否有异声,一切正常后即可启动水泵,渐渐开启出水阀门至全开,观察水泵运转状况并做好试车记录。若系统采用变频调速供水,还应在系统设定压力下,检测各水泵能否根据管网流量的增加而自动投入,根据管网流量的减少而自动停泵。消火栓与自动喷水等消防系统还应与自控联动配合进行试车。合格后有承包单位填写"设备运行记录",监理工程师与建设方代表签字认可。

c. 灌水试验:灌水试验主要是用于检测埋地出户排水管道是否渗漏。在室外排水检查中将出户管口堵死，用自来水从首层地漏处将该排水管灌满至地漏高度，15 min 后液面不下降即为合格。合格后由承包单位填写“室外(室内暗敷)排水管道灌水试验记录”，监理工程师与建设方代表签字认可。

d. 通水试验：通水试验主要是检测室内排水管道是否顺畅、是否渗漏。给水系统同时开放，1/3 配水口无渗漏即为合格。合格后由承包单位填写“室内排水管道通水试验记录”，监理工程师与建设方代表签字认可。

e. 管道清洗：管网应在试压合格后分段进行，冲洗顺序应先室外后室内，先地下后地上，室内部分按配水干管、配水管、配水支管的顺序进行。冲洗前应对系统的仪表采取保护措施，如自动喷水系统的止回阀和报警阀等应拆除，冲洗工作结束后应及时复位。管网冲洗一般用自来水，冲洗的水流方向与用水的水流方向一致，管网冲洗应连续进行，当出水口处的颜色、透明度与入口处基本一致时，管网已冲洗干净。合格后由承包单位填写“管道清洗记录”，监理工程师与建设方代表签字认可。

f. 管网消毒：为保证生活用水的质量，生活给水管网采用含量不低于 20 mg/L 氯离子浓度的清洁水浸泡 24 h，再次冲洗，直至水质管理部门取样化验合格为止。

⑧电气安装的调试与试运行阶段

a. 变配电设备、装置的布线系统、继电器保护系统应运作正确、连接可靠，应做的各项交接试验与检查应符合《电气装置安装工程电气设备交接试验标准》(GB 50150—2016)的规定，技术参数值符合设计要求。通电试运行合格后，由承包安装单位填写“设备交接试验运行记录”，监理工程师与建设方代表签字认可。

b. 电气照明及动力的运行试验。

⑨电气接地电阻测试。电气接地电阻测试，主要包括设备系统的保护接地、工作接地、防雷接地及弱电系统的防静电接地等接地遥测，应使用校对准确的专用仪表，按其测量方式进行遥测，测试合格后还应附图说明，由承包单位填写“接地电阻试验记录”，监理工程师与建设方代表签字认可。

⑩弱电系统的检测、调试。弱电系统的检测、调试，主要包括通信系统测试、信息网络系统检测、火灾自动报警及消防联动系统检测、安全防范系统检测，以及电视、广播系统检测。

⑪竣工验收阶段。工程项目竣工验收是安装工程的一个主要阶段，也是最后一个程序。通过竣工验收，总结安装经验，全面考核工程质量的结果。竣工验收阶段也是全面检查安装工程是否符合设计要求和施工质量的主要环节。

监理工程师在竣工验收时，应核实竣工验收资料，并进行必要的复验和外观检查，对各分项、分部工程的质量做出评定，并填写竣工验收鉴定书，对消防系统还应配合消防部门组织消防专项验收。

8.4 质量控制

8.4.1 施工前质量检查

1. PC 工程施工技术方案的主要内容

PC 工程施工需要事先制定详细的施工技术方案，其主要内容包括：工地内运输构件车辆道路设计、构件运输吊装流程、构件安装顺序、构件进场验收、起重设备配置与布置、构件场内堆放与运输、现浇混凝土伸出钢筋误差控制、构件安装测量与误差控制、构件吊装方案、构件临时支撑方案、灌浆作业方案、外墙挂板安装方案、后浇混凝土施工方案、防雷引下线连接与防锈蚀处理、外墙板接缝处理施工方案等。下面分别进行讨论。

(1) 工地内运输构件车辆的道路设计。运输构件车辆车身较长(一般为17 m)，负载较重，PC 工程施工现场应设计方便车辆进出、调头的道路。如果不采用硬质路面，须保证道路坚实、路面平整、排水通畅。

(2) 构件运输吊装流程。尽可能实现构件直接从运输车上吊装，可以减少卸车、临时堆放、场内运输等环节。为此，需了解工厂到工地道路限行规定，工厂制作和运输计划必须与安装计划紧密合拍。

如果无法实现或无法全部实现直接吊装，应考虑卸车-临时堆放-场内运输方案，需布置堆场、设计构件堆放方案和隔垫措施。当工地塔式起重机作业负荷饱满或没有覆盖卸车地点时，须考虑汽车式起重机卸车的作业场地。

(3) 制定构件安装顺序，编制安装计划，要求工厂按照安装计划发货。

(4) 构件进场验收

①确定构件进场验收检查的项目与检查验收方法。

②当采用从运输车上直接吊装的方案时，进场检查验收在车上进行，由于检查空间和角度都受到限制，须设计专门的检查验收办法以及准备相应的检查工具，无法直接观察的部位可用探镜检查。

③当采用临时堆放方案时，制定在场地检查验收的方案。

(5) 起重设备配置与布置

①起重设备的选型与配置根据构件重量和大小、起重机中心到最远构件的距

离、吊装作业量和构件吊装作业速度确定。目前PC施工常用塔式起重机有4种可供选择:固定式塔式起重机、移动式塔式起重机、履带起重机、汽车式起重机。

②起重设备的布置应先进行图上作业,起重机有效作业区域应覆盖所有吊装工作面,不留盲区。最常见的布置方式是在建筑物旁侧布置,在日本有筒体结构建筑,将塔式起重机布置在建筑物中心的核心筒位置侧边。

③对层数不高、平面范围大的裙楼,塔式起重机不易覆盖时,可采用汽车式起重机方案,汽车式起重机作业场地应符合汽车式起重机架立的要求。

(6) 构件场内堆放与运输。在施工现场无法进行车上直接吊装时,就需要设计构件堆放场地与水平运输方案,包括:

①确定构件堆放方式、隔垫方式,设计靠放架等。

②根据构件存放量与堆放方式计算场地面积。

③选定场地位置、设计进场道路和场地构造等;要求场地坚实、排水顺畅。

④如果场地不在塔式起重机作业半径内,须设计构件装卸水平运输方案。

2. 场地移交及布置

(1) 场地移交的要求

①建设单位应该完成平整场地,最后的施测成果应经建设、承包单位及监理人员的共同确认,作为后期计算场地平方挖运工程量的依据。

②建设单位应负责申报并提供项目施工用水的场内市政接驳口,用水量由工程施工人员生活及临时消防用水量等决定。

③建设单位应负责向当地城市规划勘测部门申报现场测量控制放线,按项目规划设计批准在现场取得平面轴线导线点和标高的水准点。

(2) 场地布置的监理。项目监理机构检查施工总包单位是否按照批准的施工组织设计中总平面图布置施工场地。当工程现场存在多个施工分包单位施工时,监理单位应及时处理各单位之间关于场地的矛盾。

3. 原材料、构配件及设备进场验收和见证取样检查

(1) 材料进场验收控制。施工单位对使用的主要建筑材料在进场前应填报工程材料/构配件/设备报审表。凡进场材料,均应有产品合格证、产品使用说明书、数量清单等资料。

(2) 见证取样。见证取样的项目、数量和频率首先应符合《房屋建筑工程和市政基础设施工程实行见证取样和送检的规定》《建设工程质量检测管理办法》(住房和城乡建设部令第57号)等规范的有关规定,其次施工现场的见证取样还应遵守《建筑工程检测试验技术管理规范》(JGJ 190—2010)的规定。

《房屋建筑工程和市政基础设施工程实行见证取样和送检的规定》中有如

下说明：

①涉及结构安全的试块、试件和材料见证取样和送检的比例不得低于有关技术标准中规定应取样数量的30%。

②下列试块、试件和材料必须实施见证取样和送检：

用于承重结构的混凝土试块、用于承重墙体的砌筑砂浆试块、用于承重结构的钢筋及连接接头试件、用于承重墙的砖和混凝土小型砌块、用于拌制混凝土和砌筑砂浆的水泥、用于承重结构的混凝土中使用的掺加剂，地下、屋面、厕浴间使用的防水材料，以及国家规定必须实行见证取样和送检的其他试块、试件和材料。

见证过程中，应做好见证记录，建设单位应填写好《见证检验见证人授权委托书》，当见证人员发生变化时，监理单位应及时通知相关单位。

8.4.2 施工过程中质量检测

1. PC安装施工过程中的质量控制及管理

(1) 预制构件进场验收：预制构件进场必须对各种规格和型号构件的外观、几何尺寸、预留钢筋位置、埋件位置、灌浆孔洞、预留孔洞等编制检查验收表，逐项进行验收合格后，方可卸车或吊装。

(2) 部品部件、材料进场的质量检查：查核相关检测报告、出厂合格证书，需抽样复测的应进行抽样检测。

(3) 依据国家及地方的相关规范及技术标准，编制详细的PC安装操作规程、技术要求、质量标准。

例如：预留预埋钢筋。现浇与PC之间、PC与PC之间的竖向连接一般都采用预留预埋钢筋的方式，所以对预留钢筋的规格与数量、钢筋的搭接长度要求、钢筋的相对位置与绝对位置要严格控制精度，确保PC安装无偏差。

在这种情况下，构件安装偏差的控制方法如下：

安装前应将轴线、柱位线及其控制线、墙位线及其控制线、梁投影线及其控制线、标高控制线进行测量标注；各种构件安装时应将偏差降低到最小范围，越精确越好，可减少积累误差，对安装质量和工效会有很大的提高。调整垂直度要采用经纬仪(框架柱要采用两台经纬仪同时测定)，墙、梁采用垂直靠尺及红外线垂直投点仪，标高测定采用高精度水准仪。

(4) 进行专门的安装质量标准培训。

(5) 列出PC工程施工重点监督工序的质量管理，灌浆作业的质量要点如下：

①封模严密、无漏浆。

②墙座浆无孔、无缝隙、达强度、不漏浆。

③调浆用水为洁净自来水。

④浆料调制用水量精确。

⑤调制时间和静止时间必须符合浆料产品使用要求。

⑥流动度符合要求。

⑦灌浆时间控制在30 min以内。

⑧根据计算用量核实实际用量的偏差值。确保每个出浆孔全部出浆。

(6) 所有隐蔽工程的质量管理要求。

(7) 代表性单元试安装过程的偏差记录、误差判断、纠正系数。

(8) 钢筋机械连接、灌浆套筒连接的试件试验计划。

(9) 外挂墙板的质量管理。

(10) 成品保护措施方案。

①构件翻身起吊时,在根部必须垫上橡胶垫等柔软物质,保护构件。

②堆场堆放要根据各种型号构件,采用相适应的垫木、靠放架等。

③构件安装时严格控制碰撞。

④竖向支撑架上应搁置有足够强度的木方。

⑤安装完毕后对有阳角的构件,要进行护角保护。

2. PC基坑工程施工质量控制

基坑工程是指建筑物或构筑物地下部分施工时,开挖基坑,进行施工降水和基坑周围的围挡。基坑工程所采用的支护结构形式多样,通常可分为桩(墙)式支护体系和重力式支护体系两大类,不同的分类方法得到不同的基坑种类。对于支护结构,要选用合适的体系,检测支护工程的施工质量。

《建设工程监理规范》(GB/T 50319—2013)规定:项目监理机构应根据建设工程监理合同约定,遵循动态控制原理,坚持预防为主的原则,制定和实施相应的监理措施,采用旁站、巡视和平行检验等方式对建设工程实施监理。

"平行检验"的定义为:项目监理机构在施工单位自检的同时,按照有关规定和监理合同约定对同一检验项目进行检测试验活动。

8.4.3 施工后质量验收

1. 工程如何进行项目验收划分

(1) 项目验收划分。国家标准《建筑工程施工质量验收统一标准》(GB 50300—2013)将建筑工程质量验收划分为单位工程、分部工程、分项工程和检验批。其中分部工程较大或较复杂时，可划分为若干子分部工程。

质量验收划分不同，验收抽样、要求、程序和组织都不同。

①对于分项工程，由专业监理工程师组织施工单位专业项目技术负责人等进行验收。

②对于分部工程，由总监理工程师组织施工单位负责人和项目技术负责人等进行验收。

③设计单位项目负责人和施工单位技术、质量部门负责人应参加主体结构、节能分部工程验收。

2015 年版的国家标准《混凝土结构工程施工质量验收规范》(GB 50204—2015)将装配式建筑划为分项工程。

(2) 主控项目与一般项目。工程检验项目分为主控项目和一般项目。

主控项目是建筑工程中对安全、节能、环境保护和主要使用功能起决定性作用的检验项目。主控项目以外的项目为一般项目。

2. PC 工程结构验收的主控项目

PC 结构与传统现浇结构在工程验收阶段有较多不同的主控项目，主要集中在横向连接、竖向连接及接缝防水等方面。具体项目以及检查数量、检验方法如下：

(1) 预制构件临时固定措施应符合设计、专项施工方案要求及国家现行有关标准的规定。

检查数量：全数检查。

检验方法：观察检查，检查施工方案、施工记录或设计文件。

(2) 装配式结构采用后浇混凝土连接时，构件连接处后浇混凝土强度应符合设计要求。

检查数量：按批检验。

检验方法：应符合现行国家标准《混凝土强度检验评定标准》(GB/T 50107—2010)的有关规定。

(3) 钢筋采用套筒灌浆连接、浆锚搭接连接时，灌浆应饱满、密实，所有出口应出浆。

检查数量：全数检查。

检验方法：检查灌浆施工质量检查记录和有关检验报告。

(4) 钢筋套筒灌浆连接及浆锚搭接连接用的灌料强度应符合国家现行有关标准的规定及设计要求。

检查数量：按批检验，以每层为一批；每工作班应制作 1 组且每层不少于

3 组 40 mm×40 mm×160 mm 的长方体试件，标准养护 28 d 后进行抗压强度试验。

检验方法：检查灌浆料强度实验报告及评定记录。

(5) 预制件底部接缝座浆强度应满足设计要求。

检查数量：按批检验，以每层为一批；每工作班应制作 1 组且每层不少于 3 组边长为 70.7 mm 的立方体试件，标准养护 28 d 后进行抗压强度试验。

检验方法：检查座浆材料强度试验报告及评定记录。

(6) 钢筋采用机械连接时，其接头质量应符合现行行业标准《钢筋机械连接技术规程》(JGJ 107—2016)的有关规定。

检查数量：应符合现行行业标准《钢筋机械连接技术规程》(JGJ 107—2016)的有关规定。

检验方法：检查钢筋机械连接施工记录及平行测试的强度试验报告。

(7) 钢筋采用焊接连接时，其焊缝的接头质量应满足设计要求，并应符合现行行业标准《钢筋焊接及验收规程》(JGJ 18—2012)的有关规定。

检查数量：应符合现行行业标准《钢筋焊接及验收规程》(JGJ 18—2012)的有关规定。

检验方法：检查钢筋焊接接头检验批质量验收记录。

(8) 预制构件采用型钢焊接连接时，型钢焊缝接头质量应满足设计要求，并应符合现行国家标准《钢结构焊接规范》(GB 50661—2011)和《钢结构工程施工质量验收标准》(GB 50205—2020)的有关规定。

检查数量：全数检查。

检验方法：应符合现行国家标准《钢结构工程施工质量验收标准》(GB 50205—2020)的有关规定。

(9) 预制构件采用螺栓连接时，螺栓的材质、规格、拧紧力矩应符合设计要求及现行国家标准《钢结构设计标准》(GB 50017—2017)和《钢结构工程施工质量验收标准》(GB 50205—2020)的有关规定。

(10) 装配式结构分项工程的外观质量不应有严重缺陷，且不得有影响结构性能和使用功能的尺寸偏差。

检查数量：全数检查。

检验方法：应符合现行国家标准《钢结构工程施工质量验收标准》(GB 50205—2020)。焊疤、氧气铁皮、污垢等，除设计要求外摩擦面不应涂漆。

检查数量：全数检查。

检验方法：观察检查。

(11) 高强度螺栓应自由穿入螺栓孔。高强度螺栓孔不应采用气割扩孔，扩孔数量应征得设计同意，扩孔后的孔径不应超过 1.2d(d 为螺栓直径)。

检查数量:被扩螺栓孔全数检查。

检验方法:观察检查及用卡尺检查。

(12) 螺栓球节点网架总拼完成后，高强度螺栓与球节点应紧固连接，高强度螺栓拧入螺栓球内的螺纹长度不应小于 1.0d(d 为螺栓直径)，连接处不应出现有间隙、松动等未拧紧情况。

检查数量:按节点数抽查 5%，且不应少于 10 个。

检验方法:普通扳手及尺量检查。

3. PC 工程结构验收的一般项目

PC 工程验收除了主控项目外还有一些一般项目，国家标准《装配式混凝土建筑技术标准》(GB/T 51231—2016)中对 PC 工程结构验收的一般项目规定如下：

(1) 预制构件制作

①预制构件外观质量不应有一般缺陷，对出现的一般缺陷应要求构件生产单位按技术处理方案进行处理，并重新检查验收。

检查数量:全数检查。

检验方法:观察，检查技术处理方案和处理记录。

②预制构件粗糙面的外观质量、键槽的外观质量和数量应符合设计要求。

检查数量:全数检查。

检验方法:观察，量测。

③预制构件表面预贴饰面砖、石材等饰面及装饰混凝土饰面的外观质量应符合设计要求或国家现行有关标准的规定。

检查数量:按批检查。

检验方法:观察或轻击检查;与样板对比。

④预制构件上的埋件、预留插筋、预留孔洞、预埋管线等规格型号、数量应符合设计要求。

检查数量:按批检查。

检验方法:观察、尺量;检查产品合格证。

⑤预制板类、墙板类。梁柱类构件外形尺寸偏差和检验方法应分别符合相应的规定。

检查数量:按照进场检验批，同一规格(品种)的构件每次抽检数量不应少于相应规定数量的 5%，且不少于 3 件。

⑥装饰构件的装饰外观尺寸偏差和检验方法符合设计要求。

检查数量：按照进场检验批，同一规格（品种）的构件每次抽检数量不应少于该规格（品种）数量的10%，且不少于5件。

（2）预制构件安装与连接

①装配式结构分项工程的施工尺寸偏差及检验方法应符合设计要求；当设计无要求时，应按照规定。

检查数量：按楼层、结构缝或施工段划分检验批。在同一检验批内，对梁、柱，应抽查构件数量的10%，且不少于3件；对墙和板，应按有代表性的自然间抽查10%，且不少于3间；对于大空间结构，墙可按相邻轴线间高度5 m左右划分检查面，板可按纵、横轴线划分检查面，抽查10%，且均不少于3面。

②装配式混凝土建筑的饰面外观质量应符合设计要求，并应符合现行国家标准《建筑装饰装修工程质量验收标准》(GB 50210—2018)的有关规定。

检查数量：全数检查。

检验方法：观察、对比量测。

4. PC结构实体检验

PC结构实体检验是工程验收过程中的关键。具体有如下项目：

（1）装配式混凝土结构子分部工程分段验收前，应进行结构实体检验。结构实体检验应由监理单位组织施工单位实施，并见证实施过程。参照国家标准《混凝土结构工程施工质量验收规范》(GB 50204—2015)现浇结构分项工程相关规定。

（2）结构实体检验应包括混凝土强度、钢筋保护层厚度、结构位置与尺寸偏差以及合同约定的项目，必要时可检验其他项目，除结构位置与尺寸偏差外的结构实体检验项目，应由具有相应资质的检测机构完成。预制构件实体性能检验报告应由构件生产单位提交施工总承包单位，并由专业监理工程师审查备案。

（3）钢筋保护层厚度、结构位置与尺寸偏差按照《混凝土结构工程施工质量验收规范》(GB 50204—2015)执行。

（4）预制构件现浇结合部位实体检验应进行以下项目检测：

①结合部位的钢筋直径、间距和混凝土保护层厚度。

②结合部位的后浇混凝土强度。

（5）对预制构件的混凝土、叠合梁、叠合板后浇混凝土和灌浆料的强度检验，应以在浇筑地点制备并与结构实体同条件养护的试件强度为依据。混凝土强度检验用同条件养护试件的留置、养护和强度代表值应按《混凝土结构工程施工质量验收规范》(GB 50204—2015)的规定进行，也可按国家现行标准规定采用非破损或局部破损的检测方法检测。

(6) 当未能取得同条件养护试件强度或同条件养护试件强度被判定为不合格时,应委托具有相应资质等级的检测机构按国家有关标准的规定进行检测。

(7) 在验收方面与现浇结构的不同。

①增加了构件的验收。构件的隐蔽工程验收通常在工厂内进行,验收资料随构件交付施工方、监理方;构件的外形尺寸及外观验收通常在施工现场进行,验收后留存验收资料。

②增加了构件之间连接的验收。PC 结构工程增加了连接节点,包括 PC 构件的横向连接、叠合连接、机械连接、焊接连接等,对这些关键的连接节点需要进行验收。

③对后浇混凝土的验收。《建筑工程施工质量验收统一标准》(GB 50300—2013)对检验批质量验收规定如下:

检验批的质量检验,选择合适的抽样方案:一次或多次抽样方案、计数抽样方案、调整型抽样方案、全数抽样方案。

5. 分项工程验收

分项工程应按主要工种、施工工艺、材料、设备类别等进行划分。分项工程可由若干个检验批组成,检验批可根据施工及质量控制和专业验收需要按楼层、施工段、变形缝等进行划分。分项工程划分成检验批进行验收,有利于对施工中出现的质量问题进行处理。

分项工程质量验收合格应符合下列规定:

(1) 分项工程所包含的检验批均应符合合格质量的规定。

(2) 分项工程所包含的检验批的质量验收记录应完整。

监理工程师在分项工程验收时应检查材料和其他质量检测报告是否齐全,验收部位是否完整,涉及桩基、承台、防水层、地下室底板、顶板等质量分项工程验收时应通知工程质量监督机构派员参加。

分部工程是单位工程的组成部分,单独不能发挥效用,一般按工程部位专业等划分,通常在国家标准中明确给出了单位工程所包含的分部工程的名称和数量。分部工程验收时,各分项工程必须已验收合格且相应的质量控制资料完整,涉及安全和使用功能的地基基础,主体结构、建筑节能、有关安全及重要使用功能的安装分部工程应进行有关见证取样送样试验或抽样检测,结果为“差”的检查点应通过返修处理等补救。

建筑工程除了进行各个分部分项工程验收,还必须对如规划、消防、人防和环保等工程或项目进行专门验收，才能完成全部工程验收，进行竣工备案，称为专项工程验收。对于专项工程验收，施工单位必须按照专项工程验收的要求内容进行自检，并在监理单位、建设单位验收合格后，向政府主管部门申请专项验收及备案。主要验收内容有规划验收、消防验收、人防工程验收、环保验收、电梯验收和档案验收。

6. 隐蔽工程验收

隐蔽工程验收是指将被其他分项工程所隐蔽的分项工程或分部工程，在隐蔽前所进行的检查或验收，是施工过程中实施技术性复核检验的一个内容，是防止质量隐患、保证工程项目质量的重要措施，是质量控制的一个关键过程。

(1) 隐蔽工程验收的作用

隐蔽工程通常理解为“需要覆盖或掩盖以后才能进行下一道工序施工的工程部位”或者下一道工序施工后，将上一道工序的施工部位覆盖，无法对上一道工序的部位直接进行质量检查，上一道工序的部位即称为隐蔽工程。

(2) 常见隐蔽工程部位或工序

①基础施工前地基检查和承载力检测。

②基坑回填土前对基础质量的检查。

③混凝土浇筑前对模板、钢筋安装的检查。

④主体工程各部位的钢筋工程、结构焊接和防水工程等，以及容易出现质量通病的部位等。

(3) 隐蔽工程验收工作程序

施工单位先进行自检，填写检验表，再通知监理单位验收并形成文件。

监理单位及时检查，填写“×××报审、报验表”，准予进入下一道工序。一旦不合格，总监签发“不合格项目通知”，指令整改。

(4) 工程预检指工程未施工前的复核性预先检查，常规的测量工程和混凝土工程等都要进行预检，监理工程师检查施工记录并检查不同参与方的交接工序的逻辑。

8.5 进度控制

8.5.1 施工前进度计划

PC 工程施工计划主要包括 PC 安装计划、机电安装计划、内装计划等，同时将各专业计划形成流水施工，体现了 PC 工程缩短工期的优势。

1. PC 安装计划

(1) 测算各种规格型号的构件，从挂钩、立起、吊运、安装、加固到回落整个工作流程在各个楼层所用的工作时间数据。

(2) 依据测算取得的时间数据计算一个施工段所有构件安装所需起重机的工作时间。

(3) 对采用的灌浆料、浆料、座浆料要制作同条件试块，试压取得在 4 h(座浆料)、18 h、24 h、36 h 时的抗压强度，依据设计要求确定后序构件吊装开始时间。

(4) 根据以上时间要求及吊装顺序，编制按每小时计的构件要货计划、吊装计划及配备计划。

(5) 根据 PC 工程结构形式的不同，在不影响构件吊装总进度的同时，要及时穿插后浇混凝土所需模板、钢筋等其他辅助材料的吊运，确定好时间节点。

(6) 在编排计划时，如果吊装用起重机工作时间不够，吊运辅助材料可采取其他垂直运输机械配合。

(7) 根据构件连接形式，对后浇混凝土部分，确定支模方式、钢筋绑扎及混凝土浇筑方案，确定养护方案及养护所需时间，以保证下一施工段的吊装工作进行。

(8) 计划内容主要包括：测量放线、运输计划时间、各种构件吊装顺序和时间、校正加固、封模封缝、灌浆顺序及时间、各工种人员配备数量、质量监督检查方法、安全设施配备实施、偏差记录要求、各种检验数据实时采集方法、质量安全应急预案等。

2. 机电安装计划、内装计划

(1) 通常在结构施工达 3～4 个楼层时，所有部品部件安装完毕后即可进入机电安装施工。

(2) 在外墙门窗等施工完成后就可进入内装施工。

3. PC 工程施工衔接

(1) PC 工程不同于传统建筑施工，可将 PC 安装、机电安装、内装组合成大流水作业方式。

(2) PC 安装施工中，生产计划与安装计划要做到无缝对接。

(3) PC 安装计划中，要将起重机的工作以每小时来计划，合理穿插各种料具运输，要使各项工作顺畅。

8.5.2 施工过程中进度控制

1. PC 工程施工前计划的编制

依据 PC 工程施工计划要求，根据确定的吊装顺序和时间，编制 PC 构件及

建筑部品的进场计划,主要包括以下内容:

(1) 确定每种型号构件的模板制作、安装、钢筋入模、混凝土浇筑、脱模、养护、检查、修补完成具备运送条件的循环时间。

(2) 依据 PC 构件安装计划所要求的各种型号构件计划到场时间,以及各种部品部件的生产及到场时间,确定构件及部品部件的加工制作时间点,并充分考虑不可预见的风险因素。

(3) 计划中必须包含构件及部品部件运输至现场、到场检验所占用的时间。

(4) 根据 PC 构件安装进度计划中每一个施工段来组织生产和进场所需构件及部品部件。

(5) 在编制 PC 构件及部品进场计划时,要详细列出构件型号,对应型号的具体到场时间要以小时计。

(6) 每种型号及规格的构件及部品部件应在计划数量外有备用件。

(7) 对于在车上直接起吊并采取叠放装车运输的构件,应根据吊装顺序逆向装车。

2. PC 工程施工劳动力计划的编制

(1) 根据 PC 工程的总体施工计划确定各专业工种。

(2) 根据 PC 工程的结构形式与安装方案确定操作人员数量。

(3) 多栋建筑可以采用以栋为流水作业段编制;独幢建筑采用以区域划分为流水作业段编制;单体建筑较小无法采用区域划分流水段时,可采用按工序流水施工编制,尽量避免窝工。

(4) PC 构件安装工程一般包括的工种有:测量工、起重司索工、信号工、起重机操作员、监护人、安装校正加固工、封模工(模板工)、灌浆工、钢筋工、混凝土工、架子工、电焊工、电工等。

①测量工:测定轴线、标高,测放轴线、控制线、构件位置线。

②起重司索工:属特种工种,实施构件装卸、吊装挂索。

③信号工:属特种工种,指挥构件起吊、安装,与起重机操作员、安装校正人员协同配合构件安装。

④起重机操作员:属特种工种,听从信号工的指挥指令进行吊装作业。

⑤安装校正加固工:实施构件安装、校正、加固。

⑥封模工(模板工):灌浆部位的封模,后浇混凝土的模板、水平构件支撑系统工程施工。

⑦灌浆工:属特殊工种,进行灌浆作业。

⑧钢筋工、混凝土工、架子工、电焊工、电工等工种与传统建筑工种相同。

⑨监护人:吊装作业时各危险点专业监护人员,及时发出危险信号,要求其他作业避让危险。

3. 编制材料与配件计划

(1) 根据PC工程施工图样的要求,确定配套材料与配件的型号、数量,常规使用的主要有以下几种:

①材料:灌浆料、浆锚料、座浆料、钢筋连接套筒、密封胶、保温材料等。

②配件:橡胶塞、海绵条、双面胶带、各种规格的螺栓、钢垫片、模板加固夹具等。

(2) 材料与配件的计划

①根据材料与配件型号及数量,依据施工计划时间以及各施工段的用量制订采购计划。

②根据当地市场情况,确定外地定点采购与当地采购的计划。

③外地定点采购的材料与配件要列出清单,确定生产周期、运输周期,并留出时间余量。

④对于有保质期的材料,要按施工进度计划确定每批采购量。

对于有检测复试要求的材料,必须考虑复试时间与使用时间的相互关系。

4. 编制机具设备计划

编制机具设备计划是PC工程施工过程中非常重要的一环,须在前期准备工作中完成。机具设备主要包括:

(1) 起重机设备。

(2) 高空作业设备。

(3) 浆料调制机具。

(4) 灌浆机械。

(5) 吊装吊具。

(6) 构件安装专用工具。

(7) 可调斜支撑系统。

(8) 水平构件支撑系统。

(9) 封膜料具。

(10) 安全设施料具。

5. 机具设备的租用、定制与采购计划

(1) PC施工所用的机具,有很多是需要租用或定制加工的,比如:吊具、构件安装专用工具、可调斜支撑系统、封膜料具、专用安全设施料具等。

(2) 市场能采购(或租赁)到的机具,如:起重机设备、高空作业设备、浆料调制机具、灌浆机械、水平构件支撑系统等。

(3) 所有机具设备的租用、定制、采购计划应提前确定,并根据施工计划要求及时到场。

6. 编制配件、部件外委加工件计划

(1) PC工程的较多配件、部件是传统施工所没有的,各种结构形式的PC工程所用配件、部件也不一致,所以需要根据本工程特点,经设计确定配件、部件的形式、材质、性能等,进行外委加工。

(2) 外委加工的配件和部件要经过设计、验算后确定。

(3) 在选择外委加工企业时,应对其加工实力进行考察评定。

(4) 确定外委加工单位后,加工周期与施工周期同步。

(5) 所有外委加工的配件和部件,应先加工样品,经试用后对其缺陷进行修正,再进行批量加工。

(6) 对于外委加工的配件与部件所用的常规配套材料,确定数量后可在市场上采购。

7. 编制安全施工计划

(1) 安全施工计划是依据PC工程施工方案所包含的各个工作环节所必须采取的安全措施、应配备的安全设施、施工操作安全要领、危险源控制方法的安排与预案。

(2) 编制安全施工计划的要点

①起重机械的主要性能、参数,以及机械安装、提升、拆除的专项方案制定。

②PC安装各施工工序采用的安全设施或作业机具的操作规程要求。

③PC吊装用吊具、吊索、卸扣等受力部件的检查计划。

④高空作业车、人字梯等登高作业机具的检查计划。

⑤个人劳动防护用品使用检查计划。

⑥安全施工计划要落实到具体事项、责任人和实施完成时间。

8.5.3 竣工验收

建筑工程完工后,施工单位应自行组织有关人员进行检查评定,报监理单位复核,提交“单位工程竣工验收报审表”,要求提交“房屋建筑工程质量保修书”“住宅使用说明书”“单位工程质量控制资料核查记录”“单位工程安全和功能检验资料核查及主要功能抽查记录”“单位工程观感质量检查记录”等表格报监理单位审查,总监理工程师审查同意后报请建设单位组织参建单位进行工程竣工验收工作,验收完毕由施工单位向建设单位提交“工程竣工验收报告”。

建筑工程完工并当工程预验收通过或具备竣工验收条件后,监理单位应编制“工程质量评估报告”，根据各单位提交的验收组人员名单协助建设单位编制“工程质量竣工验收计划书”“工程监理工作总结”，并将“工程质量竣工验收计划书”报建设单位和工程质量监督机构备案。

建设单位收到工程竣工验收报告后，应由建设单位(项目)负责人组织施工、设计、监理等单位(项目)负责人进行单位(子单位)工程竣工验收。

单位工程实行总承包的，总承包单位应按照承包的权利和义务对建设单位负总责，分包单位对总承包单位负责。因此，分包单位对承建的项目进行检验时，总包单位应组织并派人参加，检验合格后，分包单位应将工程的有关资料移交总包单位。建设单位组织单位工程质量竣工验收时，分包单位相关负责人参加验收。建设单位应在验收前7个工作日内，把竣工验收的时间、地点，以及参加验收单位主要人员，及时通知工程质量、安全监督机构。

工程建设竣工验收备案表：

(1) 单位(子单位)工程质量控制资料核查记录。

(2) 单位(子单位)工程安全和功能检验资料核查及主要功能抽查记录。

(3) 单位(子单位)工程观感质量检查记录。

(4) 消防验收意见表。

(5) 环保验收合格表。

(6) 住宅质量保证书。

(7) 住宅使用说明书。

(8) 工程竣工验收申请表。

(9) 工程竣工验收报告。

(10) 子分部工程质量验收纪要。

(11) 建筑节能工程质量情况。

8.6 造价控制

8.6.1 成本构成与对比分析

1. PC工程施工成本与造价的构成

严格意义上说，PC工程施工总造价包括构件造价、运输造价和安装自身的造价这三部分，安装取费和税金都是以总造价为基数计算的。但因为构件造价和运输造价通常已经由构件厂承担了，所以大多数从业者考虑PC工程施工成本与造价时，仅考虑安装自身的造价这一部分。按照这个思路，安装自身的造价主要包括以下 6 个部分：

(1) 安装部件、附件和材料费。

(2) 安装人工费与劳动保护用具费。

(3) 水平、垂直运输、吊装设备、设施费。

(4) 脚手架、安全网等安全设施费。

(5) 设备、仪器、工具的摊销；现场临时设施和暂设费。

(6) 人员调遣费；工程管理费、利润、税金等。

2. PC 工程施工与现浇混凝土建筑的施工成本的不同

PC 工程施工与现浇混凝土建筑的施工成本，从构成上大致相同，都包括人工费、材料费、机械费、组织措施费、规费、企业管理费、利润、税金等。但由于建造方式、施工工艺的不同，在各个环节上的成本也不尽相同，具体分析如下：

(1) 人工费。装配式混凝土结构建筑与现浇混凝土结构建筑相比，施工现场会减少人工。

①PC 工程现场吊装、灌浆作业人工增加。

②模板、钢筋、浇筑、脚手架人工减少。

③现场工人大量转移到工厂。如果工厂自动化程度高，总的人工减少，且幅度较大；如果工厂自动化程度低，人工相差不大。

随着中国人口老龄化的出现、人口红利的消失，人工成本越来越高，当人工成本高于材料成本时，就更能彰显出装配式建筑的优势。

(2) 材料费。装配式混凝土结构建筑与现浇混凝土结构建筑相比，材料费既有增加也有减少。

①结构连接处增加了套管和灌浆料或浆锚孔的约束钢筋、波纹管等。

②钢筋增加，包括钢筋的搭接、套筒或浆锚连接区域箍筋加密；深入支座的锚固钢筋增加或增加了锚固板。

③增加预埋件。

④叠合楼盖厚度增加 20 mm。

⑤夹心保温墙板增加外叶板和连接件(提高了防火性能)。

⑥钢结构建筑使用的预制楼梯增加连接套管。

⑦混凝土损耗减少了。

⑧模板减少了。

⑨养护用水减少了。

⑩建筑垃圾减少了。

⑪减少了竖向支撑。

(3) 机械费。装配式混凝土结构建筑现场需要装配化施工,因此机械费会增加。

①现场起重机起重量较传统现浇结构增加。

②集成化程度高的项目现场起重设备使用频率减少了。

③灌浆需要专用机械。

(4) 组织措施费。PC 工程施工组织措施费是减少的。

①现场工棚、仓库等临时设施减少。

②冬季施工成本大幅度减少。

③现场垃圾及清运大幅度减少。

(5) 管理费、规费、利润、税金。管理费和利润由企业自己调整计取,规费和税金是非竞争性取费,费率由政府主管部门确定,总的来看变化不大,可排除对造价的影响。

通过分析不难看出,PC 工程施工成本中人工费、措施费是减少的;材料费和机械费是增加的;管理费、规费、利润、税金等对其成本影响不大。

8.6.2 施工过程中成本控制措施

1. PC 工程施工成本控制的主要环节

PC 工程施工环节成本可压缩空间并不大,整个装配式混凝土建筑的成本压缩,主要是由规范、设计、甲方等决定的。但是,PC 工程施工也不是说在控制成本上无所作为,也有必要尽可能地降低成本。

(1) 施工企业本身可降低的成本

①降低材料费。在多数环节材料费是没法降低的,套筒、灌浆料、密封胶等根本没有压缩空间。在材料方面能降低成本的方式主要是保证后浇混凝土区的精确度、光滑度、衔接性。如此,脱模后表面简单处理就可以了,与预制构件表面一样,可以减少抹灰成本。

②降低人工费。目前,人工费难以下降的主要原因在于:现场现浇量多,工人数量有限;安装工人不熟练,作业人员偏多;窝工现象比较严重。

降低人工费的途径:提高工人专业技能,减少作业人员;采用委托专业劳务企业承包的方式减少窝工。

③设备摊销成本。做好施工计划管理,尽可能缩短工期,降低重型塔式起重机的设备租金或摊销费用。

(2) 施工企业以外环节对施工环节降低成本的作用

①适宜的设计拆分。

a. 施工企业应在项目早期参与装配式混凝土建筑的结构设计,要考虑构件拆分和制作、运输、施工等环节的合理性。

b. 构件拆分时，尽可能减少构件规格，而且 PC 构件重量应在施工现场起重设备的起重范围内。

c. 优化设计，满足降低成本的要求。

②通过技术进步和规范的调整，尽可能减少工地现浇混凝土量，简化连接节点构造。

③通过全装修环节的性价比提高和集成化优势，降低工程总成本。

④实现管线分离，可以减少诸如楼板接缝环节的麻烦。

2. 工程变更价款审查

(1) 工程变更的内容。所谓工程变更是指因设计图纸的错、漏、碰、缺，或因对某些部位设计调整及修改，或因施工现场无法实现设计图纸意图而不得不按现场条件组织施工实施等的事件。工程变更包括设计变更、进度计划变更、施工条件变更、工程量变更以及原招标文件和工程量清单中未包括的其他工程。

(2) 工程变更的程序。由于工程变更会带来工程造价和工期的变化，为了有效地控制造价，无论任何一方提出工程变更，均需由项目监理机构确认并签发工程变更指令。项目监理机构确认工程变更的一般步骤是：提出工程变更→分析提出的工程变更对项目目标的影响→分析有关的合同条款和会议、通信记录→向建设单位提交变更评估报告（初步确定处理变更所需的费用、时间范围和质量要求）→确认工程变更。

(3) 工程变更导致合同价款和工期的调整。工程变更应按照施工合同相应条款的约定确定变更的工程价款；影响工期的，工期应相应调整。但由于下列原因引起的变更，施工单位无权要求任何额外或附加的费用，工期不予顺延。

①为了便于组织施工而采取的技术措施变更或临时工程变更。

②为了施工安全、避免干扰等原因而采取的技术措施变更或临时工程变更。

③因施工单位违约、过错或施工单位引起的其他变更。

3. 竣工结算款审查的内容

经审查核定的工程竣工结算是核定建设工程造价的依据，也是建设项目验收后编制竣工决算和核定新增固定资产价值的依据。

(1) 核对合同条款。

(2) 根据合同类型，采用不同的审查方法。有总价合同、单价合同、成本加酬金合同等不同的合同类型。

(3) 核对递交程序和资料的完备性。

(4) 检查隐蔽验收记录。

(5) 核实设计变更、现场签证、索赔事项及价款。

(6) 核实工程量。

(7) 严格执行单价。

(8) 注意各项费用计取。

(9) 防止各种计算误差。

4. 竣工结算款的计算审查

(1) 分部分项工程费的计算。

(2) 措施项目费的计算。

(3) 其他项目费的计算,包括计日工、暂估价、总承包服务费、索赔事件产生的费用、现场签证发生的费用、暂列金额等。

(4) 规费和税金的计算。

8.7 合同管理

8.7.1 工程变更

1. 工程变更的形式

(1) 更改工程有关部分的标高、基线、位置和尺寸。

(2) 增减合同中约定的工程量。

(3) 增减合同中约定的工程内容。

(4) 改变工程质量、性质或工程类型。

(5) 改变有关工程的施工顺序和时间安排。

(6) 为使工程竣工而必须实施的任何种类的附加工作。

2. 工程变更的处理

(1) 设计单位提出变更的,应提出工程变更申请并附工程变更的方案,报建设单位,建设单位批准后发至项目监理机构,由监理下发至施工单位并监督实施;若建设单位不批准,该变更不能实施。

(2) 建设单位提出变更的,应将此变更建议发给设计单位。设计单位审核报来的方案,经确认并签字盖章后发给建设单位,建设单位发给项目监理机构,项目监理机构发给施工单位并监督实施。

(3) 施工单位提出工程变更的,有变更方案且建设、监理、设计均同意实施方案的，按如下流程进行：施工单位→监理单位→建设单位→设计单位（签字盖章）→建设单位→监理单位→施工单位监督实施。

（4）施工单位提出工程变更的，无变更方案且建设、监理、设计均同意的，由设计单位出方案签字盖章后发出，由项目监理机构发给施工单位并监督实施。

3. 工程变更的原则

（1）设计文件是建设项目和组织施工的主要依据，设计文件一经批准，不得任意变更。只有工程变更按规定审批权限得到批准后，才可组织施工。

（2）工程变更必须坚持高度负责的精神与严格的科学态度，在确保工程质量标准的前提下，对于降低工程造价、节约用地、加快施工进度等方面有显著效益时，应考虑工程变更。

（3）工程变更，事先应周密调查，备有图文资料，其要求与设计文件相同，以满足施工需要，并详细申述变更设计理由、变更方案（附上简图及现场图片）、与原设计的技术经济比较（无单价的填写预算费用），按照规定的审批权限，报请审批，未经批准的不得变更。

（4）工程变更的图纸设计要求和深度等，与原设计文件相同。

4. 项目监理机构处理工程变更的程序

项目监理机构可按下列程序处理施工单位提出的工程变更：

（1）总监组织专业监理工程师审查施工单位提出的工程变更申请，提出审查意见。对涉及工程设计文件修改的工程变更，应由建设单位转交原设计单位修改工程设计文件。必要时，项目监理机构应建议建设单位组织设计、施工等单位召开专题会议，论证工程设计文件的修改方案。

（2）总监组织专业监理工程师对工程变更费用及工期影响做出评估。

（3）总监组织建设单位、施工单位等共同协商确定工程变更费用及工期变化，会签工程变更单。

（4）项目监理机构根据批准的工程变更文件监督施工单位实施工程变更。无总监或其代表签发的设计变更令，施工单位不得做任何工程设计和变更，否则项目监理机构不予计量和支付。

5. 处理工程变更的要求

（1）项目监理机构可在工程变更实施前与建设单位、施工单位等协商确定工程变更的计价原则、计价方法或价款。

（2）建设单位与施工单位未能就工程变更费用达成协议时，项目监理机构可提出一个暂定价格并经建设单位同意，作为临时支付工程款的依据。工程变更款项最终结算时，应以建设单位与施工单位达成的协议为依据。

(3) 项目监理机构可对建设单位要求的工程变更提出评估意见,并应督促施工单位按照会签后的工程变更单组织施工。

例如,在桥梁工程施工的过程中,如果项目的相关方要求进行工程变更,必须向桥梁的工程监理部门提出变更的相关申请要求,对于变更的目的与相关的变更点,必须向有关的监理提供有效的资料。监理部门对变更提出方要求的变更进行仔细考证,并对其变更的原因、可行性、必要性及相关的影响进行分析并确认。同时,对于由于变更而引起的在施工过程中所存在的各项费用及其他方面的要求,应依照合同严格执行。

8.7.2 工程索赔

1. 索赔产生的原因

(1) 当事人违约。

(2) 不可抗力或不利的物质条件。

(3) 合同缺陷。

(4) 合同变更。

(5) 监理通知单。

(6) 其他的第三方原因。

2. 索赔的处理原则

(1) 以合同为依据。

根据我国有关规定,合同文件能互相解释、互为说明。除合同另有约定外,其组成和解释顺序如下:

①合同协议书。

②中标通知书。

③投标书及其附件。

④本合同专用条款。

⑤本合同通用条款。

⑥标准、规范及有关技术文件。

⑦施工图纸。

⑧工程量清单。

⑨工程报价单或预算书。

(2) 注意造价资料积累。

(3) 及时、合理地处理索赔和反索赔。

(4) 加强索赔的前瞻性,有效避免过多索赔事件的发生。

3. 注重索赔证据的有效性

《建设工程施工合同(示范文本)》(GF-2017-0201)中规定，当一方向另一方提出索赔时，要有正当索赔理由，且有索赔事件发生时的有效证据。

(1) 对索赔证据的要求

①真实性。

②全面性。

③关联性。

④及时性。

⑤具有法律证明效力。

(2) 常见的索赔证据

①招标文件、工程合同及附件、施工组织设计、工程图纸、技术规范等。

②工程各项有关设计交底记录、变更图纸、变更施工指令等。

③工程各项经建设单位或监理工程师签认的签证。

④工程各项往来信件、指令、信函、通知、答复。

⑤例会和专题会的会议纪要。

⑥施工计划及现场实施情况记录。

⑦施工日记及工长工作日志、备忘录。

⑧工程送电、送水、道路开通、封闭的日期及数量记录。

⑨工程停电、停水和干扰事件影响的日期及恢复施工的日期。

⑩工程预付款、进度款拨付的数额及日期记录。

⑪图纸变更、交底记录的送达份数及日期记录。

⑫工程有关施工部位的照片及录像等。

⑬工程现场气候记录。有关天气的温度、风力、雨雪等。

⑭工程验收报告及各项技术鉴定报告等。

⑮工程材料采购、订货、运输、进场、验收、使用等方面的凭据。

⑯工程会计核算资料。

⑰国家、省、市有关影响工程造价、工期的文件和规定等。

4. 施工单位向建设单位索赔的原因

(1) 合同文件内容出错引起的索赔。

(2) 由于设计图纸延迟交付施工单位造成的索赔。

(3) 由于不利的实物障碍和不利的自然条件引起的索赔。

(4) 由于建设单位提供的水准点、基线等测量资料不准确造成的失误与索赔。

(5) 施工单位依据建设单位意见，进行额外钻孔及勘探工作引起的索赔。

(6) 由建设单位风险所造成的损害的补救和修复引起的索赔。

(7) 因施工中施工单位开挖到化石、文物、矿产等珍贵物品,要停工处理引起的索赔。

(8) 由于需要加强道路与桥梁结构以承受“特殊超重荷载”而索赔。

(9) 由于建设单位雇佣其他施工单位,并为其他施工单位提供服务引起的索赔。

(10) 由于额外样品与试验而引起的索赔。

(11) 由于对隐蔽工程的揭露或开孔检查引起的索赔。

(12) 由于建设单位要求工程中断而引起的索赔。

(13) 由于建设单位延迟移交土地而引起的索赔。

(14) 由于非施工单位原因造成了工程缺陷,需要修复而引起的索赔。

(15) 由于要求施工单位调查和检查缺陷而引起的索赔。

(16) 由于非施工单位原因造成的工程变更而引起的索赔。

(17) 由于变更合同总价格超过有效合同价的15%而引起的索赔。

(18) 由于特殊风险引起的工程被破坏和其他款项支出而提出的索赔。

(19) 因特殊风险使合同终止后的索赔。

(20) 因合同解除后的索赔。

(21) 由于建设单位违约导致工程终止引起的索赔。

(22) 由于物价变动导致工程成本的增减引起的索赔。

(23) 由于后继法规的变化引起的索赔。

(24) 由于货币及汇率变化引起的索赔。

5. 施工索赔提交的证明材料

施工索赔提交的证明材料,包括(但不限于):

(1) 合同文件(施工合同、采购合同等)。

(2) 项目监理机构批准的施工组织设计、专项施工方案、施工进度计划。

(3) 合同履行过程中的来往函件。

(4) 建设单位和施工单位的有关文件。

(5) 施工现场记录。

(6) 会议纪要。

(7) 工程照片。

(8) 工程变更单。

(9) 有关监理文件资料(监理记录、监理工作联系单、监理通知单、监理月报等)。

(10) 工程进度款支付凭证。

(11) 检查和试验记录。

(12) 汇率变化表。

(13) 各类财务凭证。

(14) 其他有关资料。

6. 项目监理机构处理施工单位提出的费用索赔的程序

(1) 受理施工单位在施工合同约定的期限内提交费用索赔意向通知书。

(2) 收集与索赔有关的资料。

(3) 受理施工单位在施工合同约定的期限内提交费用索赔报审表。

(4) 审查费用索赔报审表。需要施工单位进一步提交详细资料的,应在施工合同约定的期限内发出通知。

(5) 与建设单位和施工单位协商一致后,在施工合同约定的期限内签发费用索赔报审表,并报建设单位。

7. 项目监理机构处理费用索赔的主要依据

(1) 法律法规。

(2) 勘察设计文件、施工合同文件。

(3) 工程建设标准。

(4) 索赔事件的证据。

8. 项目监理机构批准施工单位费用索赔应同时满足的条件

(1) 施工单位在施工合同约定的期限内提出费用索赔。

(2) 索赔事件是因非施工单位原因造成,且符合施工合同约定。

(3) 索赔事件造成施工单位的直接经济损失。

9. 处理索赔的要求

(1) 项目监理机构应及时收集、整理有关工程费用的原始资料,为处理费用索赔提供证据。

(2) 当施工单位的费用索赔要求与工程延期要求相关联时,项目监理机构可提出费用索赔和工程延期的综合处理意见,并应与建设单位和施工单位协商。

(3) 因施工单位原因造成建设单位损失,建设单位提出索赔时,项目监理机构应与建设单位和施工单位协商处理。

8.7.3 工程延期与工期延误管理

1. 项目监理机构批准工程延期应同时满足的条件

(1) 施工单位在施工合同约定的期限内提出工程延期。

(2) 由于非施工单位原因造成施工进度滞后。

(3) 施工进度滞后影响到施工合同约定的工期。

2. 申报工程延期的原因

由于以下原因导致工程拖期,施工单位有权提出延长工期的申请,总监应按合同规定,批准工程延期时间。

(1) 总监发出工程变更指令而导致工程量增加。

(2) 合同所涉及的任何可能造成工程延期的原因,如延期交图、工程暂停、对合格工程的剥离检查及不利的外界条件。

(3) 异常恶劣的气候条件。

(4) 由建设单位造成的任何延误、干扰或障碍,如未及时提供施工场地、未及时付款等。

(5) 除施工单位自身以外的其他任何原因。

3. 工程临时延期报审程序

(1) 施工单位在施工合同规定的期限内,向项目监理机构提交对建设工程的延期(工期索赔)申请表或意向通知书。

(2) 总监指定专业监理工程师收集与延期有关的资料。

(3) 施工单位在承包合同规定的期限内向项目监理机构提交"工程临时延期报审表"。

4. 处理索赔的要求

(1) 项目监理机构应及时收集、整理有关工程费用的原始资料,为处理费用索赔提供证据。

(2) 当施工单位的费用索赔要求与工程延期要求相关联时,项目监理机构可提出费用索赔和工程延期的综合处理意见,并应与建设单位和施工单位协商。

(3) 由于施工单位原因造成建设单位损失,建设单位提出索赔时,项目监理机构应与建设单位和施工单位协商处理。

8.7.4 工程争议的解决

1. 项目监理机构处理施工合同争议时应进行的工作

(1) 了解合同争议情况。

(2) 及时与合同争议双方进行磋商。

(3) 监理机构提出处理方案后,由总监进行协调。

(4) 当双方未能达成一致时,总监应提出处理合同争议的意见。

(5) 项目监理机构在施工合同争议处理过程中,对未达到施工合同约定的暂停履行合同条件的，应要求施工合同双方继续履行合同。

(6) 在施工合同争议的仲裁或诉讼过程中，项目监理机构应按仲裁机关或法院要求提供与争议有关的证据。

2. 施工合同争议的解决方式

合同争议的解决方式有和解、调解、仲裁、诉讼四种。其中和解、调解没有强制执行的法律效力，要靠当事人的自觉履行。

(1) 和解是解决争议的最佳方式。

(2) 调解是解决争议的很好方式。

(3) 仲裁又称公断，是指由双方当事人协议将争议提交第三者，由该第三者对争议的是非曲直进行评判并做出裁决的一种解决争议的方法。

我国采用或裁或审制度，也就是说某一经济纠纷，或者到法院诉讼，或者选择仲裁。

(4) 诉讼是对争议的最终解决方式。

以上四种方式中，和解、调解有利于消除合同当事人的对立情结，能够较经济、及时地解决纠纷。仲裁、诉讼使纠纷的解决具有法律约束力，是解决纠纷的最有效的方式，但相对于和解、调解必须付出仲裁费和诉讼费等相应费用和一定的时间。

8.8 安全生产

8.8.1 安全与风险防范

1. PC 工程施工安全应执行的标准

(1) 国家标准《装配式混凝土建筑技术标准》(GB/T 51231—2016)的有关规定如下：

①装配式混凝土建筑施工应执行国家、地方、行业和企业标准的安全生产法规和规章制度，落实安全生产责任制。

②施工单位应对重大危险源有预见性，建立健全安全管理保障体系，制定安全专项方案，对危险性较大分部分项工程应经专家论证通过后进行施工。

③施工单位应对从事预制构件吊装作业及相关人员进行安全培训与交底，识别预制构件进场、卸车、存放、吊装、就位各环节的作业风险，并制定防控措施。

④安装作业开始前，应对安装作业区进行围护并做出明显的标识，拉警戒

线，根据危险源级别安排进行旁站，严禁与安装作业无关的人员进入。

⑤施工作业使用的专用吊具、吊索、定型工具式支撑、支架等，应进行安全验算，使用中进行定期、不定期检查，确保其安全状态。

(2) 其他标准的规定

①国家标准：《混凝土结构工程施工规范》(GB 50666—2011)。

②行业标准有《建筑施工高处作业安全技术规范》(JGJ 80—2016)、《建筑机械使用安全技术规程》(JGJ 33—2012)、《施工现场临时用电安全技术规范》(JGJ 46—2005)，除以上规定外，还要加强对施工安全生产的科学管理，并推行绿色施工，预防安全事故的发生，保障施工人员的安全健康，提高施工管理水平，实现安全生产管理工作的标准化等。

2. PC 工程施工安全防护的特点和重点

(1) PC 工程施工安全防护的特点。与现浇混凝土工程施工相比，PC 工程施工安全的防护特点是：

①起重作业频繁。

②起重量大幅度增加。

③大量的支模作业变成临时支撑。

④在外脚手架上的作业减少。

(2) PC 工程施工安全防护的重点

①分析重大危险源。国家标准《装配式混凝土建筑技术标准》(GB/T 51231—2016)要求，应根据 PC 工程特点对重大风险源进行分析，并予以公示列出清单，同时《装配式混凝土建筑技术标准》(GB/T 51231—2016)还要求对吊装人员进行安全培训与交底。

②PC 工程施工风险源清单：起重机的架设、吊装吊具的制作、构件在车上翻转、构件卸车、构件临时存放场地的倾覆、水平运输工程中的倾覆、构件起吊的过程、吊装就位作业、临时支撑的安装、后浇混凝土支模、后浇混凝土拆模、及时灌浆作业、临时支撑的拆除。

3. 高处作业和吊装作业安全防范要点

(1) 高处吊装作业前的安全检查

①实施吊装作业的有关人员应对起重吊装机械和吊具进行安全检查确认，确保处于完好状态；所有控制器置于零位。

②实施吊装作业的有关人员应对吊装区域内的安全状况进行检查(包括吊装区域的划定、标识、障碍)。吊装现场非作业人员禁止入内。

③实施吊装作业的有关人员应在施工现场核实天气情况。室外作业遇到

大雪、暴雨、大雾及6级以上大风时,不应安排吊装作业。

(2) 高处吊装作业安全防范要点

①装配式混凝土建筑施工应执行国家、地方、行业和企业的安全生产法规和规章制度,落实各级各类人员的安全生产责任制。

②安装作业使用专用吊具、吊索等,施工使用的定型工具式支撑、支架等,应进行安全验算,使用中进行定期、不定期检查,确保其安全状态。

③根据《建筑施工高处作业安全技术规范》(JGJ 80—2016)的规定,PC构件吊装人员应穿安全鞋、佩戴安全帽和安全带。在构件吊装过程中有安全隐患或者安全检查事项不合格时,应停止高处作业。

④吊装过程中摘钩以及其他攀高作业应使用梯子,且梯子的制作质量与材质应符合《建筑施工高处作业安全技术规范》(JGJ 80—2016)的规定。

4. PC工程施工的安全培训

PC工程施工安全管理规定是施工现场安全管理制度的基础,目的是规范施工现场的安全防护,使其标准化、定型化。每个PC工程项目在开工以前以及每天班前会上都要进行安全交底,也就是要进行PC工程施工的安全培训,其主要内容如下:

(1) 施工现场一般安全规定。

(2) 构件堆放场地安全管理。

(3) 与受训者有关的作业环节的操作规程。

(4) 岗位标准。

(5) 设备的使用规定。

(6) 机具的使用规定。

(7) 劳保护具的使用规定。

8.8.2 施工过程中安全生产措施

1. PC工程施工主要环节须采取的安全措施

为预防安全事故的发生,PC工程施工主要环节须提前采取以下安全措施:

(1) 构件卸车时按照装车顺序进行,避免车辆失去平衡导致车辆倾斜。

(2) 构件储存场、存放地应设置临时固定措施或者采用专用插放支架存放。

(3) 斜支撑的地锚在隐蔽工程检查时要检查地锚钢筋是否与桁架筋连接在一起。

(4) 吊装作业开工前将作业区进行维护并做出标识,拉警戒线,并派专人看管,严禁与安装无关人员进入。

(5) 吊运构件时,构件下方严禁站人,应待构件降至1 m内,方准作业人员靠近。

(6) 吊装边缘构件时,作业人员要佩戴救生索。

(7) 楼梯安装后若施工使用,则需安装临时防护栏杆。

(8) 高空作业时作业人员应佩戴安全带,且安全钩应固定在指定的安全区域。

(9) 高空临边作业时,应做好临时防护栏。

2. 工程质量事故(缺陷)处理

工程质量事故,是指由于建设、勘察、设计施工监理单位违反工程质量标准,使工程产生结构安全、重要使用功能等方面的质量缺陷,造成人身伤亡或者重大经济损失的事故。

项目监理机构在施工实施过程中的监理内容:

(1) 监督施工单位按照施工组织设计中的安全技术措施和专项施工方案组织施工,及时制止违规施工作业。

(2) 定期巡视检查施工过程中的危险性较大工程作业情况。

(3) 检查施工现场施工起重机械、整体提升脚手架、模板等自升式架设设施和安全设施的验收手续。

(4) 检查施工现场各种安全标志和安全防护措施是否符合强制性标准要求,并检查安全生产费用的使用情况。

(5) 督促施工单位进行安全自查工作,并对施工单位自查情况进行抽查,参加建设单位组织的安全生产专项检查。

3. 施工实施过程中安全隐患和问题整改的监理办法

(1) 出现安全隐患和问题时项目监理机构应填写“监理通知单”,通知承包单位整改,紧急情况可口头通知承包单位立即整改,但必须补发书面通知。

(2) 发生下列情况之一,总监理工程师应向施工单位下达局部或全部工程的工程暂停令,待承包单位整改报监理检查同意后,再下达复工指令。

①承包单位无安全施工技术措施或措施存在严重缺陷。

②承包单位拒绝监理的安全管理,对安全生产整改要求不予整改并擅自继续施工。

③施工现场发生了必须停工的安全生产紧急事件。

④施工出现重大安全隐患,监理认为有必要停工以消除隐患。

监理下达“工程暂停令”,在正常情况下应事前向建设单位报告,并征得建设单位同意。在紧急情况下,总监理工程师也可先下达“工程暂停令”,此后在24小时以内向建设单位报告。

(3) 当承包单位接到“监理通知单”或“工程暂停令”后拒不整改或者不停止施工时,项目监理机构应报监理企业并及时向建设行政主管部门提出书面报告。

4. 对专项工程或施工作业的安全监理

项目监理机构应审查施工单位报审的专项施工方案,符合要求的,由总监理工程师签认后报建设单位。对达到一定规模的、危险性较大的分部分项工程的专项施工方案,还应检查其是否符合安全验算结果。对涉及深基坑、地下暗挖工程、高大模板工程的专项施工方案,还应检查施工单位组织专家进行论证、审查的情况。

项目监理机构应要求施工单位按照已批准的专项施工方案组织施工。专项施工方案需要调整的,施工单位应按程序重新提交项目监理机构审查。

项目监理机构应巡视检查危险性较大的分部分项工程专项施工方案实施情况。发现未按专项施工方案实施的,应签发监理通知,要求施工单位按照专项施工方案实施。

5. 针对性地召开安全生产会议

项目监理机构可针对安全生产及管理存在的问题,召开专题安全生产会议,并做好安全会议纪要工作。

8.9 部品、部件、组件驻厂监造

8.9.1 驻厂监造的原因

装配式建筑与现浇建筑一个主要的差别就是将施工工地大量的现场混凝土浇筑改为了工厂预制,增加了构件制作这一重要环节,大量的构件制作需要在工厂完成,构件制作的质量直接影响建筑的整体质量。因此,构件制作环节的质量控制尤为重要,监理单位作为工程质量控制的监管方必须派驻厂监理,主要有以下几方面原因:

(1)《混凝土结构工程施工质量验收规范》(GB 50204—2015)对装配式混凝土结构用预制构件的验收规定了以下三种方式:结构性能检测、驻厂监造和实体检验。结构性能检测和实体检验是针对已制造出来的产品进行检验,属于事后控制措施,如果预制构件不合格,重新生产势必影响工程进度,而驻厂监理正是为了避免上述问题而采取的必要措施。

(2) 装配式建筑主体结构从原来的在施工现场现浇转移到工厂预制构件,因此监理工作内容中对于结构隐蔽工程验收工作都转换成在工厂对预制构件的隐蔽工程验收工作。隐蔽工程直接影响整体结构安全,预制构件的隐蔽工程验收工作是装配式建筑监理工作最重要的工作内容之一,必须派驻驻厂监理。

8.9.2 驻厂监理的工作内容

驻厂监理的具体工作内容如表 8-1 所示。

表 8-1 装配式建筑驻厂监理工作内容

类别	监理项目	监理内容
图样会审 技术交底	(1) 熟悉设计图、领会设计意图、明确质量控制关键环节中的各重点难点; (2) 分析预制构件制作、运输、存放及现场吊装、临时固定、连接施工的可行性和便利性,提出设计优化建议; (3) 检查各类试验验证、检测的设计参数是否明确; (4) 检查装配式混凝土建筑常见质量问题和关键环节,结合本工程实际制定相应技术措施或设计优化方案	参与组织设计、制作、 施工协同设计
制作方案 审核	(1) 审查制作方案内容的全面性、可操作性 (2) 制作中的重点、难点及相应施工措施 (3) 方案是否符合国家强制标准要求,是否有套筒灌浆拉拔试验方法	审核方案
原材料	套筒或金属波纹管	检查资料,参与或抽查实物检验
	外加工的桁架筋	检查资料,参与或抽查实物检验
	钢筋	检查资料,参与或抽查实物检验
	水泥	检查资料,参与或抽查实物检验
	细骨料(砂)	检查资料,参与或抽查实物检验
原材料	粗骨料(石子)	检查资料,参与或抽查实物检验
	外加剂	检查资料,参与或抽查实物检验
	吊点、预埋件、预埋螺母	检查资料,参与或抽查实物检验
	钢筋间隔件(保护层垫块)	检查资料,参与或抽查实物检验
	装饰一体化构件用的瓷砖、石材、不锈钢挂钩、隔离剂	检查资料,参与或抽查实物检验
	门窗一体化构件用的门窗	检查资料,参与或抽查实物检验
	防雷引下线	检查资料,参与或抽查实物检验
	须预埋到构件中的管线、埋设物	检查资料,参与或抽查实物检验
试验	钢筋套筒灌浆抗拉试验	旁站监理,审查试验结果
	混凝土配合比设计、试验	复核
	夹心保温板拉结件试验	检查资料,参与或抽查实物检验
	浆锚搭接金属波纹管以外的成孔试验验证	审查试验结果

续表

类别	监理项目	监理内容
模具	模具进场	检查
	模具首个构件	检查
	模具组装	抽查
	门窗一体化构件门窗框入模	抽查
	装饰一体化瓷砖或石材入模	抽查
钢筋、预埋件	预制构件钢筋制作与骨架	抽查
	钢筋骨架入模	抽查
	套筒或浆锚孔内模或金属波纹管入模、固定	检查
	吊点、预埋件、预埋物入模、固定	抽查
	隐蔽工程	检查,签隐蔽工程验收记录
混凝土浇筑、养护、脱模	混凝土搅拌站配合比计量复核	检查
	混凝土浇筑、振捣	抽查
混凝土浇筑、构件养护、脱模	混凝土试块取样	检查
	夹心保温板拉结件插入外叶板	检查
	构件养护静停、升温、恒温、降温控制	抽查
	脱模强度控制	审核
	构件脱模后初检	检查
夹心保温板后续制作	夹心保温板铺设	抽查
	夹心保温板拉结件埋设	抽查
	夹心保温板内叶板浇筑	抽查
验收与出厂	构件修补	审核方案、抽查
	构件标识	抽查
	构件存放	抽查
	构件出厂检验	验收、签字
	构件装车	抽查
	第三方检验项目取样	检查
	检查工厂技术档案	复核

8.9.3 驻厂监理的监理重点

驻厂监理的监理重点主要有以下几个方面。

(1) 准备阶段

①参与图样会审:由于装配式混凝土结构属于新技术,不如现浇混凝土结

构及钢结构设计成熟,设计人员在设计方案制定过程中应与制作方、施工方交流探讨,吸取经验,使得设计方案不断优化和完善。在图样会审时,对涉及结构安全的问题,应从设计角度来解决,做到事前控制,以利于现场安装和质量保证。

②审核构件制作的技术方案,熟悉构件制作流程,制定驻厂监理细则,明确监理工作流程,为后续监理工作奠定基础。

(2) 对构件制作涉及结构安全的主要原材料进行重点检查,见证取样,跟踪复试结果。涉及构件结构安全的主要原材料有钢筋、水泥、砂子、石子、套筒、金属波纹管、拉结件、连接件、吊点及临时支撑的预埋件等。

(3) 构件工厂大多拥有混凝土搅拌站,混凝土材料自产自用。这就要求驻厂监理按设计和规范要求重点检查混凝土配合比、留置试块情况,还需要有资质的试验室对混凝土进行试验,跟踪试验结果,保证混凝土强度。

(4) 重点检查连接内外叶板的拉结件锚固深度、数量设置、位置定位是否符合设计计算的要求,保证夹心保温板的内外叶板形成有效且安全可靠的连接。

(5) 隐蔽工程验收重点检查套筒或金属波纹管定位、钢筋骨架绑扎及钢筋锚固长度,保证装配式建筑构件自身的结构安全和竖向结构连接的安全。

(6) 套筒灌浆是装配式建筑中最重要的环节,因此套筒灌浆的拉拔试验的监理是驻厂监理最重要的工作,要求驻厂监理旁站,审核试验结果。

(7) 预埋件隐蔽验收,重点检查吊点位置,否则会直接影响施工吊装安全;还要重点检查支撑定位,支撑定位直接影响构件固定及校正,从而影响施工安全。

(8) 混凝土浇筑完成后,驻厂监理重点检查混凝土养护,跟踪混凝土试验结果,控制构件实体强度,以此确定脱模、运输、吊装的时间,保证构件自身的结构安全。

8.10 信息技术应用管理

8.10.1 信息化设计

信息化设计管理范围应涵盖整个构件深化设计阶段,其基本内容应包括BIM模型的建立、管理以及模型数据在工程项目全生命周期中的应用。

深化设计阶段的BIM模型应满足工程项目全生命周期各阶段各相关方协

同工作的需要，包括信息的获取、更新、修改和管理。

BIM模型数据交付时，数据提供方和接受方均应对互用数据进行审核、确认。

BIM模型数据应用于构件生产和施工信息化管理时，互用数据格式应涵盖建筑行业所有标准，其格式转换宜采用成熟的转换方式和转换工具。

BIM模型数据应进行编码与存储。

信息化设计管理主要包括图纸管理、构件管理、BOM管理、变更管理。

企业应按照管理流程集中管理所有的图纸，并对图纸进行编码，同时应保存图纸记录与变更信息。

构件管理应按照规定对构件进行编码，并建立构件设计信息与原材料信息、构件生产和施工实际进度信息、质量信息等之间的联系。

BOM的管理主要包括BOM结构管理和配置管理，BOM清单应充分体现数据共享和信息集成。

设计变更应按照变更流程进行变更，变更后的图纸、BOM表需审核后方可下发，并及时保存变更信息。

8.10.2 生产材料管理

材料信息化管理范围应涵盖材料需求、采购、入库、质检、领用、配送各环节，其基本内容包括套料管理、采购管理、材料质量管理、库存管理。

套料管理应依据BIM提供的BOM表进行材料的预套料，并建立与库存信息的联系，依据平衡库存的结果编制采购计划。

采购管理应包括采购计划管理、采购过程管理和供应商管理，并应满足下列要求：

(1) 采购计划管理应按照规定对采购计划进行编码，并建立采购计划与采购申请单、采购合同、原材料库存、进度信息等之间的联系。

(2) 收集并录入原材料到货、出库、进场和耗用信息，并与计划进行对比分析，依据进度管理信息及时调整采购量。

(3) 供应商管理应对供应商资质进行审查，对于合格供应商，应收集和录入其相关信息并编码管理，依据供应商信息定期分析评价供应商服务质量情况。

材料的质量管理应对采购的材料进行验收，验收时应收集材料相关审查资料，核对材料信息，检查材料的外观、标识及尺寸，并将所搜集的信息与验收记录及时录入信息系统中。

材料的库存管理应包括材料入库、出库、盘点、余料等仓储管理全过程的管理,并应满足下列基本要求:

(1) 应按照规定对原材料和库存区域进行编码,并建立原材料信息与库存区域信息、供应商信息之间的联系。

(2) 应结合 RFID(Radio Frequency Identification)或条码技术,收集和录入原材料信息,并依据原材料库存信息统计分析项目的用料情况、库存情况、成本情况以及编制各类报表。

生产信息化管理范围应涵盖构件整个生产过程的管理和质量控制,其基本内容应包括:生产计划管理、工艺管理、生产进度管理、生产质量管理。

企业应明确生产管理中的信息流程。生产计划的管理应根据 BIM 模型提供的信息编制生产计划,按照规定对生产计划进行编码,并建立生产计划与构件生产进度信息、构件工序质检信息、生产现场监控信息、原材料信息、构件加工信息等之间的联系。

工艺的管理应根据 BIM 模型提供的信息编制工艺及相关文件,并按照规定对工艺及相关文件进行编码。

生产进度的管理与质量管理应结合条码技术,收集和录入各关键工序进度信息与质检信息。

企业应对收集的生产信息进行统计分析,并将结果作为绩效考核和生产能力评价的依据。收集的生产进度信息应及时反馈给 BIM 模型,逐步完善 BIM 模型。

8.10.3 成品与发运管理

成品与发运管理范围应涵盖成品的入库、出库、质检、发运各环节,其基本内容应包括成品库存管理、成品质量管理、成品发运管理。

成品质量管理应对构件进行入库前的验收,验收时应收集构件检查资料,核对构件信息,检查构件的外观、标识及尺寸,并将所搜集的信息与验收记录及时录入信息系统中。

成品库存管理应包括构件入库、出库、盘点等仓储管理全过程的管理,并应满足下列基本要求:

(1) 应按照规定对库存区域进行编码,并建立库存区域信息与构件信息之间的联系。

(2) 应结合 RFID 或条码技术,收集和录入构件信息,并依据构件库存信息统计分析项目构件的使用情况、库存情况、成本情况以及编制各类报表。

成品发运管理应按项目计划的要求和施工单位确定的现场安装顺序编制发运计划，按照规定对发运计划进行编码，并建立发运计划与构件信息、构件发运状态、发货清单等之间的联系。

构件发运过程中应结合 RFID 和条码技术，实时跟踪构件发运状态，避免漏发、错发。

8.10.4 施工管理

施工信息化管理的范围应涵盖施工准备、物资进场、现场安装、竣工交付与维护等各环节，其基本内容包括技术准备、施工计划管理、现场物资管理、施工进度管理、施工质量管理、职业健康安全管理、竣工交付与维护管理。

施工计划管理应依据项目计划的总要求编制施工计划，按照规定对施工计划进行编码，并建立施工计划与施工进度信息、质量信息、安全信息等之间的联系。

在现场施工之前，应收集和整理技术资料，做好技术准备工作。

现场物资管理应结合 RFID 或条码技术，收集并录入物资进出场和耗用信息，并与采购计划进行对比分析，依据进度管理信息及时调整进退场时间及采购量。

施工质量管理包括构件的进场验收与施工过程中的质量控制，并应满足下列要求：

（1）构件的进场验收应结合 RFID 或条码技术，收集构件检查资料，核对构件信息，检查构件的外观、标识及尺寸，并将所搜集的信息与验收记录及时录入信息系统中。

（2）施工过程中的质量控制应结合 RFID 或条码技术或视频技术，收集并录入构件安装过程的质量信息，并利用这些信息进行分析处理，对可能产生的质量问题提供纠正、预防的信息。

施工进度管理应结合 RFID 或条码技术，实时收集和录入施工实际进度信息，并将进度信息及时反馈给 BIM 模型。

职业健康安全管理应及时收集并录入职业健康、安全、环境活动的策划、培训、教育、检查、整改、纠正、预防等相关信息，并与管控目标进行对比分析，对可能产生的隐患进行预防。

项目竣工时，应对收集的信息进行整理和分析，并将完工信息反馈给 BIM 模型，最终形成可交付的完整的 BIM 模型。

8.10.5 系统维护与安全管理

在构件生产和施工信息化管理过程中，应保证录入系统的数据真实、有效和完整，并及时备份和维护数据。

应从硬件、软件、权限等方面对录入的数据进行安全保护，并应对信息系统运行的情况进行检查和评估。

8.11 监理文件资料管理

8.11.1 监理文件资料的一般规定

(1) 监理文件资料：《建设工程文件归档规范》(GB/T 50328—2014)、《建筑工程资料管理规程》(JGJ/T 185—2009)对监理文件资料的表述为：工程监理单位在履行建设工程监理合同过程中形成或获取的，以一定形式记录、保存的文件资料。

(2) 监理文件资料管理：监理文件资料的收集、填写、编制、审核、审批、整理、组卷、移交及归档工作的统称，简称监理文件资料管理。

(3) 项目监理机构应建立和完善信息管理制度，设专人管理监理文件资料。

(4) 监理人员应如实记录监理工作，及时、准确、完整地传递信息，按规定汇总整理、分类归档监理文件资料。

(5) 监理单位应按规定编制和移交监理档案，并根据工程特点和有关规定，合理确定监理单位档案保存期限。

8.11.2 监理文件资料的主要内容与分类

《建设工程监理规范》(GB/T 50319—2013)规定的监理文件资料的主要内容如下：

(1) 勘察设计文件、建设工程监理合同及其他合同文件。

(2) 监理规划、监理实施细则。

(3) 设计交底和图纸会审会议纪要。

(4) 施工组织设计、(专项)施工方案、施工进度计划报审文件资料。

(5) 分包单位资格、报审文件资料。

(6) 施工控制测量成果报验文件资料。

(7) 总监任命书,工程开工令、暂停令、复工令,工程开工或复工报审文件资料。

(8) 工程材料、构配件、设备报验文件资料。

(9) 见证取样和平行检验文件资料。

(10) 工程质量检查报验资料及工程有关验收资料。

(11) 工程变更、费用索赔及工程延期文件资料。

(12) 工程计量、工程款支付文件资料。

(13) 监理通知单、工作联系单与监理报告。

(14) 第一次工地会议、监理例会、专题会议等会议纪要。

(15) 监理月报、监理日志、旁站记录。

(16) 工程质量或生产安全事故处理文件资料。

(17) 工程质量评估报告及竣工验收监理文件资料。

(18) 监理工作总结。

8.11.3 监理文件资料的归档与移交

1. 监理文件资料归档范围和保管期限

(1)《建设工程文件归档规范》(GB/T 50328—2014)规定,27 种监理文件资料都要移交给建设单位存档(纸质和电子文件),监理单位要长期存档的有 18 种(仅电子文件),城建档案馆存档的有 14 种(纸质和电子文件)。

(2) 根据《建设工程监理规范》(GB/T 50319—2013)的要求,项目监理机构应建立完善监理文件资料管理制度,设专人管理监理文件资料,应及时、准确、完整地收集、整理、编制、传递监理文件资料。应采用计算机技术进行监理文件资料管理,实现监理文件资料管理的科学化、程序化、规范化。及时整理、分类汇总监理文件资料,按规定组卷,形成监理档案。

(3) 工程监理单位应根据工程特点和有关规定,保存监理档案,并向有关单位、部门移交需要存档的监理文件资料。

2. 监理文件资料存档移交及管理要求

(1) 建立健全文件、函件、图纸、技术资料的登记、处理、归档与借阅制度。文件发送与接收由现场监理机构(资料管理组)统一负责,并要求收文单位签收。存档文件由监理信息资料员负责管理,不得随意存放,凡有关手续,用后还原。

(2) 工程开工前总监应与建设、设计、施工单位,对资料的分类、格式(包括用纸尺寸)、份数以及移交达成一致意见。

(3) 监理文件资料的送达时间以各单位负责人或指定签收人的签收时间为准。设计、施工单位对收到监理文件资料有异议,可于接到该资料的 7 日内,向项目监理机构提出要求确认或要求变更的申请。

(4) 项目总监定期对监理文件资料管理工作进行检查,公司每半年也应组织一次对项目监理机构“一体化”管理体系执行情况的检查,对存在问题下发整改通知单,限期整改。

(5)“一体化”管理体系运行中产生的记录由内审组保存,并每年年底整理归档交投标人档案室保存。项目监理机构撤销前,应整理本项目有关监理文件资料,填报“工程文件档案移交清单”,交监理单位业务管理部归档。

(6) 为保证监理文件资料的完整性和系统性,要求监理人员平常就要注意监理文件资料的收集、整理、移交和管理。监理人员离开工地时不得带走监理文件资料,也不得违背监理合同中关于保守工程秘密的规定。

(7) 监理文件资料应在各阶段监理工作结束后及时整理归档,按《建设工程文件归档规范》(GB/T 50328—2014)、《电子文件归档与电子档案管理规范》(GB/T 18894—2016)和《建设电子文件与电子档案管理规范》(CJJ/T 117—2017)及当地建设工程质量监督机构、城市建设档案管理部门有关规定进行档案的编制及保存。档案资料应列明事件、题目、来源、概要,经办人、结果或其他情况,尽量做好内容和形式的统一。

(8) 在工程完成并经过竣工验收后,项目监理机构应按监理合同规定,向建设单位移交监理文件资料。工程竣工存档资料应与建设单位取得共识,以使资料管理符合有关规定和要求。移交监理文件资料要登记造册、逐项清点、逐项签收,并在《监理文件资料移交清单》上完善经办人签名和移交、接收单位盖章手续。

(9) 工程竣工验收合格后,项目监理机构应整理本项目相关的监理文件资料,对照当地城建档案管理部门有关规定,对遗失、破损的工程文件逐一登记说明,形成《监理文件资料移交清单》,交当地城建档案管理部门验收,取得“监理文件资料移交合格证明表”,连同工程竣工验收报告、备案验收证明等移交给监理单位资料室存档保存。

9

装配式混凝土建筑工程质量检测

9.1 质量检测管理

9.1.1 建设单位

(1) 建设单位应遵守法律法规和规章规定，按照《建设工程质量检测管理办法》(住房和城乡建设部令第 57 号)相关要求，委托具有相应资质的检测机构对工程质量进行检测。不是建设单位直接委托进行的检测，其报告不得作为工程竣工验收的依据。

(2) 建设单位委托检测的建筑材料、建筑构配件、预拌混凝土、混凝土预制构配件和工程实体质量、使用功能的检测项目按照工程设计要求、施工技术标准、验收标准等相关标准和合同约定进行，并按规定对相关项目进行见证取样和送检。

9.1.2 设计单位

设计单位应按照《建设工程勘察设计管理条例》(中华人民共和国国务院令第 293 号)相关要求，在建设工程勘察、设计文件中注明采用的新技术、新材料，可能影响建设工程质量和安全，又没有国家技术标准的，应当由国家认可的检测机构进行试验、论证，出具检测报告，并经国务院有关部门或省、自治区、直辖市人民政府有关部门组织的建设工程技术专家委员会审定后，方可使用。

9.1.3 施工单位

(1) 施工单位应按照《建设工程质量管理条例》相关规定，要求施工人员对涉及结构安全的试块、试件以及有关材料，在建设单位或工程监理单位监督下现场取样，并送至建设单位委托的、具有相应资质等级的质量检测单位进行检测。

(2) 施工单位应建立健全预制构件施工安装过程质量检验制度。及时收集整理预制构件进场验收及施工安装过程的质量控制资料，并对资料的真实性、准确性、完整性、有效性负责，不得弄虚作假。施工单位负责施工现场自检工作的组织、管理和实施，确保提供的检测样品具有真实性和代表性。施工单位应积极配合现场检测工作的开展。

9.1.4 监理单位

(1) 监理单位应按照《建设工程质量检测管理办法》(住房和城乡建设部令第57号)相关规定,对涉及结构安全的试块、试件以及有关材料进行旁站或监督质量检测试样的取样工作,并在相关文件上签字确认。提供质量检测试样的单位和个人,应当对试样的真实性负责。

(2) 监理单位在监理细则中明确装配式混凝土结构连接节点质量检查方案,对施工单位的自检方案进行审核并监督核查自检方案的执行。

9.1.5 检测单位

(1) 检测单位应满足《建设工程质量检测管理办法》(住房和城乡建设部令第57号)相关规定,必须是具有独立法人资格的中介机构。从事质量检测业务,检测单位应当具有相应的资质证书。检测单位未取得相应的资质证书,不得承担相应的质量检测业务。

(2) 检测单位应按照《房屋建筑和市政基础设施工程质量检测技术管理规范》(GB 50618—2011)的相关规定,与委托方签订检测书面合同,检测合同应注明检测项目及相关要求。需要见证的检测项目应确定见证人员。

(3) 检测单位不得与行政机关,法律、法规授权的具有管理公共事务职能的组织以及所检测工程项目相关的设计单位、施工单位、监理单位有隶属关系或者其他利害关系。

(4) 见证取样的试块、试件和材料送检时,应由送检单位填写委托单,委托单应有见证人员和送检人员签字。检测单位应检查委托单及试样上的标识和封志,确认无误后方可进行检测。

(5) 检测单位应严格按照有关管理规定和技术标准进行检测,出具公正、真实、准确的检测报告。见证取样和送检的检测报告必须加盖见证取样检测的专用章。

9.2 基本规定

9.2.1 检测范围

(1) 装配式混凝土建筑检测包括主体结构系统、外围护系统、设备与管线系统、内装系统的检测。其中,主体结构系统检测主要包括材料、预制构件、连接节点、结构实体的检测。

(2) 装配式混凝土建筑检测工作宜于建筑物安装施工与竣工验收阶段进行,检测项目宜包含涉及主体结构工程质量的材料、构件以及连接件等。

(3) 工程施工和竣工验收阶段,当遇到下列情况之一时,应进行现场补充检测:

①涉及主体结构工程质量的材料、构件以及连接件的检验数量不足;

②材料与部品部件的驻厂检验或进场检验缺失,或对其检验结果存在争议;

③对施工质量的抽样检测结果达不到设计要求或施工验收规范要求;

④对施工质量有争议;

⑤发生工程质量事故,需要分析事故原因。

9.2.2 检测工作的程序与要求

(1) 装配式混凝土建筑工程质量检测工作应按规定的工作程序(图 9-1)进行。

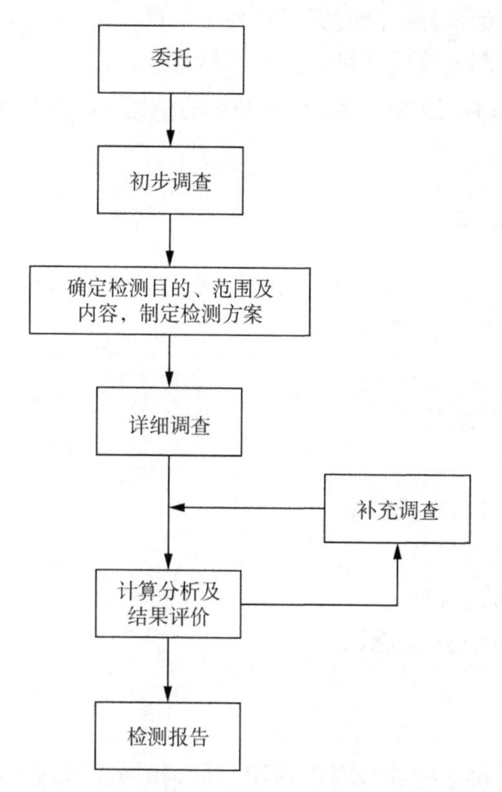

图 9-1 装配式混凝土建筑工程质量检测工作流程图

（2）装配式混凝土建筑工程质量检测工作包括初步调查、检测方案制定、仪器与设备选择、检测人员配备、现场检测标识与数据信息记录、补充检测或复检等方面。

（3）承接装配式建筑检测工作的检测单位，应符合国家规定的有关资质条件要求，且应有固定的工作场所、健全的质量管理体系和相应的技术能力。

（4）现场检测所用仪器、设备的适用范围和检测精度应满足检测项目的要求。检测时，所用仪器、设备应在检定或校准周期内，并应处于正常状态。

（5）现场检测获取的数据或信息应符合下列要求：

①人工记录时，宜用专用表格，并应做到数据准确、字迹清晰、信息完整，修改时应杠改不应涂改，且修改人应在旁边签字确认；

②仪器自动记录的数据应妥善保存，打印输出后应经现场检测人员校对签字确认；

③图像信息应标明获取信息的时间和位置。

（6）装配式混凝土建筑检测过程应采取可靠的安全防范措施。

（7）现场取得的试样应及时标识并妥善保存。

（8）装配式混凝土建筑现场检测工作结束后，应及时提出针对由于检测造成结构或构件局部损伤的修补建议，修补后的结构或构件的承载力不应低于检测前承载力。

9.2.3 检测内容与方法

（1）检测内容应根据委托方提出的检测目的和要求，科学合理地确定。

（2）检测方案应包括下列内容：

①工程概况；

②检测目的、要求及范围；

③检测依据；

④测试项目、方法以及数量；

⑤检测所用仪器设备；

⑥检测工作进度计划；

⑦需要委托方配合的工作；

⑧安全措施；

⑨环保措施。

（3）检测方法确定应综合考虑检测目的、检测项目、建筑实际状况和现场具体条件等因素。

(4) 现场检测和资料调查应包括下列内容：

①收集被检测结构的工程地质勘察报告、竣工图或设计施工图、施工质量验收记录等资料；

②收集建筑结构使用期间的维修、检测、评定、加固和改造的资料；

③调查被检测建筑结构缺陷、损伤、维修与加固等的实际状况；

④调查被检测建筑结构环境、用途或荷载等的实际状况；

⑤向有关人员调查委托检测的原因以及资料调查和现场调查未能显现的问题。

(5) 当建筑物的工程图纸资料不全时，应对建筑物的结构布置、结构体系、构件材料强度、混凝土构件的配筋、结构与构件几何尺寸等进行检测，当工程复杂时，应绘制工程现状图。

(6) 工程质量检测，宜选用直接的测试方法或间接方法与直接方法相结合的综合检测方法。

(7) 当采用现行国家、行业标准规定以外的检测方法时，应符合下列规定：

①该方法已通过技术鉴定；

②该方法已与现行标准规定的方法进行过比对试验；

③检测单位应有相应的检测细则，并应提供测试误差或测试结果的不确定度；

④在检测方案中应予以说明并经委托方同意。

9.2.4 检测抽样方法

(1) 现场检测方式可采取全数检测或抽样检测两种检测方式。当检测数量较大时宜随机抽样检测，当检测数量较小时宜全数检测；当不具备随机抽样条件时，可按约定方法抽取样本。

(2) 装配式混凝土建筑主体结构检测的抽样方法和抽样数量应符合现行国家标准《建筑结构检测技术标准》(GB/T 50344—2019)的规定；其他检测项目的抽样方法和数量可参考现行国家标准《建筑工程施工质量验收统一标准》(GB 50300—2013)。

9.2.5 检测报告

(1) 检测报告应结论明确、用词规范、文字简练，对于容易混淆的术语和概念应以文字解释或图例、图像说明。

(2) 检测报告应包括下列内容：

①委托方名称；

②建筑工程概况，包括工程名称、地址，以及装配式混凝土建筑类型、规模、施工日期及现状等；

③设计单位、施工单位及监理单位名称；

④检测原因、检测目的及以往相关检测情况概述；

⑤检测项目、检测方法及依据的标准；

⑥检验方式、抽样方法、检测数量与检测位置；

⑦检测项目主要分为检测数据和汇总结果、检测结果、检测结论；

⑧检测日期、报告完成日期；

⑨主检、审核和批准人员的签名；

⑩检测机构的有效印章。

(3) 检测单位应就委托方对报告提出的异议做出解释或说明。

9.3 材料及预制构件检测

9.3.1 材料检测

1. 一般规定

(1) 生产预制构件用原材料应符合现行标准和有关标准规定的要求。

(2) 原材料进场时应按批检查其规格、型号、外观和质量证明文件等，并按批取样复检。

(3) 原材料质量应符合现行标准和有关规定要求。原材料进场后应按照现行标准要求，按批取样复验，不得使用未经检验或检验不合格的原材料。

(4) 当采用新品种原材料时，应有充足的技术依据，并在使用前进行试验论证，原材料对混凝土长期和耐久性能没有不良影响时方可使用，且掺量应根据试验确定。

(5) 当首次加工钢筋焊接、机械连接接头和灌浆套筒接头时，应对其工艺性能进行检测，工艺性能合格后方可批量加工生产。

2. 水泥、砂石及外加剂检测

(1) 水泥进场时，应对水泥的强度、安定性和凝结时间进行检验，当预制构件有耐久性设计要求时，还应对水泥中的氯离子、三氧化硫、碱含量进行检验，以上项目的检验结果应符合现行国家标准《通用硅酸盐水泥》(GB 175—

2023)等的相关规定。袋装水泥每 200 t 取样检验一次，散装水泥每 500 t 取样检验一次。

(2) 砂石进场时，应对砂石的颗粒级配、泥块含量、表观密度、堆积密度、坚固性进行检验，天然砂还应检验含泥量和氯离子含量，机制砂还应检验石粉含量、亚甲蓝 MB 值和压碎指标，石子还应对压碎指标和针片状含量进行检验。当砂石含有有害物质时，还应对砂石中的有害物质含量进行检验，当有碱活性要求时还应对砂石的碱活性进行检验，以上项目的检验结果应符合现行国家标准《普通混凝土用砂、石质量及检验方法标准》(JGJ 52—2006)等的相关规定。砂石每 400 m^3 或 600 t 取样检验一次。

(3) 掺合料进场时，应对粉煤灰的细度、需水量比和烧失量进行检验，应对矿渣粉的比表面积、流动度和强度活性指数进行检验，当预制构件有耐久性设计要求时，还应对粉煤灰中的三氧化硫和游离氧化钙进行检验，对矿渣粉中的烧失量和三氧化硫进行检验，以上项目的检验结果应符合现行国家标准《用于水泥和混凝土中的粉煤灰》(GB/T 1596—2017)和《用于水泥、砂浆和混凝土中的粒化高炉矿渣粉》(GB/T 18046—2017)的相关规定。每 200 t 取样检验一次。其他掺合料的检验应符合相应标准的规定。

(4) 外加剂进场时，应对减水剂的 pH 值、密度(或细度)、含固量(或含水率)、减水率进行检验，早强型减水剂还应检测 1 d 抗压强度比，缓凝型减水剂还应检测凝结时间差，以上项目的检验结果均应符合《混凝土外加剂》(GB 8076—2008)的相关规定。每 50 t 取样检验一次。其他外加剂的检验应符合《混凝土外加剂应用技术规范》(GB 50119—2013)和相应产品标准的规定。

3. 钢筋及连接检测

(1) 钢筋进场时，应对钢筋的屈服强度、抗拉强度、最大力总延伸率和重量偏差进行检验，另外光圆钢筋和牌号非带“E”热轧带肋钢筋还应检验断后伸长率和弯曲性能，牌号带“E”热轧带肋钢筋还应检测反向弯曲性能和计算强屈比、超屈比。钢筋每 60 t 取样检验一次。其他钢筋的检验应符合相应标准的规定。

(2) 钢筋机械连接接头工艺性能检验参数包括单向拉伸极限抗拉强度和残余变形，工艺检验合格后，接头现场抽检应对极限抗拉强度进行检验，检验方法和结果应符合《钢筋机械连接技术规程》(JGJ 107—2016)中的要求，同钢筋生产厂、同强度等级、同规格、同类型和同形式接头每 500 个为一批。

(3) 钢筋焊接接头工艺性能检验参数包括抗拉强度，闪光对焊接头时还应检验弯曲性能；工艺检验合格后，接头现场抽检应对抗拉强度进行检验，检测方法和结构应符合现行行业标准《钢筋焊接及验收规程》(JGJ 18—2012)的规定，同牌号、同直径钢筋接头每 300 个为一批。

(4) 钢筋套筒灌浆连接接头的工艺检验包括极限抗拉强度、残余变形和灌浆料抗压强度，检测应按现行行业标准《钢筋连接用灌浆套筒》(JG/T 398—2019)、《钢筋连接用套筒灌浆料》(JG/T 408—2019)和《钢筋套筒灌浆连接应用技术规程》(JGJ 355—2015)(2023 年版)执行，工艺检验合格后，施工过程中取同一批号、同一类型、同一规格的灌浆套筒，不超过 1 000 个为一批，每批随机抽取 3 个灌浆套筒制作对中连接接头试件，进行单向拉伸极限承载力检验，检验结果应符合《钢筋套筒灌浆连接应用技术规程》(JGJ 355—2015)(2023 年版)中的技术要求。

4. 灌浆料检测

(1) 钢筋连接用灌浆料进场时，应对灌浆料的流动度、抗压强度、竖向膨胀率和泌水率进行检验，以上项目的检验结果均应符合《钢筋连接用套筒灌浆料》(JG/T 408—2019)的相关规定。每 50 t 取样检验一次。

(2) 灌浆料每工作班不少于 1 次，每层楼不少于 3 次，对成型灌浆料抗压强度试件进行检测，检测结果应满足《钢筋连接用套筒灌浆料》(JG/T 408—2019)的技术要求。

5. 混凝土检测

(1) 混凝土拌合用水检测包括 pH 值、不溶物含量、可溶物含量、硫酸根离子含量、氯离子含量、水泥凝结时间差和水泥胶砂强度比，拌合用水质量应符合《混凝土用水标准》(JGJ 63—2006)的规定。按同一水源不少于一个检验批取样。

(2) 混凝土立方体抗压强度检测应按现行国家标准《混凝土物理力学性能试验方法标准》(GB/T 50081—2019)执行，混凝土强度检验结果应按《混凝土强度检验评定标准》(GB/T 50107—2010)进行评定，评定结果满足设计要求；当预制构件有耐久性设计要求时，应按《普通混凝土长期性能和耐久性能试验方法标准》(GB/T 50082—2009)对混凝土耐久性能指标进行检测，检测结果应符合《混凝土耐久性检验评定标准》(JGJ/T 193—2009)和设计要求。混凝土强度检验每 100 盘相同配合比混凝土取样不应少于 1 次，每一个工作班相同配合比混凝土不足 100 盘时应按 100 盘计；混凝土耐久性能指标同一工程、同一配合比混凝土检验批不少于 1 次。

9.3.2 预制构件检测

1. 一般规定

(1) 预制构件检测包括进场后安装前的预制构件质量检测及安装施工后预制构件的质量检测。

(2) 预制构件检测内容应包括下列情况：

①对进场时不做结构性能检测且无驻厂监造的预制构件，进场时应对其主要几何尺寸、受力钢筋数量、钢筋规格、钢筋间距、混凝土保护层厚度及混凝土强度等进行检测；

②进场时的检测项目包括外观缺陷、内部缺陷、尺寸偏差与变形等；

③安装施工后的检测项目包括位置与尺寸偏差、挠度、裂缝、倾斜变形等。

2. 进场时预制构件检测

(1) 对预制构件进行几何尺寸检测时，应同时对预制构件上的预埋件、预留插筋、预留孔洞、预埋管线的尺寸偏差进行检测，检测方法可参照现行国家标准《装配式混凝土建筑技术标准》(GB/T 51231—2016)。

(2) 预制混凝土构件抗压强度宜采用回弹法、超声-回弹综合法及间接法进行现场检测；也可采用钻芯-回弹综合法检测；必要时或对间接法检测结果有怀疑时，可采用钻芯法对间接法检测结果进行验证。

(3) 预制混凝土构件中保护层厚度、钢筋数量和间距可采用钢筋探测仪进行检测，检测方法应符合现行国家标准《混凝土结构现场检测技术标准》(GB/T 50784—2013)的规定，仪器性能和操作要求应符合现行行业标准《混凝土中钢筋检测技术标准》(JGJ/T 152—2019)的有关规定。预制混凝土构件中钢筋规格可采用剔凿法进行局部验证。

(4) 预制混凝土构件外观缺陷检测应包括露筋、孔洞、夹渣、蜂窝、疏松、裂缝、连接部位缺陷、外形缺陷、外表缺陷等内容，检测方法应符合下列规定：

①露筋长度可用钢尺或卷尺量测；

②孔洞深度可用钢尺或卷尺量测，孔洞直径可采用游标卡尺量测；

③夹渣深度可采用剔凿法或超声法检测；

④蜂窝和疏松的位置和范围可采用钢尺或卷尺量测，当委托方有要求时，蜂窝深度量测可采用剔凿、成孔等方法；

⑤表面裂缝的最大宽度可采用裂缝专用测量仪器量测，表面裂缝长度可采用钢尺或卷尺量测；裂缝深度可采用超声法检测，必要时可钻取芯样予以验证；

⑥连接部位缺陷可采用观察或剔凿法检测；

⑦外形缺陷和外表缺陷的位置和范围可采用钢尺或卷尺测量。

(5) 预制混凝土构件内部缺陷检测应包括内部不密实区、裂缝深度等内容,宜采用超声法双面对测,当仅有一个可测面时,可采用冲击回波法或电磁波反射法进行检测,对于判别困难的区域,应进行钻芯或剔凿验证,具体检测方法应符合现行国家标准《混凝土结构现场检测技术标准》(GB/T 50784—2013)的规定。

(6) 预制构件的尺寸偏差与变形检测应包括尺寸偏差、挠度、翘曲等内容,检测数量及方法应符合现行国家标准《装配式混凝土建筑技术标准》(GB/T 51231—2016)和《混凝土结构工程施工质量验收规范》(GB 50204—2015)的规定。

(7) 预制构件裂缝检测时宜对所有存在裂缝的构件进行全数检测,并记录每条裂缝的长度、走向和位置,可用示意图表示裂缝的分布特征;对于构件上较宽的裂缝,应检测裂缝宽度;必要时可选择较宽的裂缝,检测裂缝深度。

3. 安装施工后的预制构件检测

(1) 预制构件安装施工后的位置与尺寸偏差检测数量,应符合现行国家标准《混凝土结构工程施工质量验收规范》(GB 50204—2015)的规定,检测方法应符合下列规定:

①构件中心线对轴线的位置偏差可采用直尺量测;

②构件标高可采用水准仪或拉线法量测;

③构件垂直度可采用经纬仪或全站仪量测;

④构件倾斜率可采用经纬仪、激光准直仪或吊锤法量测;

⑤构件挠度可采用水准仪或拉线法量测;

⑥相邻构件平整度可采用靠尺和塞尺量测;

⑦构件搁置长度可采用直尺量测;

⑧座、支垫中心位置可采用直尺量测;

⑨板接缝宽度和中心线位置可采用直尺量测。

(2) 构件挠度检测宜对受检范围内存在挠度变形的构件进行全数检测,当不具备全数检测条件时,可根据约定的抽样原则选择下列构件进行检测:

①重要的构件;

②跨度较大的构件;

③外观质量差或损伤严重的构件;

④外形较大的构件。

(3) 构件裂缝检测宜对受检范围内存在裂缝的构件进行全数检测,当不具备全数检测条件时，可根据约定的抽样原则选择下列构件进行检测：

①重要的构件；

②裂缝较多或裂缝宽度较大的构件；

③变形的构件。

(4) 构件倾斜变形检测宜对受检范围内存在倾斜变形的构件进行全数检测，当不具备全数检测条件时，可根据约定的抽样原则选择下列构件进行检测：

①重要的构件；

②轴压比较大的构件；

③偏心受压的构件；

④倾斜较大的构件。

9.4 构件连接节点检测

9.4.1 一般规定

(1) 构件之间的连接节点检测包括混凝土结合面、套筒灌浆与浆锚搭接灌浆饱满度、预制竖向构件底部接缝灌浆饱满度等内容。

(2) 当对钢筋套筒灌浆连接节点的施工质量或检测结果存疑时，可抽取具有代表性的钢筋套筒灌浆连接接头进行破损检测。应及时对破损部位进行修补，修补方案及工艺要求应由建设单位组织设计单位、施工单位、检测单位共同确定。

9.4.2 混凝土结合面检测

(1) 梁、板等叠合构件的混凝土结合面可按下列方法进行检测：

①混凝土结合面的缺陷可采用超声法和冲击回波法进行检测；

②结合面混凝土黏结强度检测可采用拉脱法检测结合面混凝土的抗拉强度或钻芯法检测结合面混凝土的劈裂抗拉强度。

(2) 混凝土叠合板式构件结合面的缺陷检测采用具有多探头阵列的超声断层扫描设备或冲击回波仪进行检测时，测点布置应符合下列规定：

①测点在板上均匀布置且应有清晰的编号；

②确定叠合楼板的总厚度及预制底板的厚度；

③测点间距不大于 1 m，并应保证仪器测试边缘至板边缘的距离不小于叠合楼板的总厚度；

④每个构件上测点数不少于9个。

9.4.3 套筒灌浆饱满度与浆锚搭接灌浆质量检测

(1) 套筒灌浆饱满度可采用冲击回波法、预埋钢丝拉拔法、预埋传感器法、预成孔内窥镜法和X射线法进行检测。

(2) 冲击回波法操作便捷、测试效率高,测试结果以彩色云图方式呈现,能够清楚直观反映套筒内部注浆情况,适合对实际工程中的成品进行大面积普查。对检测结果存疑的套筒可采用X射线法或破损检测进行验证校核。

(3) 预埋钢丝拉拔法、预埋传感器法和预成孔内窥镜法都需要灌浆前预先介入。预成孔内窥镜法也可利用预埋钢丝拉拔法和预埋传感器法留置的孔道进行检测。此三种方法都是简单、实用、经济的检测套筒灌浆饱满度的方法,可在实际工程中推广应用,可用于正式灌浆施工前工艺性检测,也可用于正式灌浆施工过程的套筒灌浆饱满度检测。

(4) X射线法通过直接对套筒内灌浆料成像,可以大致检测灌浆料的位置和质量,结果直观。可用于套筒单排设置或梅花状布置的预制墙、板构件,在灌浆施工后的套筒灌浆饱满度检测。

(5) 浆锚搭接灌浆质量问题如内部缺陷(特别是较大缺陷)严重影响浆锚搭接节点性能。可采用冲击回波法、超声CT法及预埋传感器法进行检测。对检测结果存疑的构件,可进行局部破损验证。

(6) 套筒灌浆饱满度检测的数量应符合下列规定。

①对重要的构件或对施工工艺、施工质量有怀疑的构件,应对所有套筒进行灌浆质量检测。

②首层装配式混凝土结构,每类采用钢筋套筒灌浆连接的构件,检测数量不应少于首层该类预制构件总数的20%,且不少于2个;其他层,每层每类构件的检测数量不应少于该层该类预制构件总数的10%,且不少于1个。

③对采用钢筋套筒灌浆连接的外墙板、梁、柱等构件,每个灌浆仓的套筒检测数量不应少于该仓套筒总数的30%,且不少于3个,被检测套筒应包含灌浆口处套筒、距离灌浆口套筒最远处的套筒;对受检构件中采用单独灌浆方式灌浆的套筒,套筒检测数量不应少于该构件单独灌浆套筒总数的30%,且不少于3个。

④对采用钢筋套筒灌浆连接的内墙板,每个灌浆仓的套筒检测数量不应少于该仓套筒总数的10%,且不应少于2个;该检测套筒应包含灌浆口处套筒、距离灌浆口套筒最远处的套筒;对受检测构件采用单独灌浆方式灌浆的套筒,套筒检测数量不应少于该构件单独灌浆套筒总数的10%,且不少于2个。

9.4.4 竖向预制构件底部接缝灌浆饱满度检测

(1) 竖向预制构件底部接缝灌浆饱满度检测宜采用超声法,超声法所用换能器的辐射端直径不应超过 20 mm,工作频率不应低于 250 kHz,也不宜高于 750 kHz。

(2) 采用超声法对竖向预制构件底部接缝灌浆饱满度进行检测时,灌浆龄期不应低于 7 天。宜选用对测法,初次测量时测点间距宜选择 100 mm,对初次测量后有怀疑的点位可在附近加密测点,检测时应避开机电管线穿过的区域。

(3) 竖向预制构件底部接缝灌浆饱满度检测数量应符合下列规定。

①首层装配式混凝土结构,不应少于剪力墙构件总数的 20%,且不应少于 2 个;

②其他层不应少于剪力墙构件总数的 10%,且不应少于 1 个。

9.5 结构实体检测

9.5.1 一般规定

(1) 装配式混凝土结构实体质量检测包括结构尺寸偏差、混凝土强度、钢筋保护层厚度,以及钢筋数量、规格、间距、静载检验、动力特性测试等项目。

(2) 按相关规定进行进场时及安装施工后质量检测的预制构件可不进行结构尺寸偏差、混凝土强度、钢筋保护层厚度及钢筋数量、规格、间距检测;实体质量检测主要针对工地现场后浇筑构件及结构。

9.5.2 结构构件检测

(1) 工地现场后浇筑结构的尺寸偏差、混凝土强度、钢筋保护层厚度同预制构件相关规定。

(2) 结构实体现浇混凝土强度应按不同强度等级分别检测,检测要求按现行国家标准《混凝土结构现场检测技术标准》(GB/T 50784—2013)执行。

(3) 结构实体现浇部分的钢筋保护层厚度检测的抽样方法应符合现行国家标准《混凝土结构工程施工质量验收规范》(GB 50204—2015)的有关规定,检测要求按国家现行标准《混凝土结构现场检测技术标准》(GB/T 50784—2013)及《混凝土中钢筋检测技术标准》(JGJ/T 152—2019)执行。

9.5.3 静载检验与动力特性测试

(1) 结构构件静载检验和结构动力特性测试时,应根据现场调查、检测和计算分析的结果,预测检验过程中结构的性能,并应考虑相邻的结构构件、组件或整个结构之间的影响。

(2) 装配式混凝土结构整体沉降和倾斜的检测按现行行业标准《建筑变形测量规范》(JGJ 8—2016)执行,整体沉降和倾斜的检测结果应互相复核。

(3) 梁、板类简支受弯预制构件结构性能检验,应符合下列规定:

①结构性能检验的要求和试验方法,应符合《混凝土结构工程施工质量验收规范》(GB 50204—2015)的相关规定。

②钢筋混凝土构件和允许出现裂缝的预应力混凝土构件,应进行承载力、挠度和裂缝宽度检验;不允许出现裂缝的预应力混凝土构件应进行承载力、挠度和抗裂检验。

③对大型构件及有可靠应用经验的构件,可只进行裂缝宽度、抗裂和挠度检验。

④对使用数量较少的构件,当能提供可行依据时,可不进行结构性能检验。

(4) 对非简支受弯构件,除设计有专门要求外,可不做结构性能检验。

(5) 静载检验可分为结构构件的适用性检验和承载力检验。适用性检验应包括构件挠度、裂缝及裂缝宽度,条件允许时宜包括装饰装修层的变形、管线位移和变形、设备的相对位移及运行情况等。

(6) 静载检验结果可按下列规定进行评定:

①在构件适用性检验荷载作用下,经修正后的实测挠度值和裂缝宽度不大于现行国家标准《混凝土结构设计标准》(GB/T 50010—2010)和《混凝土结构工程施工质量验收规范》(GB 50204—2015)相关要求的限值,附属设备、设施未出现影响正常使用的状态,此时,受检构件适用性可评定为满足要求。

②在构件承载力检验荷载作用下,当受检构件无明显破坏迹象,实测挠度值满足实测挠度值小于相应的理论计算值或实测挠度与荷载基本保持线性关系,且构件残余挠度不大于最大挠度的 20%时,可评定受检构件安全性满足要求。

(7) 下列装配整体式混凝土结构宜进行动力特性检测:

①对质量有怀疑和争议的结构。

②大型公共或重要建筑结构。

③需进行健康监测的结构。

④抗震设防烈度为7度(设计基本地震加速度为0.15 g)及以上地震区的高层建筑结构。

⑤遭受偶然作用(如强震、爆炸、火灾、撞击等)且需进行安全评估的结构。

(8) 动力特性测试应包括固有频率、阻尼比和振型等参数;激励方式宜采用环境激励法。

9.6 声环境检测

9.6.1 隔声性能检测

1. 检测依据

(1)《民用建筑隔声设计规范》(GB 50118—2010);

(2)《声学 建筑和建筑构件隔声测量 第4部分:房间之间空气声隔声的现场测量》(GB/T 19889.4—2005);

(3)《声学 建筑和建筑构件隔声测量 第7部分:撞击声隔声的现场测量》(GB/T 19889.7—2022);

(4)《建筑隔声评价标准》(GB/T 50121—2005)。

2. 检测参数

房间之间隔墙空气声隔声性能、房间之间楼板空气声隔声性能、楼板撞击声隔声性能。

3. 抽样频率

每类功能房间不得少于1处。

4. 检测方法

(1) 房间之间隔墙空气声隔声性能、房间之间楼板空气声隔声性能按照《声学 建筑和建筑构件隔声测量 第4部分:房间之间空气声隔声的现场测量》(GB/T 19889.4—2005)规定进行检测;

(2) 楼板撞击声隔声性能按照《声学 建筑和建筑构件隔声测量 第7部分:撞击声隔声的现场测量》(GB/T 19889.7—2022)规定进行检测。

检测应在工程完工后,工程交付使用前进行,检测时所有对外门窗关闭,并且外界无较大噪声环境。

5. 结果判定

检测结果不得低于设计要求。

9.6.2 室内噪声检测

1. 检测依据

(1)《民用建筑隔声设计规范》(GB 50118—2010)。

(2) 设计图纸。

2. 检测参数

室内允许噪声级。

3. 抽样频率

住宅建筑:每类户型不少于1套(含卧室、起居室、客房);

公共建筑:每类功能房间抽检数量不得少于房间总数的5%,并不得少于3间,房间总数少于3间时应全数检测。

4. 检测方法

按照《民用建筑隔声设计规范》(GB 50118—2010)的规定进行检测,并应符合下列要求:室内噪声的检测应在工程完工后,工程交付使用前进行;测量应选择在对室内噪声较不利的时间进行;测量应在影响较严重的噪声源发声时进行;测定室内噪声级时应关闭门窗。

5. 结果判定

检测结果不得低于设计要求。

9.6.3 室内环境检测

1. 检测依据

《民用建筑工程室内环境污染控制标准》(GB 50325—2020)。

2. 检验参数

室内空气中氡、甲醛、苯、氨、TVOC浓度、甲苯、二甲苯。

3. 抽检数量

民用建筑工程验收时,应抽检每个建筑单体有代表性的房间室内环境污染物浓度,抽检量不得少于房间总数的5%,每个建筑单体不得少于3间,当房间总数少于3间时,应全数检测。学校、幼儿园等抽检量不得少于房间总数的50%,并不得少于20间,当房间总数少于20间时,应全数检测。

民用建筑工程验收时,凡进行了样板间室内环境污染物浓度检测且检测结果合格的,抽检量减半,并不得少于3间。

4. 取样要求

测氡的房间门窗提前关闭24 h,检测其余参数的房间提前关闭1 h。

10

装配式混凝土建筑的 BIM 技术应用

10.1 BIM技术与装配式混凝土建筑

1. BIM概述

BIM是英文“Building Information Modeling”的缩写，翻译成中文为“建筑信息模型”。目前这也基本成为国内对BIM较为统一的翻译，即以建筑工程项目的各项相关信息数据作为模型的基础，进行建筑模型的建立，通过数字信息仿真模拟建筑物所具有的真实信息。

按住房和城乡建设部的定义，BIM是一种应用于工程设计建造管理的数据化工具，通过参数模型整合各种项目的相关信息，在项目策划、建设、运行和维护的全生命周期过程中进行共享和传递，使工程技术人员对各种建筑信息作出正确理解和高效应对，为设计团队以及包括建筑运营单位在内的各方建设主体提供协同工作的基础。或者说，BIM就是在建设工程和设施全生命周期内，对其物理和功能特性进行数字化表达，并依次设计、施工、运营的过程和结果的总称。

美国对BIM的定义包括三部分内容：是一个设施（建设项目）物理和功能特性的数字表达；是一个共享的知识资源，通过分析所有信息，为该设施从建设到拆除的全生命周期中所有决策提供可靠依据的过程；在项目不同阶段，不同利益相关方通过在BIM中插入、提取、更新和修改信息，以支持和反映各自职责的协调作业。

由上述BIM的定义可以看出，BIM技术更是一个方法论，是信息化技术切入建筑业并帮助提升建筑业整体水平的一套全新方法。BIM的基础在于三维图形图像技术，颠覆性改变传统的二维抽象符号表达出来的一个个实物，而代之以三维甚至四维、五维等具象符号表达；BIM的核心在于信息数据流，这些信息不仅是三维几何形状信息，还包括大量的非几何形状信息，如建筑构件的材料、重量、价格、性能、进度等，可以说这些信息数据流就是BIM的灵魂；BIM的信息传递的介质基本都需要通过电子媒介，一改传统纸质传媒的封闭性，有效破除了信息孤岛的弊病。BIM技术的发展，借助于三维扫描仪、放样机器人、VR/AR等先进仪器设备，大幅提升建筑业的效率和效益。

真正的BIM技术具有可视化、协调性、模拟性、优化性和可出图性五大特点。BIM技术应用在建设工程中的价值具体体现在七个方面：三维渲染，宣传展示；快速算量，进度提升；精确计划，减少浪费；三算对比，有效管控；虚拟施工，有效协同；碰撞检查，减少返工；冲突调用，决策支持。

2. 装配式混凝土建筑的特性

装配式混凝土建筑相比于传统现浇混凝土建筑，其特性非常鲜明，体现在如下几方面：

（1）装配式混凝土建筑是一种多专业多系统集成的建筑。装配式混凝土建筑，不仅包括建筑、结构、给水排水、电气、暖通、经济、装修等多个专业领域，还涉及设计、施工、预制厂家等多方参与，以及结构系统、围护系统、机电系统、装修系统等各系统相互交叉融合，设计更精细化，还需要增加深化设计的过程等。这些方面无不体现出装配式混凝土建筑的复杂性。

（2）装配式混凝土建筑连接节点众多。这也是装配式建筑典型的特点，各个预制结构构件之间的节点，预制结构构件与预制非结构构件之间的节点，预制非结构构件之间的节点，各个系统、各个部品部件之间的节点，甚至还包括施工安装时各个预留节点等，种类繁多，牵一发而动全身。

（3）装配式混凝土建筑工序衔接要求高。从预制工厂与设计单位之间的衔接，预制工厂与施工单位的衔接，设计单位与施工单位之间的衔接，到设计单位自身、预制工厂内部、施工单位内部各道工序的衔接，一旦某一环节出现差错或出现裂痕，将对整个施工进度造成严重影响。比如预制构件厂家要求精确的加工图纸，图纸一旦失误，后果将不堪设想，同时其生产、运输计划需要密切配合施工计划编排，而施工单位从构件的物料管理储存、构件的拼装顺序到施工作业的流水线等均需要妥善筹划，如某一环节出现漏洞，就会使现场工期受到影响。因此，装配式混凝土建筑对各工序衔接的要求高，需要事前进行协调和运筹。

（4）装配式混凝土建筑的容错性低。绝大部分的结构构件、非结构构件、各系统的部品部件等都在预制生产厂家加工制作，如果这些预制构件在施工现场时发现有错漏，比如预埋件漏埋、埋错、定位不对等，都很难补救。这与传统现浇混凝土建筑截然不同。

（5）装配式混凝土建筑的施工精度要求高。预制构件之间的预留钢筋与所对接的构件之间预留孔洞或预留套筒，其精度往往达到毫米级，与传统现浇混凝土建筑误差可允许厘米级的要求相差悬殊。

3. 装配式混凝土建筑应用BIM技术的必然性

结合装配式混凝土建筑的上述特性，以及BIM技术的特点，可以得出一个结论，装配式混凝土建筑采用BIM技术是其自身特性决定的，BIM技术在建筑行业内的落脚点最终要解决装配式混凝土建筑的多专业多系统集成性、多节点高精度要求、工序衔接的繁杂性、容错性低等固有特性，采用BIM技术是装配式混凝土建筑的必然结果。

BIM,源自建筑全生命周期管理理念,而制造业则有产品全生命周期管理理论(Product Data Management,PDM)。目前很多建筑业的BIM软件最早是来源于机械、航空、造船等制造业的PDM软件。对于制造业的PDM,其管理的最基本单位是单个"零件",而装配式混凝土建筑主要由预制的柱、梁、板、楼梯、阳台等构件组成,实质上这些构件乃至整栋建筑物已经被"零件化"。所以,装配式混凝土建筑实际上是最接近制造业生产方式的一种建筑产品,也非常适合采用类似制造业的方法进行管理,所以BIM应用在装配式混凝土建筑中有天然的优势。

装配式混凝土建筑的核心是"集成",而BIM技术是"集成"的主线。这条主线串联起设计、生产、施工、装修和管理的全过程,服务于设计、建设、运维、拆除的全生命周期,可以数字化虚拟,信息化描述各种系统要素,实现信息化协同设计、可视化装配,工程量信息的交互和节点连接模拟及检验等全新运用,整合建筑全产业链,实现全过程、全方位的信息化集成。

装配式混凝土建筑项目传统的建设模式是设计→工厂制造→现场安装,但设计、工厂制造、现场安装三个阶段是分离的,若设计不合理,往往只能在安装过程中才会被发现,造成变更和浪费,甚至影响质量。BIM技术的引入则可以有效解决以上问题,它将设计方案、制造需求、安装需求集成在BIM模型中,在设计建造前统筹考虑设计、制造、安装的各种要求,把设计制造、安装过程中可能产生的问题提前解决。

装配式混凝土建筑的典型特征是标准化的预制构件或部品在工厂生产,然后运输到施工现场装配、组装成整体。所以设计就要适应其特点,传统的设计方法是通过预制构件加工图来表达预制构件的设计,其平、立、剖面图纸还是传统的二维表达形式。而引入BIM技术后,建立装配式建筑的BIM构件库,就可以模拟工厂加工的方式,以预制构件模型的方式来进行系统集成和表达。另外,在深化设计、构件生产、构件吊装等阶段,采用BIM进行构件的模拟,以及碰撞检验与三维施工图纸的绘制。

BIM技术改变了建筑行业的生产方式和管理模式,利用唯一的BIM模型,使建筑项目各项信息在规划、设计、建造和运营维护全过程实现充分共享,成功解决了建筑建造过程中多组织、多阶段、全生命周期的信息共享问题,为建筑的全生命周期中的所有决策提供可靠依据,降低工程成本,显著提高质量和效益。

因此,从上述分析可以看到,BIM技术在装配式混凝土建筑中的应用,实质上就是实现了信息化和工业化的深度融合。

10.2 BIM技术在装配式混凝土建筑设计阶段的应用

装配式混凝土建筑从最初的概念设计到最后的运营维护直至报废，整个上下游环节都将从BIM技术的应用中大大受益。但BIM技术应用的源头在设计。在装配式混凝土建筑的设计阶段，各专业基于自身理论和技术要求完成项目的整体设计，同时还应结合工厂制作条件、运输吊装条件、现场施工安装条件以及技术规范要求，将建筑物拆分成一件件相对独立的建筑构部件，完成建筑信息的创建。这些信息的正确性、完整性、可复制性、可读写性、条理性以及传递介质电子化等，将决定后续制作、运输、安装、运维各个阶段信息的发挥效应。所以装配式混凝土建筑设计阶段中的BIM技术应用是体现BIM技术价值的关键一环。

1. 装配式混凝土建筑设计阶段BIM技术应用的目标

装配式混凝土建筑设计阶段应用BIM技术，亟待实现的目标有：

(1) 通过定量分析选择适宜的结构体系，制定符合体系的BIM应用策略、BIM构件与模块库。

(2) 实现协同设计：设计从2D设计转向3D设计；从各工种单独完成项目转向各工种协同完成项目；从离散的分布设计转向基于同一模型的全过程整体设计；从线条绘图转向构件布置。

(3) 完成深化设计：优化拆分设计；避免预制构件内预埋件与预留孔洞出错、遗漏、拥堵或重合；提高连接节点设计的准确性和制作、施工的便利性。

(4) 建立部品部件编号系统，即每种部品部件的唯一编号体系。

2. 设计策划阶段的BIM应用

(1) 结构体系选型。大量的工程实践表明，装配式混凝土建筑项目实施的成功与否，很大程度上取决于结构体系选型的合理性。每种结构体系有其各自的特点，需要基于适用、安全、经济的原则，结合项目特点和建筑设计的具体情况进行结构选型。其中BIM技术可发挥应有作用。

运用BIM技术建立项目3D模型，由前期参与各方对该三维模型进行全面的模拟试验。业主通过这种三维模型，在建设前期就能看到建筑总体规划、选址环境、平立剖面分布、景观表现等虚拟现实。而后在这个基础上融入时间因子创建4D模型，再增加造价维度创建出5D模型，让业主相对准确地预估整个项目的建设进度需求和造价成本。同时，结合不同环境和各种不确定因素下的各种方案，进行成本、质量、时间的分析，并优化设计，最终确定结构体系方案。

(2) 制定BIM应用纲要。传统的装配式混凝土建筑设计，设计单位从预制构件厂家选择满足设计要求的构件，或者设计单位向预制厂家定制预制构件。前者制约了设计的丰富度，而且往往设计单位与预制构件厂家联系不密切，不能详细掌握构件类型，所以大多时候无法考虑预制构件的因素，类似于闭门造车；而后者可能会加大项目的建造成本，而且若设计者有特殊的构件预制需求，预制构件厂家不一定能实现。

而应用BIM技术，可以改变上述传统模式的弊端，从根本上发挥装配式建筑的设计优越性，实现设计一体化，提高项目全过程的合理性、经济性。

①在BIM平台设置模数，建立BIM模数网。通过BIM模数网进行方案设计，有助于实现构件简化。模数的作用除了作为设计的度量依据外，还起到决定每个构配件的精确尺寸和确定每个组成部分在建筑中位置的作用。模数网可分为建筑模数网和结构模数网。其中建筑模数网用来作为空间划分的依据，结构模数网作为结构构件组合的依据，主要考虑结构参数的选择和结构布置的合理性，而结构参数又是制定模数定型化的依据。

②制定符合体系的BIM构件库。BIM平台具有“构件”的概念，即设计平台上所有的图元都基于构件。特定的构件就相当于“预制模块”。BIM的预制构件库涵盖了预制构件的各个种类，包含了初始对象的识别信息，如梁、柱、墙、楼板等，不同构件的初始参数和信息是不同的。在此基础上，BIM通过尺寸、变量、数学关系式三个层次的参数化驱动方式实现构件的模数化，分别赋予构件尺寸变化信息、相关设计要素信息以及尺寸与参数之间的关系。

BIM构件具有实际的构造，且有模型深度变化，如对墙体，在方案阶段墙体主要是几何体，到初步设计阶段开始有构造和材质，在施工图阶段则具有保温材料、防水材料等要素。除标准的构件，还可自定义较特殊的构件，加之多个项目的积累，使得BIM构件库丰富化。

BIM构件可被赋予信息，也可用于计算、分析或统计。BIM正是通过集成建筑工程项目各种相关信息的工程数据，用以详尽表达某具体项目相关信息，实现多专业的协同，支持整个项目的管理。

③建立系列BIM模块，实现BIM模块化设计方法。

BIM模块是BIM构件集成的产物，属于成套实用技术。通过BIM使工程中的专门化建造技术，如防水技术、保温隔热技术等得到应用，实现实用技术成套化，最终实现装配式混凝土建筑质量和生产效率的提高及成本的降低，是装配式混凝土建筑发展的必备因素。

BIM模块化设计方法是建立在不同功能、专业的构件或组件基础上的，其原理是，设计单位按业主需求开展方案设计，建筑专业依照功能特征从模型库中挑选对应模块，进行拓扑组合，完成建筑基于功能模块的设计；再选择与建筑对应的结构、设备模块进行拓扑组合，完成各专业的整体模型，并以满足各自专业规范为前提，在 BIM 平台上将各专业模型组合成一个整体模型，再进行碰撞检查、协调和优化，完成基于专业的模型设计；然后从深化构件库中选择构件，将整体模型进行设计分解，完成基于生产、安装施工的设计。

3. 实现 3D 协同设计

BIM 是以三维数字技术为基础，建筑全生命周期为主线，将建筑产业链各个环节关联起来并集成项目相关信息的数据模型。正是 BIM 技术创建的三维建筑信息模型，使得传统的建筑设计从二维阶段，进化到一个由建筑、结构、机电、绿建、装修等多专业参与的更具协作性的基于模型平台的三维阶段。

(1) 3D 协同设计的特点。基于 BIM 的 3D 协同设计是以信息主导的方法来有效地解决传统装配式建筑所存在的技术和管理问题。借助 BIM 技术，构件在工厂实际开始制造前，统筹考虑设计、制造和安装过程的各种要求，设计方利用 BIM 建模软件(如 ArchiCAD)通过参数化设计的构件建立 3D 可视化模型，在同一数字化模型信息平台上使建筑、结构、设备协同工作，并对此设计进行构件制造模拟和施工安装模拟，有效进行碰撞检测，再次对参数化构件协调设计，以满足工厂生产制造和现场施工的需求，使施工方案得到优化与调整并确定最佳施工方案。最后，施工方根据最优设计方案施工，完成工程项目要求。

BIM 协同设计的特点有：

①形神合一。“形”指建筑的外观，即三维模型结构本身，“神”指建筑所包含的信息与参数等。“形”的内涵由“神”来赋予，“神”的形态来自“形”。“形”“神”缺一不可，合一共生。BIM 不仅是一个三维建筑信息模型，模型中包含了建筑全生命周期各个阶段所需要的信息，而且这些信息可协调、可计算，是现实建筑的真实反映，包括建筑、结构、机电、热工、材料、价格、规范、尺寸，甚至生产厂家等专业信息。从根本上讲，BIM 是一个创建、收集、管理和应用信息的过程。

②可视化与可模拟性。可视化不仅指三维立体实物图形的可视，也包括项目设计、制造、施工、运营等生命周期全过程的可视，而且 BIM 的可视具有互动性，信息的修改可自动反馈到模型上。可模拟性是指在可视化的基础上做仿真模拟应用，比如拆分设计中模拟不同拆分方案对建筑效果、模具数量、制作时间与成本等的影响，以选择最佳拆分方案；再比如在建筑建造之前模拟建造过程中的情况和建成后的效果等。模拟的结果是基于实际情况的真实体现，可据此优化设计方案。

③修改的关联性。即一处修改,就可以实现处处修改。BIM所有的图纸和信息都与模型关联。在BIM模型建立的同时,相关的图纸和文档自动生成,且具备关联修改的特性。这样大大简化了专业间修改内容的程序和反馈,也杜绝了修改内容的漏改现象。

④错漏碰缺的实时检查性。BIM模型是对整个建筑设计的一次演示,建模过程同时也是一次全面的三维校核的过程,能够方便直观地判断可能的设计错漏或内容混淆的地方。利用BIM三维协同设计技术平台,计算机可以自动找出项目的潜在冲突,高效且可靠。每个专业都可以链接所需的模型到自己的模型中去,也可利用链接的模型作为自己工作的基本模型。通过这种模式的交叉链接,可以审查、监控和协调所有模型的变化,而使模型协调、审查和碰撞检查提早进行,以便发现问题及时解决。通过整合建筑、结构、水暖、电气、消防、弱电等各专业模型和设计、制作、运输、施工各环节模型,可以检查出构件与设备、管线、预制构件现场拼装、预制构件钢筋碰撞等碰撞点,并以三维图形显示。

(2) 基于BIM模型的建筑性能分析。基于BIM模型,结合相关的建筑性能分析软件,可以便捷地实现各项建筑性能分析,包括以下几个方面:

①可持续分析,比如碳排放分析,对项目的温室气体排放、材料融入能量等分析评估,给出绿色建议;再比如节能分析,利用计算机模拟,从建筑能耗、微气候、气流、声学、光学等方面对新建建筑进行全面的节能评析。

②舒适度分析,如日照采光分析、通风分析、声场分析等。

③安全性分析,如结构计算,目前大部分BIM平台软件支持将模型导出通用格式IFC,或用专用数据接口导入常用结构计算软件中进行分析计算。通常这种接口是双向的,分析优化的结果将再次导回BIM平台,进行循环优化设计,主流的分析工具软件如PKPM、MIDAS、SAP2000、ETABS等均支持BIM数据导入。

4. 基于BIM技术的深化设计

深化设计在装配式混凝土建筑建造中起到承上启下的作用,通过深化设计将建筑各个要素细化成单个的包含全部设计信息的构件,一个建筑往往包含成千上万个构件,构件中又包含大量的钢筋、预埋线盒、线管等。而传统的深化设计是建立在二维图纸的基础上,利用CAD绘图软件人工完成原设计图纸的细化、补充和完善的,工作量大,效率低,且容易出错。但应用BIM技术就可以避免这些问题,可以实现构件配筋的精细化、参数化,以及深化设计出图的自动化,从而提高深化设计效率。

(1) BIM模型拆分。BIM模型拆分实质上就是装配式构件的拆分。拆分时必须考虑到结构作用力的传递、建筑机能的维持、生产制造的合理性，以及运输要求、节能保温、防水耐久性等问题，达到全面性考量的合理化设计。拆分时应使用尽可能少的预制构件种类，少规格，多组合，优化构件尺寸，结合构件加工、运输和经济性等因素，降低构件制作难度，易于大批量生产并控制成本。

拆分设计时还需要使模具数量尽可能少，确保预制构件生产过程的高效。BIM 的应用可方便地统计构件数量，通过提供构件模具所需参数，实现模具设计的自动化和拼模的自动化。

BIM 模型拆分时要重视 BIM 标准结构单元的设计，这也是预制构件标准化的重要手段。比如预制剪力墙，按结构需要，可分为边缘约束段、洞口段和可变段，边缘约束段可通过标准化设计，形成通用标准化钢筋笼，实现竖向承重构件的标准化配筋和钢筋笼的机械化自动生产。

(2) BIM 节点设计。对装配式混凝土建筑而言，其最重要的性能保证即在于预制受力构件之间的连接节点质量。可通过 BIM 技术平台的节点库，快捷、准确地创建预制构件连接节点，同时对预制构件连接节点进行标准化设计，实现高效的节点设计。

节点创建完成后，应用 BIM 技术，不仅可以方便检查预制构件之间是否存在相互干扰和碰撞，更主要的是，借助 BIM 技术中的实时漫游技术或自带的碰撞校核管理器，可以便捷检查预制构件连接节点处的预留钢筋之间是否冲突和碰撞。这种基于钢筋的碰撞检查，要求更高，更加精细化，需要达到毫米级，不是传统人工检查所能做到的。

5. 实现 3D 到 2D 的成果输出

现行国家建筑法规认可的施工图设计成果需要加盖出图专用章的二维图纸。未来，三维图纸能否赋予合法性值得研究。目前为了合法指导现场施工，需要将 3D 图纸转换成 2D 图纸。

(1) BIM 模型集成生成 2D 图纸。装配式混凝土建筑的预制构件多，深化设计的出图量大。传统手工出图的工作量相当大，且容易出错。通过 BIM 模型的相关建筑信息表达，构件加工图在模型中直接完成和生成，不仅表达成传统图纸的二维关系，而且通过自动生成的空间剖面关系也可以表达复杂的构件连接节点。

(2) 修改联动，提升出图效率。由于 BIM 构件间关联性强，模型修改后，图纸会自动更新，减少了图纸修改工作量，而且从根本上避免一些低级错误，比如漏改现象等。

(3) 自动统计工程量。BIM 可以实现自动统计钢筋用量和混凝土用量的明细，直接进行钢筋和混凝土算量，方便快捷，减少了人工操作的潜在错误，并可以根据需要定制各种形式的统计报表。

10.3 BIM技术在装配式混凝土建筑构件生产阶段的应用

装配式混凝土建筑在构件生产阶段，实际上就是从无到有的阶段，也就是严格执行设计环节提出的信息技术标准，让建筑拆分后的各个预制构件部品从虚拟的图像，变换为完全符合要求的实际实物阶段。

1. 装配式混凝土建筑构件生产阶段BIM技术应用的目标

装配式混凝土建筑构件生产阶段应用BIM技术，主要实现的目标有：

(1) 实现生产与施工的互动协同。根据施工计划编制生产计划，结合生产可行性、合理性反馈施工计划的调整要求。

(2) 依据生产计划生成模具计划。

(3) 完成模具设计，构件制作的三维图样可作为模具设计的依据进行检验对照。

(4) 实现多角度的三维表现，包括钢筋骨架、套筒、金属波纹管、预埋件、预留孔洞与吊点等，避免定位错误。

(5) 实现堆放场地的分配。

(6) 实现发货与装车计划及其装车布置等。

2. 基于BIM的构件生产管理流程

BIM技术平台中建立的BIM模型中心数据库，存放着装配式混凝土建筑工程建造全生命周期的所有BIM模型数据。深化设计阶段的构件深化设计所有相关数据均已存放在该中心数据库中，并完成了构件编码的设定。

在预制构件生产阶段，已从中心数据库读取构件深化设计的相关数据以及用于构件生产的基础信息，预制构件生产后，为与BIM模型中心数据库中虚拟的构件合体，需在构件内植入与构件编码相同的芯片，即RFID，赋予预制构件“灵魂”，同时借助电子媒介信息注释让两者完全关联在一起，并将每个预制构件的生产过程信息、质量检测信息返回记录在中心数据库中。

在现场施工阶段，基于BIM模型完成施工方案的仿真优化，读取中心数据库相关数据，获取预制构件的具体信息，指导安装施工。安装完成后，将构件的安装相关信息返回记录在中心数据库。

3. 基于BIM的构件生产过程信息管理

装配式混凝土建筑预制构件的生产过程信息管理，涉及构件生产过程信息的采集，需要配合相应的读写器系统来完成，以便快捷有效地采集构件的信息，以及与管理系统进行信息交互。

装配式混凝土建筑预制构件的生产制造环节中，需要特别强调电子介质传递信息的重要性。传统上，工厂管理高度依赖纸质介质传递信息数据，容易形成信息孤岛。运用BIM技术实现无纸化制造是落实在生产制造环节的基本目标。

在生产制造过程中，运用BIM技术平台，要充分依靠电子媒介提取设计阶段创建的技术扫描设备、VR/MR设备确保构件产品质量；及时补充、填写预制构件生产出来后的相关信息并实时上传到BIM中心数据库。

10.4 BIM技术在装配式混凝土建筑施工阶段的应用

装配式混凝土建筑在装配施工阶段，需要通过VR/MR等混合现实技术、实时通信技术、BIM中心数据库实现两个层面的虚拟作业：虚实混合检查校验和虚实混合装配校验。

1. 装配式混凝土建筑施工阶段BIM技术应用的目标

装配式混凝土建筑施工阶段应用BIM技术，主要实现的目标有：

(1) BIM辅助施工组织策划，包括施工组织设计、编制施工计划；

(2) 实现基于BIM的吊装动态模拟及管理技术；

(3) BIM辅助编制施工成本和施工预算。

2. BIM辅助施工组织策划

装配式混凝土建筑的施工相对于传统现浇混凝土建筑的施工，涉及与预制构件生产单位、吊装施工方的协调，以及预制构件的场内运输、堆场、吊装等，工序更为复杂，对有效表达施工过程中各种复杂关系、合理安排施工计划的要求更高。在BIM 3D模型基础上融入时间、进度因素，升级为4D仿真技术，实现对预制构件运输、现场施工场地布置、施工进度计划模拟等，并进行验证和优化，可以很好地解决这些问题。

BIM软件可以实现与传统进度计划策划图的数据传递和对接，将传统的进度横道图转换为三维的建造模拟过程。而在4D模型里，可以查看输入的任何一天的现场施工情况、实际完成工作量以及预制构件的使用情况。

而对预制构件运输，通过模拟装配工序、现场装配的计划节点以及该节点所需预制构件数量，来实现组织生产、调度运输，甚至包括运输车辆的合理性、车辆运载空间的有效性等，以降低运输成本，有效组织预制构件生产。

利用BIM技术可以进行施工场地及周边环境的模拟，包括场地内车辆的动线设计，预制构件的堆放场地布置和施工场地布置，随着建筑施工进度的推进和相应的动态调整等，都能得到直观的布局、检验和优化。

3. 基于BIM的吊装动态模拟及现场管理技术

装配式混凝土建筑预制构件的吊装装配施工，是区别于传统现浇混凝土建筑施工最为典型的内容。而吊装装配最主要的质量控制点就是连接节点的精度控制。在二维条件下很难用有效手段去提高吊装装配施工质量，但应用BIM技术，可以在实际吊装装配前模拟复杂构件的虚拟造型，并进行任何角度的观察、剖切、分解，让现场安装人员实际施工时做到心中有数，确保现场吊装装配的质量和速度。

每天吊装装配施工前，在BIM技术条件下，现场储存构件的吊装位置及施工时序等信息通过BIM模型导入现场诸如平板手持电脑的实时通信设备中，并在三维模型中进行检验确认，再扫描识别现场的构件信息后进行吊装装配施工，同时记录构件完成时间。所有构件的组装过程、安装位置和施工时间都记录在系统中，以便检查，大大减少了错误的发生，提高了施工管理效率。

4. BIM辅助成本管理

BIM技术下的三维模型数据库，可以便捷、准确地统计出装配式混凝土建筑的整个工程量，不会因为预制构件结构形状复杂而出现计算偏差，施工单位减少了抄图、绘图等重复工作，大大降低了工作强度，提高了工作效率。

特别是在BIM 4D基础上，加入造价维度，建立BIM 5D模型和关联数据库，可快速提供支撑项目各条线管理所需的数据信息，快速获取任意一点处工程基础信息，提升施工预算的精度和效率，并通过合同、计划与实际的消耗量，分项单价、合价的多算对比，来有效管控项目成本风险。

参考文献

[1] 刘美霞,陈伟,沈士德. 装配式建筑概论[M]. 北京:北京理工大学出版社,2021.

[2] 任媛,杨飞. 装配式建筑概论[M]. 北京:北京理工大学出版社,2021.

[3] 何培斌,李秋娜,李益. 装配式建筑设计与构造[M]. 北京:北京理工大学出版社,2020.

[4] 江苏省住房和城乡建设厅,江苏省住房和城乡建设厅科技发展中心. 装配式建筑设计实务与示例[M]. 南京:东南大学出版社,2021.

[5] 王鑫,吴文勇,李洪涛,等. 装配式混凝土建筑深化设计[M]. 重庆:重庆大学出版社,2020.

[6] 徐翔宇,侯蕾,曾欢. 装配式混凝土建筑设计与施工[M]. 长沙:湖南大学出版社,2021.

[7] 娄宇,王昌兴. 装配式钢结构建筑的设计、制作与施工[M]. 北京:机械工业出版社,2021.

[8] 刘丘林,吴承霞. 装配式建筑施工教程[M]. 北京:北京理工大学出版社,2021.

[9] 李建国,吴晓明,吴海涛. 装配式建筑技术与绿色建筑设计研究[M]. 成都:四川大学出版社,2019.

[10] 陈楚晓,万红霞,曹宽. 装配式建筑混凝土构件生产与制作[M]. 北京:化学工业出版社,2022.

[11] 庞业涛,赵顺峰. 装配式建筑混凝土预制构件生产与管理[M]. 成都:西南交通大学出版社,2020.

[12] 杨正宏,高峰. 装配式建筑用预制混凝土构件生产与应用技术[M]. 上海:同济大学出版社,2019.

[13] 谭光伟,简小生. 装配式预制混凝土建筑构件生产[M]. 北京:科学出版社,2021.

[14] 王鑫,王奇龙. 装配式建筑构件制作与安装[M]. 重庆:重庆大学出版社,2021.

[15] 江苏省住房和城乡建设厅,江苏省住房和城乡建设厅科技发展中心. 装配式混凝土建筑构件预制与安装技术[M]. 南京:东南大学出版社,2021.

[16] 王颖佳,黄小亚. 装配式建筑施工组织设计和项目管理[M]. 成都:西南交通大学出版社,2019.

[17] 杨振华，李小斌，何俊彪. 装配式建筑施工与项目管理[M]. 武汉：华中科技大学出版社，2022.
[18] 张玉波. 装配式混凝土建筑口袋书——工程监理[M]. 北京：机械工业出版社，2019.
[19] 魏中华. 建筑装配式混凝土结构监理技术[M]. 北京：中国建筑工业出版社，2022.
[20] 中国建设教育协会，远大住宅工业集团股份有限公司. 预制装配式建筑监理质量控制要点[M]. 北京：中国建筑工业出版社，2019.
[21] 甘其利，陈万清. 装配式建筑工程质量检测[M]. 成都：西南交通大学出版社，2019.
[22] 卢军燕，宋宵，司斌. 装配式建筑 BIM 工程管理[M]. 长春：吉林科学技术出版社，2022.
[23] 吴大江. 基于 BIM 技术的装配式建筑一体化集成应用[M]. 南京：东南大学出版社，2020.
[24] 李秋娜，史靖塬. 基于BIM技术的装配式建筑设计研究[M]. 南京：江苏凤凰美术出版社，2019.